U0379358

高职高专电子信息类课改系列教材

模拟电路测试与分析

主　编　黄业安
主　审　梁长垠

西安电子科技大学出版社

内 容 简 介

本书以完成真实项目"高保真功放的制作与调试"为主线,按照工作过程系统化原则对完成实际工作任务所需要的技能及相关知识进行有机的融合。书中包括电源电路的制作与测试、电子音量控制器的制作与测试、音调前置放大器的制作与测试、功率放大器的制作与测试四个学习情境,以及一个综合实训——音频功率放大器的整机制作与测试,并将电子电路的仿真与测试技术纳入到教学内容中,以强化对学生职业能力的培养。

本书可作为高职高专电子信息类及其相关专业的教材,也可作为工程技术人员的参考书。

图书在版编目(CIP)数据

模拟电路测试与分析/黄业安主编 . —西安:西安电子科技大学出版社,2016.12(2023.2 重印)
ISBN 978 - 7 - 5606 - 4273 - 4

Ⅰ. ① 模… Ⅱ. ① 黄… Ⅲ. ① 模拟电路—电路测试—高等职业教育—教材 ② 模拟电路—电路分析—高等职业教育—教材 Ⅳ. ① TN710

中国版本图书馆 CIP 数据核字(2016)第 226367 号

策 划 毛红兵
责任编辑 刘玉芳 毛红兵
出版发行 西安电子科技大学出版社(西安市太白南路 2 号)
电 话 (029)88202421 88201467 邮 编 710071
网 址 www.xduph.com 电子邮箱 xdupfxb001@163.com
经 销 新华书店
印刷单位 广东虎彩云印刷有限公司
版 次 2016 年 12 月第 1 版 2023 年 2 月第 3 次印刷
开 本 787 毫米×1092 毫米 1/16 印张 15.5
字 数 365 千字
定 价 38.00 元
ISBN 978 - 7 - 5606 - 4273 - 4/TN
XDUP 4565001 - 3

＊＊＊如有印装问题可调换＊＊＊

前　言

"模拟电路测试与分析"是高职高专电子类相关专业的一门专业基础课。本书是以教育部关于"高等职业学校培养目标和人才规格"为依据，针对电子类专业技术岗位的基本能力需求，比照"模拟电路"的知识结构要求，打破理论教学与实践教学的界限，对课程内容进行重组、序化后形成的项目化教材。本书旨在帮助学生轻松学习电子技术基础知识，扎实地训练基本操作技能，有效地形成电子类专业的基本素养和基本能力。

本书与传统的模拟电子技术教材相比，在内容上作了颠覆性的重组，基于工作过程系统化的理念进行设计。本书以典型电子产品"音频功率放大器"的整机制作与调试为载体，并按照载体的制作过程设计了"电源电路的制作与测试、电子音量控制器的制作与测试、音调前置放大器的制作与测试、功率放大器的制作与测试"四个学习情境，最后是项目贯穿综合实训"音频功率放大器的整机制作与测试"。在每个学习情境中，都有若干个同系列的电子产品制作的综合性"工作任务"，使学生在系列电子产品的制作中有比较、有系统地学习所涉及的模拟电路相关知识，逐步形成岗位基本能力，体现学习的系统性、实践性。每个任务中，先以相关的"技能训练"引入，让学生获得感知后再进行相关理论知识的学习，体现了从感性到理性的认知规律，之后在相关理论知识的指导下完成综合性工作任务，凸显理论知识的应用性。同时把电子产品生产过程中需要的社会能力、产品制作与测试的操作方法、产品电路的分析方法等融合到教学内容中，从而使学生对专业基本技能的训练更贴近岗位能力要求。

本书参考学时数为72学时(含实践教学)，具体安排如下：学习情境一18学时，学习情境二22学时，学习情境三20学时，学习情境四12学时。本书尽可能采用教、学、做一体化的方式组织教学活动，书中安排的实训项目(包含仿真与测试)在有条件的情况下应尽量完成，以期实现基础知识与实践能力的有机结合。

本书由黄业安老师在《电子电路分析与实践》(西安电子科技大学出版社，2011)的基础上升级完成，梁长垠教授参与了本书的策划工作，并审阅了全书。

由于编者水平有限，书中的疏漏在所难免，恳切期望读者提出批评与建议。

编　者
2016 年 5 月

目 录

学习情境一　电源电路的制作与测试

　　电子电路一般都使用稳定的直流电源来供电。虽然蓄电池、干电池等类电源可以满足很多电路的要求，但蓄电池的体积大，使用不便；而干电池则是一次性产品，大量使用会对环境造成污染，且使用成本很高，因此一般都是将市电变换成直流电源。

※学习目标

　　1. 能正确测试常用二极管、三极管、晶闸管，并对测量结果进行准确描述和分析。

　　2. 通过查阅半导体器件手册，能够正确选择和使用二极管、三极管等制作出稳压电源。

　　3. 能判断和处理简单的电源电路故障。

任务一　恒流充电器的制作与测试

能力目标:

1. 能使用万用表识别和检测二极管、三极管。
2. 能使用万用表等对电路进行测试,并能对所得数据进行分析。
3. 能在万能板上进行元件布局与焊接,能分析并排除简单的电路故障。

知识目标:

1. 掌握二极管、三极管的结构、特性及基本应用。
2. 掌握整流、滤波电路和三极管控制电流电路的工作原理。

技能训练1　二极管的识别与测试

1. 实训目的

(1) 熟悉常用二极管的外形和标记。
(2) 学会使用万用表检测、判断二极管的极性。
(3) 了解二极管的正、反向导电等特性。

2. 实训仪器与材料

实训仪器	参考型号	实训材料	规格	数量
万用表	DE960TR 或 DT9205A	二极管	各种类型	若干
可调稳压电源	HG63303	电阻	100Ω/3W	1个

3. 实训内容与步骤

1) 二极管的识别

(1) 从给定的两端元器件中挑选出二极管。
(2) 能识别发光二极管、稳压二极管和普通二极管。

2) 二极管正、负极及质量好坏的判断

(1) 利用万用表欧姆挡对给定的二极管进行正、反向电阻测量,并判断出其正、负极。
(2) 记录被检测二极管的正、反向电阻值,并根据测试结果区分二极管的材料、类型及质量等。

3) 二极管的测试

(1) 按如图 1.1.1(a)所示搭接电路,测试普通二极管 VD 的导电特性。

① 调整电源为 0V 输出后接入,缓慢调节"稳压调节"旋钮,同时观察电流表,待电流表中开始有电流时,停止电压调节,读出此时电压表的电压值,并记录在表 1−1−1 中。

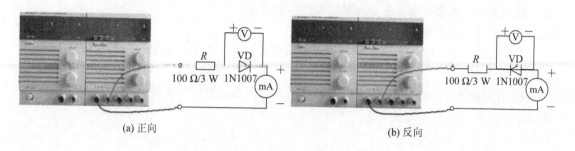

(a) 正向　　　　　　　　　　　　　　　　(b) 反向

图 1.1.1　二极管的测试电路

表 1-1-1　二极管测试数据记录表

	正 向 电 压					反 向 电 压
普通二极管 VD 的特性	开始有电流时，电压表的电压值	电流为 1 mA 时，电压表的电压值	电流为 2 mA 时，电压表的电压值	电流为 4 mA 时，电压表的电压值	电流为 8 mA 时，电压表的电压值	$0\sim15$ V 范围内的电流值
	反 向 电 压					
二极管 VD_Z 的反向特性	开始有电流时，电压表的电压值	电流为 1 mA 时，电压表的电压值	电流为 2 mA 时，电压表的电压值	电流为 3 mA 时，电压表的电压值	电流为 4 mA 时，电压表的电压值	

② 缓慢调节"稳压调节"旋钮，同时观察电流表，分别在电流表中指示的电流为 1 mA、2 mA、4 mA、8 mA 时，停止电压调节，读取电压表的电压值，并记录在表 1-1-1 中。

③ 关断电源，按如图 1.1.1(b)所示调换二极管的两个引脚后，接通电源，调节"稳压调节"旋钮，同时观察电压表的读数如何变化？电流表是否有电流？

（2）按如图 1.1.2 所示搭接电路，测试二极管 VD_Z 的反向导电特性。

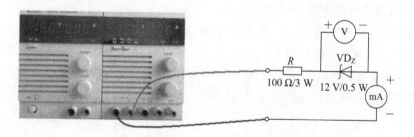

图 1.1.2　二极管的反向特性测试电路

① 调整电源为 0 V 输出后接入，缓慢调节"稳压调节"旋钮，同时观察电流表，待电流表中开始有电流时，停止电压调节，读出此时电压表的电压值，并记录在表 1-1-1 中。

② 缓慢调节"稳压调节"旋钮，同时观察电流表，分别在电流表中的电流为 1 mA、2 mA、3 mA、4 mA 时，停止电压调节，读取电压表的电压值，并记录在表 1-1-1 中。

③ 关断电源，调整电源输出回到 0 V 后，调换二极管的两个引脚接入电路，调节"稳压调节"旋钮。同时观察电流表，分别在电流表中的电流为 1 mA、2 mA、3 mA、4 mA 时，

停止电压调节,读取电压表的电压值,读数如何变化?

(3) 撰写实训报告要求。

① 在如图 1.1.3(a)所示的坐标系中描出对应的点,作出二极管 VD 两端电压与电流的关系曲线。

② 在如图 1.1.3(b)所示的坐标系中描出对应的点,作出二极管 VD_z 两端反向电压与电流的关系曲线。

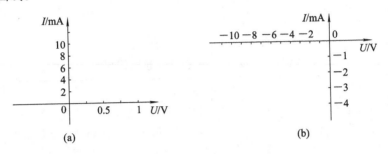

(a)　　　　　　　　　　　　　　　　(b)

图 1.1.3　二极管导电特性作图坐标

4. 分析与思考

(1) 使用万用表测量二极管的正向电阻与电阻器的电阻时有什么不同?

(2) 为什么二极管的正向电阻与反向电阻相差很大?

(3) 用万用表 R×1k 或 R×100 挡测量二极管的正向电阻时,指针读数是否基本相同?

(4) 如何利用万用表区分检波二极管、开关二极管与稳压二极管?

※知识学习　二极管的特性与应用

一、二极管的结构与特性

1. 二极管的内部结构与导电模型

二极管是以 PN 结为管芯,两侧(即 P 区和 N 区)均接上电极引线(管脚),并用外壳封装起来构成的,其内部结构如图 1.1.4(a)所示。从 P 区接出的引线称为二极管的正极(或阳极),从 N 区接出的引线称为二极管的负极(或阴极)。二极管的电路符号如图 1.1.4(b)所示,其中三角箭头表示二极管正向导通时电流的方向。

(a) 二极管的结构　　　　　　　　(b) 二极管的电路符号

图 1.1.4　二极管的结构与符号

二极管内部的 PN 结是采用特殊的制造工艺,在同一块半导体基片的两边分别形成 N 型(通过掺杂使自由电子浓度大大增加)和 P 型(通过掺杂使空穴浓度大大增加)半导体时自动形成的。二极管的内部有了 PN 结,其导电性能就像一个单向水阀,只不过水阀中通过的是水流,而二极管中通过的是电流,如图 1.1.5 所示。

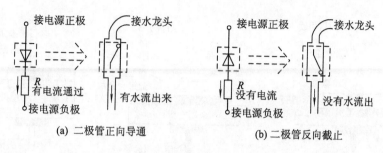

(a) 二极管正向导通　　　　　　　(b) 二极管反向截止

图 1.1.5　二极管的单向导电性

当二极管两端外加正向电压（指 P 区电位高于 N 区电位）时，称为正向偏置，简称正偏，呈低阻导通状态，如图 1.1.5(a)所示。为了限制过大的正向电流，回路中常串接限流电阻 R。当二极管两端外加反向电压（指 P 区电位低于 N 区电位）时，称为反向偏置，简称反偏，呈高阻截止状态，如图 1.1.5(b)所示。这就是二极管的单向导电性。

2. 二极管的外形与分类

玻璃封装的二极管一般为点接触型，工作电流小、频率高，常用于小信号检波；塑封、金属封的二极管一般为面接触型，工作电流大、频率低，常应用于大功率整流等电路中。

常用二极管的外形如图 1.1.6 所示，有图(a)所示的塑料封装、图(b)所示的金属封装、图(c)所示的玻璃封装和图(d)所示的贴片形式等几种外形，图(e)、(f)、(g)所示是常见的具有特殊性能的二极管外形。

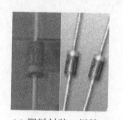

(a) 塑料封装二极管　(b) 金属封装二极管　(c) 玻璃封装二极管　(d) 贴片二极管

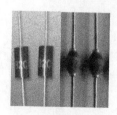

(e) 发光二极管　　　　　(f) 快恢复二极管　　　　　(g) 光电二极管

图 1.1.6　常用的具有特殊性能的二极管外形

二极管的种类很多，按制造材料可分为硅二极管和锗二极管；按制造工艺可分为点接触型、面接触型和硅平面型等，如图 1.1.7 所示。

点接触型二极管是由一根很细的金属丝（如三价元素铝）热压在 N 型锗片上制成的。与金属丝相接的引出线为阳极，与金属支架相接的引出线为阴极，如图 1.1.7(a)所示。由于金属细丝与 N 型半导体的接触面很小，所以 PN 结的结电容很小，允许通过的电流也很小（几十毫安以下），适用于高频检波、变频、高频振荡等场合。国产检波二极管 2AP 系列和

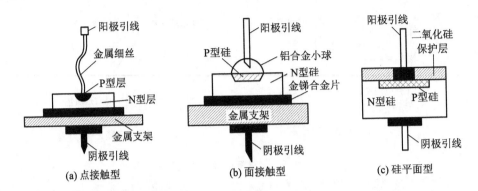

图 1.1.7　常见二极管的内部构造

开关二极管 2AK 系列都属于这一构造。

面接触型二极管是用合金法制成的，如图 1.1.7(b)所示。面接触型二极管的 PN 结面积大，允许通过的电流较大，结电容也大，适用于工作频率较低的场合，一般用作整流器件。国产硅二极管 2CP 和 2CZ 系列都属于这种构造。

采用光刻、杂质原子扩散等生产工艺制成的硅平面型二极管结构如图 1.1.7(c)所示。集成电路中的二极管通常采用这种构造。

按用途分，二极管可分为整流二极管、稳压二极管、开关二极管、发光二极管、检波二极管等。在实际应用中，人们多按其用途来进行分类。

3. 二极管的伏安特性

在技能训练中，如果把测试点选得密一些，得到的二极管两端的电压 u_D 和流过它的电流 i_D 之间的关系曲线，就是半导体二极管的伏安特性曲线。图 1.1.8 所示为二极管的伏安特性曲线，下面分析它的特点。

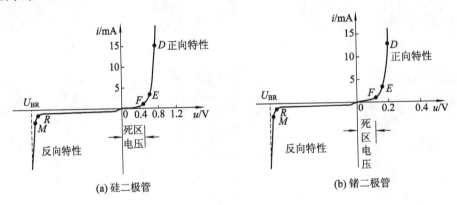

图 1.1.8　半导体二极管的伏安特性

1) 正向特性

当二极管正向电压较小(硅管 $u_D < 0.5$ V，锗管 $u_D < 0.1$ V)时，$I_F \approx 0$，如图 1.1.8 中的 0F 段所示。0F 段称为死区，F 点电压称为阈值电压 U_T(又称为死区电压或门坎电压)。

当正偏电压大于阈值电压时，随着外加电压的增加，正向电流逐渐增大。当正偏电压 U_D 达到导通电压(硅管约为 0.7 V，锗管约为 0.2 V)时，曲线陡直上升，u_D 稍微增大，i_D 显著增加(每约增加 60 mV，i_D 增加十倍)，这一段称为"正向导通区"，曲线如图中的 ED 段所示。曲线 FE 段称为"缓冲带"。ED 段对应的二极管两端电压称为二极管的正向导通电压 U_D，硅管 U_D 为 0.6~0.8 V，一般取 0.7 V；锗管 U_D 为 0.1~0.3 V，通常取 0.2 V。这一段二极管的正向管压降近似恒定。

半导体二极管的导电特性与温度有关，通常温度升高 1℃，硅和锗二极管导通时的正向压降 U_D 将减小 2.2 mV 左右(此电压与二极管的工作电流有关)。

2) 反向特性

二极管反向偏置时，有微小反向电流通过，如图 1.1.8 中的 $0R$ 段所示。由图可见，反向电流 i_R 基本上不随反向偏置电压的变化而变化。这时，二极管呈现很大的反向电阻，处于截止状态。

二极管的反向电流越小，表明二极管的反向性能越好。小功率硅管的反向电流在 10^{-6} A 以下，小功率锗管的反向电流为几微安至几十微安。从反向特性看，半导体二极管的温度每升高 10℃，反向电流增加约一倍。

3) 反向击穿特性

当外加反向电压增加到一定数值时，反向电流急剧上升(比如在 M 点)，这种现象称为反向击穿，发生击穿时的电压称为反向击穿电压 U_{BR}。各类二极管的反向击穿电压大小各不相同，普通二极管不允许反向击穿情况发生，当二极管反向击穿后，若电流不加限制，会使二极管的 PN 结过热而损坏。

当温度升高时，二极管反向击穿电压 U_{BR} 会有所下降。

4. 二极管主要参数

电子器件的参数是国家标准或制造厂家对生产的器件应达到的技术指标所提供的数据要求，也是合理选择和正确使用器件的依据。下面对二极管的几种常用参数作简要介绍。

(1) 最大正向电流 I_{FM}，指二极管长时间工作时允许通过的最大正向平均电流。

(2) 最高反向工作电压 U_{RM}，指允许加在二极管上的反向电压的最大值(峰值)。通常取二极管反向击穿电压的一半。

(3) 最高工作频率 f_M，指保证二极管具有良好单向导电性性能的最高工作频率。二极管的工作频率若超过一定值，就可能失去单向导电性。

f_M 主要由 PN 结的结电容的大小来决定。点接触型二极管的结电容较小，f_M 可达几百兆赫；面接触型二极管的结电容较大，f_M 只能达到几十千赫。

(4) 反向恢复时间 t_{rr}，指二极管上所加的电压由正向突然变为反向时，电流由很大衰减到反向最小时所需的时间，一般为纳秒(ns)级。大功率开关管工作在高频时，此项指标尤为重要。

二极管的主要参数可以从半导体器件手册中查得。

二、二极管电路的分析

1. 二极管电路的图解分析法

二极管导通时，其电流随两端电压按指数规律变化，是一种非线性器件，若想要通过列方程来求得流过二极管中的电流和两端的电压，求解的是指数方程，但解方程的过程比较繁琐，特别是当电路复杂时，将变得更加困难。在实际中，为了了解二极管的工作原理，常使用图解分析法来进行分析。下面通过一个例题来介绍一种简单的图解分析法。

例 1.1.1 二极管电路如图 1.1.9(a)所示，已知电源 U_{DD} 和电阻 R，假设二极管的 U-I 特性曲线如图 1.1.9(b)所示。求二极管两端电压 u_D 和流过二极管的电流 i_D。

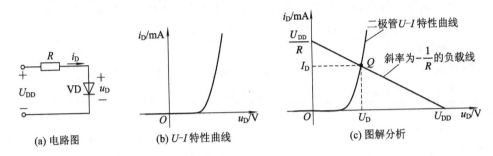

(a) 电路图　　　　　(b) U-I 特性曲线　　　　　(c) 图解分析

图 1.1.9　例 1.1.1 的二极管电路分析

解　由电路的 KVL 方程 $i_D R = U_{DD} - u_D$ 可得

$$i_D = -\frac{1}{R} u_D + \frac{U_{DD}}{R}$$

该式是一条斜率为 $-1/R$ 的直线。在图(b)的二极管 U-I 特性曲线坐标系中作出该直线，称为负载线，负载线与二极管 U-I 特性曲线有一交点 Q，称为电路的工作点，Q 点的坐标值 (U_D, I_D) 就是我们要求的二极管两端的电压 u_D 和流过二极管的电流 i_D。

用图解法求解二极管电路既简单又直观，但前提是要已知二极管的 U-I 特性曲线，而在实际应用中，由于各类二极管甚至是同类二极管的 U-I 特性曲线存在差异，很难确切知道电路中所用的各二极管的 U-I 特性曲线。所以，图解法只对理解电路的工作原理和相关概念有较大意义。

2. 二极管电路的简化模型分析法

从以上分析可以看出，图解法并不实用。工程上，通常在一定条件下，利用简化模型代替非线性特性的二极管，从而使二极管的电路分析大为简化。简化模型分析方法是非常简单有效的工程近似分析方法。

1) 理想单向导电模型

把二极管的单向导电性理想化，即当二极管两端外加正向偏置时，其管压降为 0 V，呈短路导通状态，而当二极管处于反向偏置时，认为它的电阻为无穷大，电流为零。如图 1.1.10(a)所示，其中的实线表示理想二极管的 U-I 模型，虚线表示实际二极管的 U-I 特性，图 1.1.10(b)是理想二极管的代表符号。在实际的电路中，当电源电压远大于二极管的管压降时，利用此模型来分析可获得很好的近似。

2) 恒压降模型

二极管导通后，认为其管压降是恒定的，且不随电流而变，典型值为 0.7 V(硅管)，如图 1.1.11(a)所示，此时的电路模型如图 1.1.11(b)所示。该模型给二极管的电流 i_D 近似等于或大于 1 mA 时提供了合理的近似，因此应用也较广。

3) 折线模型

为了贴近二极管的 U-I 特性，对压降模型作一定的修正，即认为二极管的管压降不是恒定的，而是随着通过二极管电流的增加而增加，如图 1.1.12(a)所示，此时，用图 1.1.12(b)所示的一个电池串联一个电阻 r_D 来作为电路模型，从而获得进一步的近似。其中电池的电压选定为二极管的门坎电压 U_T，约为 0.5 V(硅管)。确定 r_D 的值，可以认为二极管的导通电流为 1 mA 时，管压降为 0.7 V，于是 r_D 值可计算如下：

$$r_D = \frac{0.7\ V - 0.5\ V}{1\ mA} = 200\ \Omega$$

由于二极管参数的分散性，U_T 和 r_D 的值不是固定不变的。

此外还有小信号模型，将在小信号放大的章节中介绍。

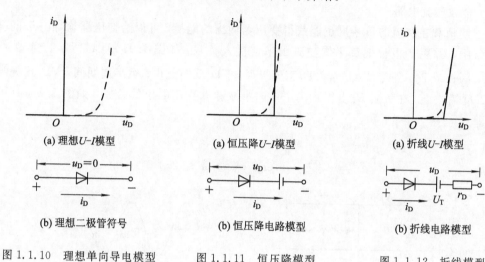

(a) 理想 U–I 模型　　　　　(a) 恒压降 U–I 模型　　　　　(a) 折线 U–I 模型

(b) 理想二极管符号　　　　　(b) 恒压降电路模型　　　　　(b) 折线电路模型

图 1.1.10　理想单向导电模型　　图 1.1.11　恒压降模型　　图 1.1.12　折线模型

3. 常见二极管应用电路分析

由于二极管的特性在电子技术领域可以实现很多功能，因而得到广泛的应用。例如利用二极管的单向导电性可实现整流、检波；利用其正向恒压特性可实现限幅；利用其反向特性可实现稳压；利用其温度特性可实现电路的温度补偿、温度探测等。

1) 二极管整流电路

在直流电源电路中，利用二极管可将变压器输出的交流电变换成脉动的直流电。由于变压器的输出电压远大于二极管的导通电压，因而可把二极管当成理想模型。

(1) 半波整流电路。

图 1.1.13(a)是半波整流电路，u_2 为变压器次级输出的交流电压，VD 为半波整流二极

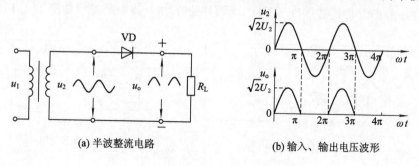

(a) 半波整流电路　　　　　　　(b) 输入、输出电压波形

图 1.1.13　半波整流电路及其整流波形

管，u_o 为输出电压，R_L 为负载电阻。当 $u_2 = \sqrt{2}U_2\sin\omega t$ 时，正半周期间，VD 正偏导通；负半周期间，VD 反偏截止。在负载 R_L 上得到一个单向半波脉动直流电压，如图 1.1.13(b) 所示，此时有

$$
\left.
\begin{aligned}
u_o &= \sqrt{2}U_2\sin\omega t \quad (0 \leqslant \omega t \leqslant \pi) \\
u_o &= 0 \quad\quad\quad\quad\quad (\pi \leqslant \omega t \leqslant 2\pi)
\end{aligned}
\right\}
$$

半波整流电路结构简单，但在负载中只有一半的时间获得变压器输出的能量，整流效率较低。

（2）全波整流电路。

为了使负载在交流的负半周也能获得变压器输出的能量，可以给变压器增加一个同样的输出绕组，并用二极管把负半周整流出来连接入负载，如图 1.1.14(a) 所示。当 $u_{2a} = u_{2b} = \sqrt{2}U_2\sin\omega t$ 时，正半周期间，VD_1 正偏导通，VD_2 反偏截止；负半周期间，VD_2 正偏导通，VD_1 反偏截止。在负载 R_L 上得到两个单向半波脉动直流电压的合成，如图 1.1.14(b) 所示，即

$$
\left.
\begin{aligned}
u_o &= \sqrt{2}U_2\sin\omega t \quad\quad (0 \leqslant \omega t \leqslant \pi) \\
u_o &= -\sqrt{2}U_2\sin\omega t \quad (\pi \leqslant \omega t \leqslant 2\pi)
\end{aligned}
\right\}
$$

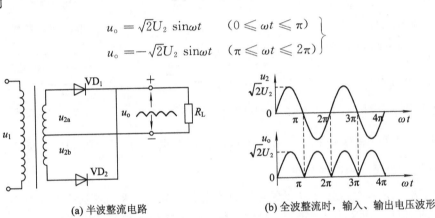

(a) 半波整流电路　　　　　　　　(b) 全波整流时，输入、输出电压波形

图 1.1.14　全波整流电路及其整流波形

全波整流电路在负载中整个周期的时间均可获得变压器输出的能量，但变压器要有两组输出。

（3）桥式整流电路。

为了把同一个输出绕组的交流负半周也有效地利用起来，人们设计了如图 1.1.15(a) 所示的由 4 个二极管 $VD_1 \sim VD_4$ 组成的桥式全波整流电路。在实际应用中，常常用 4 个二极管封装在一起的器件代替 $VD_1 \sim VD_4$，称为桥堆，在电路中的符号如图 1.1.15(b) 所示。

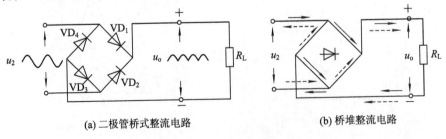

(a) 二极管桥式整流电路　　　　　　　(b) 桥堆整流电路

图 1.1.15　桥式整流电路

当 $u_2=\sqrt{2}U_2\sin\omega t$ 时,正半周期间,VD_1、VD_3 正偏导通,VD_2、VD_4 截止(电流如实线所示路径形成);负半周期间,VD_2、VD_4 导通,VD_1、VD_3 反偏截止(电流如虚线所示路径形成)。在负载 R_L 上,正、负半周均有相同方向的电流通过,同样得到如图 1.1.15(b)所示的两个单向全波脉动直流电压波形。

二极管整流电路通常要关注以下几个主要技术指标。

① 输出电压平均值。

半波整流时:

$$U_o=\frac{1}{2\pi}\int_0^\pi \sqrt{2}U_2\sin\omega t\ \mathrm{d}(\omega t)=\frac{\sqrt{2}U_2}{\pi}=0.45U_2$$

全波整流时:

$$U_o=2\times 0.45U_2=0.9U_2$$

② 流过二极管的平均电流 i_V。流过二极管的平均电流等于流过负载的平均电流,半波整流时,$i_V=I_o=\dfrac{U_o}{R_L}=0.45\dfrac{U_2}{R_L}$;全波整流和桥式整流时,每个二极管也导通半个周期,所以流过二极管的平均电流与半波整流时相同。

③ 二极管承受的最高反向电压 U_{RM}。在二极管不导通期间,承受反向电压的最大值来自变压器次级电压 u_2 的最大值,半波整流和桥式整流时为 $U_{RM}=\sqrt{2}U_2$,全波整流时有两组变压器次级,$U_{RM}=2\sqrt{2}U_2$。

2)发光二极管指示电路

发光二极管(Ligh-Emitting-Diode,LED)是将电能直接转换成光能的半导体器件,由砷化镓、磷化镓、氮化镓等半导体化合物制成。图 1.1.16(a)为 LED 的电路符号,当 LED 的 PN 结加上正向偏压形成电流时,PN 结以发光的形式释放出正、负载流子复合的能量。发光二极管正向压降大多在 1.5~2.5 V 之间,有超亮、高亮、普亮之分(指通过相同电流而显示亮度不同);工作电流为几至几十毫安,亮度随电流 I

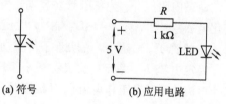

(a)符号 (b)应用电路

图 1.1.16 发光二极管符号及应用电路

增大而增强,典型工作电流为 10 mA,反向击穿电压一般大于 5 V;LED 发光亮度 L 与正向电流 I 近似成比例,电流增大,发光亮度也近似增大。发光二极管广泛应用于各种指示、显示、装饰、背光源、普通照明和城市夜景等领域。在实际应用中,为保证器件稳定工作,常用一个电阻与其串联,从而限制通过发光二极管中的电流,如图 1.1.16(b)所示。

用 2 V 的恒降压模型代替发光二极管时,可得流过的电流被限制为

$$I_{LED}=\frac{5\ \mathrm{V}-2\ \mathrm{V}}{1\ \mathrm{k\Omega}}=3\ \mathrm{mA}$$

3)稳压二极管组成稳压电路

通过特殊工艺处理可以制成反向击穿电压值较小的稳压二极管,简称稳压管,其电路符号如图 1.1.17(a)所示。常用的稳压二极管有 2CW 和 2DW 系列。

(1)稳压二极管伏安特性。

图 1.1.17(b)为稳压二极管的伏安特性曲线,由图中可以看出:稳压二极管的正向特

性曲线与普通二极管相似，但是它的反向击穿电压比较低，而且反向特性曲线很陡峭，即电流变化 ΔI_Z 很大，引起的电压变化 ΔU_Z 很小。当稳压管工作在反向击穿区时，流过二极管的反向电流在很大范围内变化，而二极管两端电压几乎不变，这一特性称为 PN 结的稳压特性。

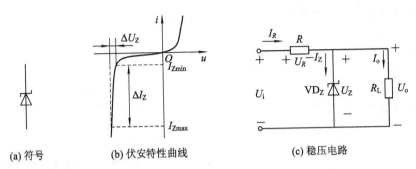

(a) 符号　　　　　　(b) 伏安特性曲线　　　　　　(c) 稳压电路

图 1.1.17　稳压二极管及稳压电路

根据功率 $P=IU$，在具有一定额定功率的情况下，反向击穿电压比较低时允许通过的反向击穿电流就比较大。只要反向电流不超过允许范围，稳压管就不会发生热击穿而损坏。

（2）稳压二极管的主要参数。

稳定电压 U_Z。稳定电压是指稳压管的反向电流为规定测试值 I_Z 时，稳压管两端的电压值。由于半导体器件性能参数的离散性，同一型号稳压管的 U_Z 值也不相同。例如 2CW11 型稳压管的稳压值为 $3.2\sim4.5$ V（测试电流为 10 mA），使用时应在规定测试电流下测量出每一管子的稳压值。

动态内阻 r_Z。r_Z 为稳压管在反向击穿状态下，稳压管两端电压变化量 ΔU_Z 与对应电流变化量 ΔI_Z 之比，即 $r_Z=\Delta U_Z/\Delta I_Z$，稳压管的 r_Z 很小，一般为十几至几十欧姆。使用时，应选 r_Z 小的管子。r_Z 越小，说明管子的反向击穿特性曲线越陡，稳压性能越好。

稳定电流 I_Z。稳定电流又称最小稳压电流，是指保证稳压管具有正常稳压性能的最小工作电流。稳压管工作电流低于此值时，稳压效果差或不能稳压。高于此值时，只要不超过额定功耗，稳压管均能正常工作，且电流越大，稳压效果越好。

额定功率 P_Z。P_Z 是指稳压管不产生热击穿的最大功率损耗，它是由稳压管的温升来决定的，其值为稳压管允许流过的最大工作电流 I_{ZM} 与稳定电压值 U_Z 的乘积。即 $P_Z=U_Z I_{ZM}$。

稳定电压温度系数 α_T。稳压管中流过的电流为 I_Z 时，环境温度每变化 1℃，稳定电压相对变化量（用百分数表示）$\alpha_T=\dfrac{\Delta U_Z}{U_Z}/\Delta T$，称为稳定电压的温度系数。它表示温度变化对稳定电压 U_Z 的影响程度，α_T 越小，稳定电压受温度影响越小，管子的性能也越好。通常 $U_Z<5$ V 的稳压管具有负温度系数，$U_Z>5$ V 的稳压管具有正温度系数，而 U_Z 在 6 V 左右时稳压管的温度系数较小。

（3）稳压二极管稳压电路。

所谓稳压，就是指当输入电压或输出电流这两个参数发生变化时，仍能保持输出电压稳定。稳压管组成的稳压电路如图 1.1.17(c) 所示，其中 U_i 为输入电压，U_o 为输出电压，VD_Z 为稳压管（工作于反向击穿区），R 为限流电阻（提供稳压管合适的反向工作电流，使 $I_{Zmin}<I_Z<I_{Zmax}$），R_L 为负载电阻。由 KVL 和 KCL 方程，有

$$U_o = U_i - I_R R = U_Z$$
$$I_R = I_Z + I_L$$

分析其稳压过程可从输入电压 U_i 变化和负载电阻 R_L 变化两方面来看电路能否起稳压作用。

① 输入电压 U_i 变化时，设 U_i 上升引起 U_o 上升，即 U_Z 变大，根据稳压管的伏安特性可知，U_Z 稍有增大，就能引起 I_Z 增大很多，从而引起 R 两端的压降 U_R 增大而稳定输出电压 U_o，其过程如下：

$$U_i \uparrow \rightarrow U_o(U_Z) \uparrow \rightarrow I_Z \uparrow \rightarrow U_R \uparrow \rightarrow U_o(=U_i - U_R) \downarrow$$

若 U_i 下降，其过程相反。

② 负载 R_L 变化（输出电流，I_L 变化）时，稳压过程如下：

$$R_L \downarrow \rightarrow U_o(U_Z) \downarrow \rightarrow I_Z \downarrow \rightarrow U_R \downarrow \rightarrow U_o \uparrow$$

可见，稳压管是通过自身的电流调节作用，并通过限流电阻 R 转化为电压调节作用，从而达到稳定电压的目的。

稳压管稳压电路的稳压性能主要取决于限流电阻 R 和稳压管动态电阻 r_Z。稳压管动态电阻越小，电流调节作用越明显；限流电阻 R 越大，电压调节作用越明显。但是限流电阻 R 太大，功耗也大，效率就低，同时负载最大电流变小，一般可按下式求取：

$$\frac{U_{Imax} - U_Z}{I_{Zmax} + I_{Lmin}} < R < \frac{U_{Imin} - U_Z}{I_{Zmin} + I_{Lmax}}$$

三、二极管的检测与代换

1. 二极管的检测与判断

（1）判断二极管的正、负极。

二极管正、负极的判别可采用直观辨认法。通常二极管的封装外壳上均印有型号和标记，标记有箭头、色点、色环三种形式，箭头所指方向或者靠近色环的一端为负极，有色点的一端为正极。如果标记不清楚时，可用万用表的欧姆挡进行判断。方法是将万用表调到 $R \times 100\ \Omega$ 或 $R \times 1\ k$ 挡，两表笔分别接被测二极管的两个电极，如图 1.1.18 所示。若测出的电阻值为几百欧姆到几千欧姆，说明是正向电阻，这时黑表笔接的是二极管的正极，另一端是二极管的负极；若测出的电阻值为几十到几百千欧，说明是反向电阻，这时红表笔接的是二极管的正极，另一端是二极管的负极。

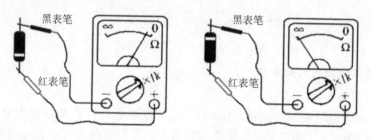

图 1.1.18 二极管引脚的检测

（2）检查二极管的质量好坏。

一般二极管的反向电阻比正向电阻大几百倍，可以通过测量其正、反向电阻来判断二极管的好坏。若测得其正、反向电阻均很大（几百千欧以上），说明二极管内部开路；若测得其正反向电阻均很小（几百欧姆以下），说明二极管内部击穿。

（3）判别是硅管还是锗管。

通常可以利用测量二极管正向电阻的方法对二极管的材料进行判别。相对而言，锗二极管的正向电阻较小，用万用表 R×1 k 挡测量时指针大约偏转在数值 1～2 k 附近，而硅二极管的读数在 5～6 k 附近。此外，也可以借助另一个万用表直流 2.5 V 挡测量其导通电压来判断，如图 1.1.19 所示，若测得二极管的正向压降为 0.6～0.7 V，则被测的是硅管；若测得二极管的正向压降为 0.1～0.3 V，则被测的是锗管。

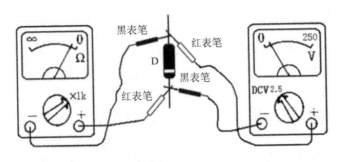

图 1.1.19　判别硅二极管与锗二极管的方法

（4）判别是开关管还是稳压管。

有些开关管（如 1N4148）与稳压管的封装、外形相似，难以辨认。用万用表判别稳压管的方法是：用 R×1 k 挡先判断正、负极，然后将万用表置于 R×10 k 挡，黑表笔接负极，红表笔接正极，若此时的反向电阻变得较小（与 R×1 k 挡测出的值比较），则该管为稳压管。因为万用表的 R×10 k 挡一般都用 9 V 以上的电池，当被测稳压管的击穿电压低于该值时可以被反向击穿，使其电阻值大大减小。如果要进一步确定稳压管的稳压值，可以通过图 1.1.20 所示的电路测得。改变可调直流稳压电源输出 U，使之由零开始缓慢增加，同时用直流电压表监视稳压管两端的电压，当 U 增加到一定值使稳压管反向击穿时，再适当增加 U，电压表指示的电压值不再变化，这个电压值就是稳压管的稳压值。

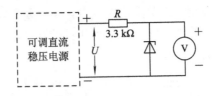

图 1.1.20　稳压管的稳压值测试

2. 二极管的选用与代换原则

1）二极管的选用

二极管在电子电路中的应用很广泛，应用时，应根据电路需要如最大电流、最高反向电压、信号工作频率、工作环境、温度等确保所选二极管在使用时不能超过它的极限参数，并留有一定的余量。还应根据不同的技术要求结合不同的材料具有的特点做如下选择：

（1）要求反向电压高、反向电流小工作温度高于 100℃时应选择硅管；需要导通电流大时选择面接触型硅管。

（2）要求导通电压低时选择锗管；要求工作频率高时选择点接触型二极管。

2）二极管的代换

在电子制作或维修实践中，如果一时找不到选定的二极管型号时，可以适当考虑用符合电路要求的二极管代换，代换的一般原则是：

（1）相同系列的二极管，耐压（U_{RM}）级别高的可以代替耐压级别低的。如 1N4007 可以代替 1N4001、1N4003、1N4005。

（2）相同类型的二极管，最大整流电流（I_F）大的可以代替最大整流电流小的，如 1N5403 可以代替 1N4001。

（3）具有相同耐压、相同最大整流电流的二极管，反向恢复时间短的可以代替反向恢复时间长的，如 RG4A 可以代替 1N5403。

总之，选用和代换都必须使二极管的性能参数满足电路的技术要求。

四、特殊二极管的特性及应用

1. 光电二极管

光电二极管又称光敏二极管，其结构与普通二极管基本相同，只是它内部的 PN 结可以通过管壳上的一个玻璃窗口接收外部的光照。光电二极管在反向偏置状态下工作，其反向电流随光照强度的增加而上升。图 1.1.21(a) 为光电二极管的图形符号，图 1.1.21(b) 是它的特性曲线。光电二极管的主要特点是其反向电流与光照度成正比。

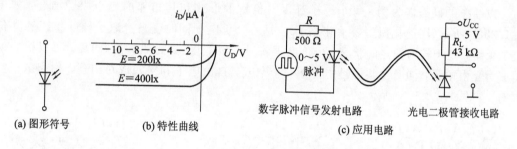

(a) 图形符号　　　　(b) 特性曲线　　　　(c) 应用电路

图 1.1.21　光电二极管

如图 1.1.21(c) 所示是光电二极管的典型应用电路。在发射端，用 0～5 V 的脉冲信号通过 500 Ω 的电阻作用于发光二极管，使发光二极管产生数字脉冲光信号并通过光缆传输后被接收端的光电二极管接收，在接收电路中可以恢复原有的 0～5 V 的数字脉冲信号。

2. 变容二极管

变容二极管与普通二极管不同的是，其结电容的大小随反向偏压的增加而减少特别明显，其图形符号如图 1.1.22(a) 所示，图 1.1.22(b) 是某种变容二极管的特性曲线。

变容二极管主要应用于高频电路中的电子调谐、调频、自动频率控制等电路中。图 1.1.22(c) 是调频电路中利用变容二极管将调制信号电压转化成频率的变化而实现调制的电路。在低频调制信号 ν_Ω 的作用下，变容二极管 VD_C 的反偏电压变化，导致结电容发生变化，LC 振荡回路的固有谐振频率也随之改变，把低频 ν_Ω 的幅度变化调制成频率变化的调频信号。

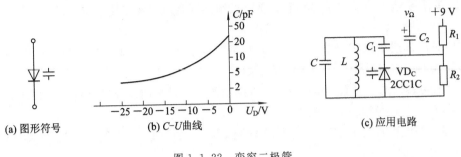

(a) 图形符号　　　　　　(b) C-U曲线　　　　　　　　　(c) 应用电路

图 1.1.22　变容二极管

五、PN 结的微观解释

1. 半导体基本知识

导电性能介于导体和绝缘体之间的物质称为半导体。常用的半导体材料有硅(Si)、锗(Ge)、硒(Se)和砷化镓(GaAs)及其他金属氧化物和硫化物等，它们一般呈晶体结构。半导体的导电能力在不同条件下(如掺杂、光照、受热等)有很大差别，据此，可制成各种半导体器件。

1) 本征半导体

纯净的结构排列整齐的晶体叫做本征半导体。常用的硅和锗都是四价元素，其最外层有四个价电子。

以纯净的硅晶体为例，每个原子都以共价键的形式和其相邻的四个原子结合，如图1.1.23(a)所示(用简化模型表示硅原子)。每一个价电子同时受自身原子核的束缚和共价键的束缚，处于较为稳定的状态。但价电子获得一定能量(如光照和温升)后，可以挣脱束缚成为自由电子，同时在共价键中留下一个空穴，自由电子和空穴成对出现，称为电子空穴对，如图1.1.23(b)所示。

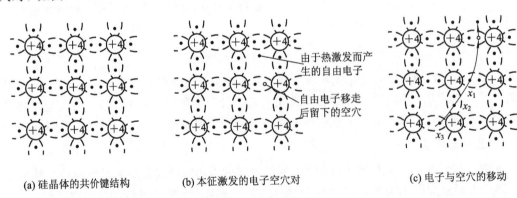

(a) 硅晶体的共价键结构　　(b) 本征激发的电子空穴对　　　(c) 电子与空穴的移动

图 1.1.23　本征半导体

在外电场的作用下，相邻的价电子可以填补到空穴上，而这个电子原来的位置上又留下新的空穴，又会被其相邻的其他价电子填补，这个过程持续下去，在半导体中就出现了价电子填补空穴的运动(从 $x_3 \rightarrow x_2 \rightarrow x_1$)，如图1.1.23(c)所示，从形式和效果上，都与正电荷的反向运动相同。这样，本征半导体中就存在自由电子和空穴两种载流子。

由于温度而使本征半导体产生电子空穴对的现象称为热激发。当温度升高或光照增强时，电子空穴对数目增多，导电能力增强，所以温度和光照对半导体器件性能影响很大。

2）杂质半导体

本征半导体的导电能力很差，但在本征半导体中掺入某种杂质后，导电能力可增加几十万至几百万倍。

如果在硅半导体中掺入微量最外层有 3 个价电子的硼（或其他三价元素），构成共价键时，将因缺少一个电子而形成一个空穴，如图 1.1.24(a)所示。这样，该杂质半导体中形成大量空穴，成为这种杂质半导体导电的多数载流子，称为 P 型半导体。控制掺入杂质的多少可以控制空穴的数量。

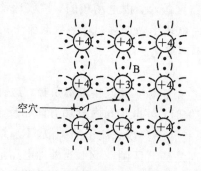　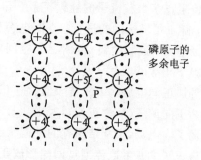

(a) P型半导体结构示意图　　　　　　　(b) N型半导体结构示意图

图 1.1.24　掺杂半导体

如果在硅半导体中掺入微量最外层有 5 个价电子的磷（或其他五价元素），构成共价键时，将多出一个很容易挣脱磷原子束缚而成为自由电子的价电子，如图 1.1.24(b)所示。这种杂质半导体中的自由电子大大增加，成为多数载流子，称为 N 型半导体。控制掺入的杂质就控制了自由电子的数量。

无论是 P 型半导体还是 N 型半导体，虽然它们都有一种载流子占多数，但总体上仍然保持电中性。在外电场作用下，杂质半导体的导电能力有了较大的增强。

2. PN 结及其单向导电性

1）PN 结的形成

当 P 型和 N 型半导体结合在一起时，由于交界面两侧载流子浓度的差别，N 区的电子必然向 P 区扩散，P 区的空穴也要向 N 区扩散，即发生多数载流子的扩散运动，如图 1.1.25(a)所示。

结果，交界面附近 P 区一侧因失去空穴而留下不能移动的负离子，N 区因失去电子而留下不能移动的正离子。同时，扩散到 P 区的电子将逐渐与 P 区的空穴复合，扩散到 N 区的空穴将逐渐与 N 区的自由电子复合。于是交界面附近的 P 区和 N 区会出现数量相等、不能移动的负离子区和正离子区，这些不能移动的带电离子形成了空间电荷区，也称为耗尽层（空间电荷区内多数载流子已扩散到对方，或被对方扩散过来的多数载流子复合，即多数载流子被耗尽了）。如图 1.1.25 (b)所示就是 PN 结。

空间电荷区靠近 P 区一侧带负电，靠近 N 区一侧带正电，因此产生一个由 N 区指向 P 区的电场，称为内电场。根据内电场的方向及电子、空穴的带电极性可以看出，内电场的

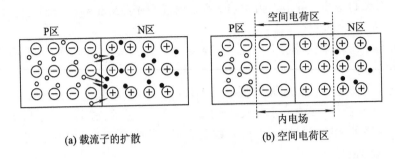

(a) 载流子的扩散   (b) 空间电荷区

图 1.1.25　PN 结的形成

形成将阻止多数载流子的继续扩散；开始时，空间电荷区较小，内电场较弱，扩散运动占优势，随着扩散运动的进行，空间电荷区不断加宽，内电场不断增强，对多数载流子的阻力不断增大，最后达到动态平衡，空间电荷区的宽度不再变化。

2）PN 结的单向导电性

外加正向电压时 PN 结导通。把 PN 结的 P 区接电源正极，N 区接电源负极，这种接法称为正向偏置（简称正偏），如图 11.26 (a)所示。正偏时，外电场与内电场方向相反，因此削弱了内电场，PN 结原有的平衡状态被打破，结果有利于多数载流子的扩散。PN 结中多数载流子的扩散电流通过回路形成正向电流，其方向是从 P 区到 N 区。当外加电压增加到一定数值之后，正向电流将显著增加，PN 结对外电路呈现很小的电阻，此时称为导通。

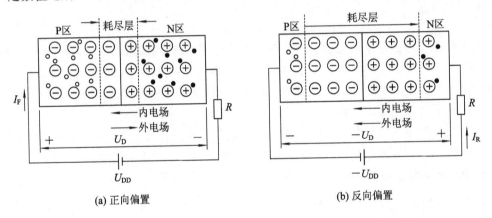

(a) 正向偏置   (b) 反向偏置

图 1.1.26　外加电压时的 PN 结

外加反向电压时 PN 结截止。把 PN 结的 N 区接电源正极，P 区接电源负极，这种接法称为反向偏置（简称反偏），如图 1.1.26(b)所示。反偏时，外电场与内电场方向相同，因此增强了内电场，空间电荷区变宽，结果不利于多数载流子的扩散。此时，PN 结中的电流主要是漂移电流（称为反向电流），其方向是从 N 区到 P 区，由于少数载流子的浓度很低，所以反向电流很小，且几乎不随外加反向电压而变化，故又称为反向饱和电流。

反偏时，PN 结对外电路呈现很大的电阻，此时称为截止。少数载流子的浓度由温度决定，因此，PN 结反向电流的大小受温度的影响极其明显。

由上述分析可知，PN 结具有单向导电性：正向偏置时，PN 结呈现很小的电阻，正向电流较大，PN 结处于导通状态；反向偏置时，PN 结呈现很大的电阻，反向电流极小，PN 结处于截止状态。

技能训练 2　三极管的识别与测试

1. 实训目的

(1) 熟悉常用三极管的外形结构特点。

(2) 掌握利用万用表检测三极管的方法。

(3) 了解三极管的导电性能。

2. 实训仪器与材料

实训仪器	参考型号	实训材料	规格	数量
双路可调稳压电源	HG63303	电位器	100 kΩ	1
万用表	DE960TR	三极管	各种类型	若干
毫安表		电阻	100 kΩ	1

3. 实训内容与步骤

1) 三极管的识别

(1) 从给定的三端元件中挑选出三极管。

(2) 正确挑选小功率三极管、中功率三极管、大功率三极管；正确识别常用三极管的封装形式。

2) 三极管的检测

(1) 利用万用表的欧姆挡对给定的三极管进行检测，并判别所给三极管的材料、管型和引脚。

(2) 记录被检测三极管的 b、e 脚和 b、c 脚间的正向电阻值与反向电阻值，并根据测试结果区分三极管的材料、类型、引脚等。

3) 三极管输出特性测试

按如图 1.1.27 所示搭接电路，测试三极管的输出特性。

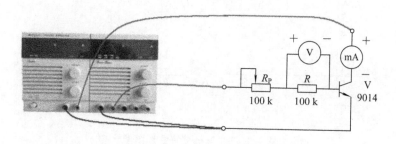

图 1.1.27　三极管输出特性测试

(1) 把稳压电源设置为独立输出，其中一路调为 0 V 输出接至 b、e 回路，另一路调为 12 V 输出接至 c、e 回路，观察集电极回路是否有电流。

① 保持接在 c、e 回路的电源电压不变，缓慢调节接在 b、e 回路电源的"稳压调节"旋钮，同时观察电流表，分别在电流表中的电流为 2 mA、4 mA、8 mA、10 mA 时，停止电压

调节,读取电压表的电压值,并记录在表 1-1-2 中。

② 调节 R_P,使接在 b、e 回路的电压表读数为 2 V 并保持不变,缓慢调节接在 c、e 回路电源的"稳压调节"旋钮,同时观察稳压电源输出的电压值和电流表,分别在电压为 0.5 V、1 V、2 V、4 V、6 V、8 V 时,停止电压调节,读取电流表的值,并记录在表 1-1-2 中。

③ 调节 R_P,使接在 b、e 回路的电压表读数为 3 V 并保持不变,缓慢调节接在 c、e 回路电源的"稳压调节"旋钮,同时观察稳压电源输出的电压值和电流表,分别在电压为 0.5 V、1 V、2 V、4 V、6 V、8 V 时,停止电压调节,读取电流表的值,并记录在表 1-1-2 中。

表 1-1-2　三极管测试数据记录表

c、e电压保持12 V不变	开始有电流时,电压表的电压值	电流为 2 mA 时,电压表的电压值	电流为 4 mA 时,电压表的电压值	电流为 8 mA 时,电压表的电压值	电流为 10 mA 时,电压表的电压值
b、e电流保持20 μA不变	ce电压为0.5 V时,电流表的读数	ce电压为1 V时,电流表的读数	ce电压为2.5 V时,电流表的读数	ce电压为5 V时,电流表的读数	ce电压为7.5 V时,电流表的读数
b、e电流保持30 μA不变	ce电压为0.5 V时,电流表的读数	ce电压为1 V时,电流表的读数	ce电压为2.5 V时,电流表的读数	ce电压为5 V时,电流表的读数	ce电压为7.5 V时,电流表的读数

(2) 分析测试数据,撰写实训报告。要求:

① 在如图 1.1.28(a)所示的坐标系中,作出该三极管 c、e 回路电源保持 12 V 不变时,I_c 与 I_b 的关系曲线。

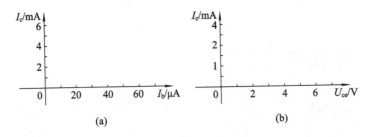

图 1.1.28　三极管特性作图坐标

② 在如图 1.1.28(b)所示的坐标系中,作出该三极管 b、e 电流保持 20 μA 和 30 μA 不变时,c、e 两端电压与 c 极电流两条关系曲线。

4. 分析与思考

(1) 能否利用两只二极管构成一只三极管?

(2) 如何区分 NPN 型三极管与 PNP 型三极管?

(3) 如何正确判别出给定三极管的 b、c、e 极?

※知识学习　三极管的特性与应用

一、三极管的结构与特性

1. 三极管的内部结构及导电模型

三极管，又称 BJT(Bipolar Junction Transistor)，其内部有两个背靠背的 PN 结。P 区靠背时构成 NPN 型，N 区靠背时构成 PNP 型，如图 1.1.29 所示。

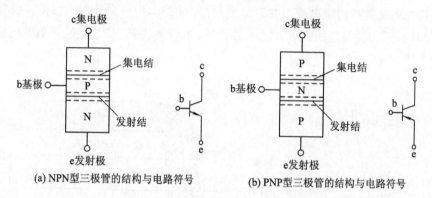

(a) NPN 型三极管的结构与电路符号　　(b) PNP 型三极管的结构与电路符号

图 1.1.29　三极管的内部结构及符号

NPN 型和 PNP 型三极管具有几乎相同的特性，只不过在电路中各电极的电压极性和电流流向不同，下面以 NPN 型三极管为例说明其开关作用和电流放大作用。

三极管用作信号放大时，通常在三极管集电结加上反向偏压，发射结加上正向偏压，如图 1.1.30(a) 所示。由于制造时中间的基区做的很薄，使发射结与集电结之间形成了类似图 1.1.30(b) 的"水流控制模型"中虚线所示的杠杆，各极间的电流关系也与此十分相似。通过对三极管进行测试，可以发现 $I_C \gg I_B$，由基尔霍夫节点定律可得 $I_E = I_C + I_B$。

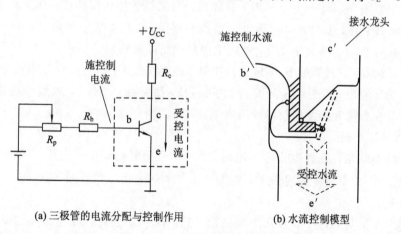

(a) 三极管的电流分配与控制作用　　　(b) 水流控制模型

图 1.1.30　三极管的电流控制

三极管发射结所加的正向偏置电压略大于发射结的正向导通电压，形成基极电流的同时也形成更大的集电极电流。这时，如果发射结正向电压稍微有所改变，则基极电流也改变，从而使集电极电流 I_C 产生相应更大的变化(因为 $I_C \gg I_B$)，因此 I_B 很小的变化就能引起 I_C 较大的变化，这就是三极管的电流放大作用。可见，三极管实际上是用小电流控制大电流的器件。

2. 三极管的特性曲线

三极管各极间电压与电流的关系可用伏安坐标图来表示，称为特性曲线，特性曲线可用晶体管特性测试仪测得。通过在特性曲线上对三极管的工作状况、放大性能等进行分析，可以指导我们科学合理地用好三极管。

1) 输入特性曲线

输入特性曲线是指当集电极与发射极之间的电压 u_{CE} 为一常数时，加在三极管基极与发射极之间的电压 u_{BE} 与基极电流 i_B 之间的关系。实际测得某 NPN 型硅三极管的输入特性曲线如图 1.1.31(a)所示。

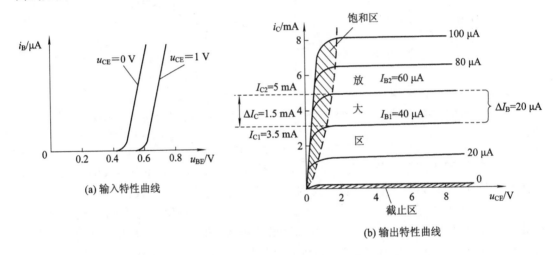

(a) 输入特性曲线　　　　(b) 输出特性曲线

图 1.1.31　晶体三极管的输入、输出特性曲线

从图中可以看出，当 $u_{CE}=0$ V 时，曲线几乎与二极管的伏安特性一致，u_{CE} 从 0 开始增大时，曲线向右平移，但当 $u_{CE}>1$ V 时，曲线右移很小，可以近似认为与 $u_{CE}=1$ V 的曲线重合。实际应用中，u_{CE} 总大于 1 V，所以图中只画出两条曲线。

与二极管相似，三极管的 b-e 输入特性曲线也存在死区，硅管为 0.5 V(锗管为 0.1 V)。在发射结正偏导通后，发射结压降 u_{BE} 约为 0.7 V(锗管为 0.3 V)，以后分别以 0.7 V 和 0.3 V 作为硅管和锗管的发射结导通压降值。

2) 输出特性曲线

输出特性曲线是在基极电流 i_B 一定的情况下，三极管的集电极电流 i_C 与集电极、发射极之间的电压 u_{CE} 之间的关系曲线族，如图 1.1.31(b)所示。

由图可见，

(1) $u_{CE}>1$ V 后，每条曲线几乎与横轴平行，即 i_B 不变时，对应的 i_C 与 u_{CE} 的大小无关，几乎不变，这称为三极管的恒流特性。

(2) 不同 i_B 值对应的曲线形状基本上是相似的，i_B 等量增加时，曲线等间距向上平移。例如当 i_B 从 i_{B1}(40 μA)→i_{B2}(60 μA)变化，产生 $\Delta i_B = i_{B2} - i_{B1} = 20\ \mu$A 时，$i_C$ 也由 i_{B1} 对应的

i_{C1}(3.5 mA)变化为 i_{B2} 对应的 i_{C2}(5 mA)，产生了更大的 $\Delta i_C = i_{C2} - i_{C1} = 1.5$ mA 电流的变化，且 Δi_C 与 Δi_B 的比值等于 β。所以把这一区域称为放大区，体现了三极管基极电流对集电极电流的控制及放大作用。

当基极电流 $i_B = 0$ 时，$i_C = 0$，曲线几乎与横轴重合，通常将 $i_B \leqslant 0$ 的区域称为截止区。

当 u_{CE} 比较小，或小于 u_{BE} 时，$u_{CB} = u_{CE} - u_{BE} < 0$，$i_C$ 随 u_{CE} 的增加迅猛上升而与 i_B 不成比例，这一区域称为饱和区。

3. 三极管的开关特性

三极管只工作在饱和导通或截止状态时才可以作为开关来使用，这时不允许工作在放大状态。下面参照图 1.1.32 所示的三极管共发射极开关电路和输出特性曲线来讨论三极管的静态开关特性。

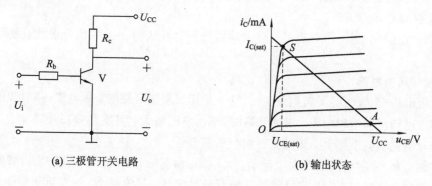

(a) 三极管开关电路   (b) 输出状态

图 1.1.32 三极管的静态开关特性

1) 截止条件

当输入 U_i 为低电平(0.3 V)时，基射间的电压小于其导通门限电压(0.5 V)，基极电流 $I_B \approx 0$，三极管截止，集电极电流 $I_C \approx 0$，输出 $U_o = U_{CE} \approx U_{CC}$，这时三极管工作在图 1.1.32(b)中的 A 点。为了使三极管能可靠截止，常使发射结处于反偏状态，即 $U_{BE} \leqslant 0$ V。三极管截止时 b、c、e 三个电极互为开路，如图 1.1.33(a)所示。

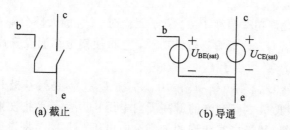

(a) 截止   (b) 导通

图 1.1.33 三极管开关等效电路

2) 饱和状态

当输入 U_i 为高电平(U_{iH})，且使三极管工作在临界饱和导通状态时，三极管工作在图 1.1.32(b)中的 S 点，这时三极管的 I_B 值称为临界饱和基极电流 $I_{B(sat)}$，对应的 I_C 值称为临界饱和集电极电流 $I_{C(sat)}$，基射极间的电压称为临界饱和基极电压 $U_{BE(sat)}$，对于硅管，其值为 0.7 V；集射间的电压称为临界饱和集电极电压 $U_{CE(sat)}$，其值约为 0.1～0.3 V。三极管工作在 S 点时，放大特性在该点仍然适用，那么 $I_{B(sat)} \approx U_{CC}/\beta R_C$，因此，三极管的饱和条

件为 $I_B \geq I_{B(sat)} \approx U_{CC}/\beta R_C$。三极管工作在饱和状态时，$I_C = I_{C(sat)}$ 为最大，这时，I_B 再增大，I_C 基本不变，I_B 比 $I_{B(sat)}$ 大得越多，饱和越深。三极管饱和时的等效电路如图 1.1.33(b) 所示。当 $U_{BE(sat)}$ 和 $U_{CE(sat)}$ 很小，而且可以忽略时，三极管的 b、c、e 三个极可以视为连通。

4. 三极管的主要参数

三极管的性能常用相关参数表示，以此作为工程上选用三极管的依据，其主要参数有电流放大系数、极间反向电流和极限参数。

1）电流放大系数

（1）直流电流放大系数 $\bar{\beta}$。定义为三极管的集电极电流 I_C 与基极电流 I_B 之比，即 $\bar{\beta} = I_C/I_B$，有时用 h_{FE} 表示。

（2）交流电流放大系数 β。定义为三极管的集电极电流 Δi_C 与基极电流 Δi_B 之比，即 $\beta = \Delta i_C/\Delta i_B$，有时用 h_{fe} 表示。

在实际应用中，当工作电流不十分大的情况下，可认为 $\bar{\beta} = \beta$，且为常数，故可混用而不加区分。

2）极间反向电流

（1）集电极-基极间的反向电流 I_{CBO}。I_{CBO} 是指发射极开路时，集电极-基极间的反向电流，也称集电结反向饱和电流。温度升高时，I_{CBO} 急剧增大，温度每升高 10℃，I_{CBO} 增大一倍。选管时应选 I_{CBO} 小且 I_{CBO} 受温度影响小的三极管。

（2）集电极-发射极间的反向电流 I_{CEO}。I_{CEO} 是指基极开路时，集电极-发射极间的反向电流，也称集电结穿透电流。它反映了三极管的稳定性，其值越小，受温度影响也越小，三极管的工作就越稳定。

3）极限参数

三极管的极限参数是指在使用时不得超过的极限值，以此保证三极管的安全工作。

（1）集电极最大允许电流 I_{CM}。集电极电流 I_C 过大时，β 明显下降，I_{CM} 为 β 下降到规定允许值（一般为额定值的 $1/2 \sim 2/3$）时的集电极电流。使用中若 $I_C > I_{CM}$，三极管不一定会损坏，但 β 会明显下降。

（2）集电极最大允许功率损耗 P_{CM}。管子工作时，U_{CE} 的大部分降在集电结上，因此集电极功率损耗 $P_C = U_{CE} I_C$，近似为集电结功耗，它将使集电结温度升高而使三极管发热致使管子损坏。工作时 P_C 必须小于 P_{CM}。

（3）反向击穿电压 $U_{(BR)CEO}$、$U_{(BR)CBO}$、$U_{(BR)EBO}$。$U_{(BR)CEO}$ 是指基极开路时集电结不致击穿，施加在集电极-发射极之间允许的最高反向电压；$U_{(BR)CBO}$ 是指发射极开路时集电结不致击穿，施加在集电极-基极之间允许的最高反向电压；$U_{(BR)EBO}$ 是指集电极开路时发射结不致击穿，施加在发射极-基极之间允许的最高反向电压，通常 $U_{(BR)CEO}$ 为几十伏，$U_{(BR)EBO}$ 为数伏到几十伏。

根据三个极限参数 I_{CM}、P_{CM}、$U_{(BR)CEO}$ 可以确定三极管的安全工作区，如图 1.1.34 所示。三极管用作信号放大时，必须保证工作在安全区内，并留有一定的余量。

5. 温度对三极管特性的影响

（1）对输入特性的影响。

温度升高时，三极管共发射极连接的输入特性曲线将向左移动。这说明在 i_B 相同的条

件下 u_{BE} 将减小。u_{BE} 随温度变化的规律与二极管正向导通电压随温度变化的规律一样，即温度升高 1℃，u_{BE} 减小 1 mV～2.5 mV。

（2）对输出特性的影响。

温度升高时，三极管的 I_{CBO}、I_{CEO} 和 β 都将增大，结果将导致三极管的输出特性曲线向上平移，而且各条线间的距离加大，如图 1.1.35 所示。

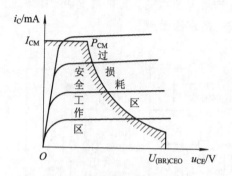

图 1.1.34　三极管的安全工作区

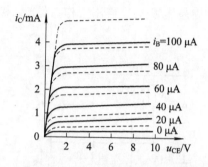

图 1.1.35　温度对三极管输出特性的影响

二、三极管的分类与用途

1. 三极管的分类

三极管的种类很多，按其内部 PN 结的组合形式分，有 PNP 型和 NPN 型管；按制造材料分，有硅管和锗管；按功率大小分，有大、中、小功率管；按工作频率分，有高频管和低频管等。图 1.1.36 为常用三极管的外形结构图。

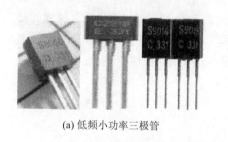

(a) 低频小功率三极管

(b) 贴片三极管

(c) 中功率三极管

(d) 大功率三极管

(e) 高频三极管

图 1.1.36　常用三极管外形结构图

2. 常用三极管应用电路分析

依据三极管对电流的控制特性，电子技术中应用三极管实现了信号放大、信号处理、信号产生、信号转换、恒流恒压以及信号控制信号发射和接收等许多功能。下面简单分析两个典型应用电路。

(1) 低频信号产生电路。

图 1.1.37(a)为简易声光欧姆表的电路,用来检测线路的通断。测试棒 A、B 分别接被测电路中的两点,如果这两点接通,则通过电阻 R 使三极管 V_1、V_2 获得偏置电压而导通,发光二极管 VD 亮,电容 C 与三极管构成的电路产生电流振荡,扬声器发声。如果这两点不通,则晶体管 V_1、V_2 不工作,发光二极管不亮,扬声器无声。

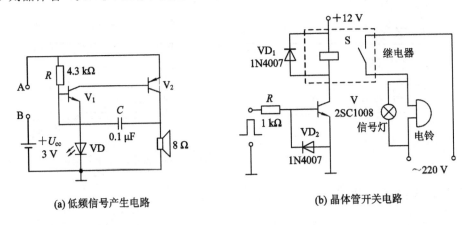

(a) 低频信号产生电路　　　　　　　(b) 晶体管开关电路

图 1.1.37　晶体三极管应用电路

(2) 晶体管开关电路。

如图 1.1.37(b)所示为三极管组成的开关控制电路,V 在电路中起开关作用。当输入 u_i 为高电平时,二极管 VD_2 截止,相当于开路,三极管 V 饱和导通,继电器 S 吸合,电铃通电发出报警声,同时信号灯亮。当输入 u_i 为低电平(或负脉冲)时,二极管 VD_2 导通,使三极管发射结反向偏置,V 截止,继电器释放,电铃断电,信号灯不亮。二极管 VD_1 为继电器线圈提供能量释放电路,防止三极管 V 由导通转为截止时继电器线圈产生过电压而损坏。

三、三极管的检测与代换

1. 三极管的检测与判断方法

1) 管型和基极的判别

在不知道三极管的类型和基极的情况下,可以假定它是 NPN 管,将万用表拨到 R×1 kΩ 挡,用黑表笔接住其中的一个引脚不放,红表笔先后搭接另外两个管脚,若出现先后两次搭接阻值都较小(几百欧~几千欧),则这个三极管就是事先假定的 NPN 型,且黑表笔所接的引脚为基极。再用红表笔接住基极,黑表笔再搭接另外两个引脚,所测的应是 PN 结的反向电阻,近乎无穷大,如果有一个不是近乎无穷大,说明该管有一个 PN 结被击穿损坏,如图 1.1.38(a)所示。

如果黑表笔接住任何一个引脚,都未能出现两次搭接阻值都较小的情况,则该管很可能是 PNP 型,改用红表笔接住其中一个引脚不放,黑表笔先后搭接另两个引脚,若先后出现的两次阻值都较小,则这个三极管就是 PNP 型,并且这时红表笔接住的就是基极。若还是没有先后两次搭接电阻都小的情况出现,则是一个坏管或者不是三极管。

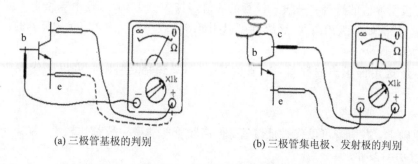

(a) 三极管基极的判别　　　　　　　　(b) 三极管集电极、发射极的判别

图 1.1.38　三极管的管脚判别

2) 集电极和发射极的判别

管型和基极确定后，剩下的两个引脚其中一个是发射极，另一个是集电极。虽然在同一三极管中，发射区和集电区同是 N 型或同是 P 型半导体，但发射区比集电区的掺杂浓度大，使用时不能接反。如果是 NPN 型管，将万用表调至 R×1 kΩ 挡，黑表笔与红表笔分别连接除基极以外的两个引脚，用湿手指(或舌头)接触基极和黑表笔连接的引脚，看万用表指针摆动的情况。然后两支表笔对调，重复用湿手指接触基极与黑表笔连接的引脚，再看万用表指针的摆动情况，比较两次测量结果，万用表指针偏转角较大的那次与黑表笔相连的引脚就是集电极，如图 1.1.38(b)所示。

如果是 PNP 型管，不同的是手指应搭接在基极与红表笔连接的引脚之间，两次检测中，万用表指针偏转角较大的那次与红表笔相连的引脚是集电极。

3) 三极管好坏的在路检测

连接电路中的三极管，如果万用表测得其集电极与发射极之间的电阻为零，则可以判断这个三极管损坏。

如果从电路图中或者三极管的标记型号中知道它是 NPN 或者 PNP 型，当测量其集电结和发射结的正向电阻若为无穷大时，也可以断定这个三极管损坏。

在电路中的三极管放大电路如果前后级采用阻容耦合的话，可以在通电的情况下，一边用万用表监测集电极与发射极之间的电压，一边用镊子将基极对发射极短路，看集电极与发射极之间的电压是否有变化，如果集电极与发射极之间的电压变大，则该三极管及该级放大电路基本正常。如果没有变化，则说明该三极管失去了放大作用，需要断开电源作进一步检查。

2. 三极管的选用与代换原则

1) 三极管的选用

选用晶体管一要满足设备及电路的要求，二要符合节约的原则。根据用途的不同，一般应综合考虑频率、集电极电流、耗散功率、反向击穿电压、电流放大系数、稳定性及饱和压降等因素。这些因素具有相互制约的关系，在选管时应抓住主要矛盾，兼顾次要因素。

(1) 根据电路工作频率确定选用低频管或高频管。低频管的特征频率 f_T 一般在 2.5 MHz 以下，而高频管的 f_T 可达几十 MHz、几百 MHz 甚至更高。选管时应使 f_T 为工作频率的 3～10 倍。

(2) 根据电路实际工作情况(最大集电极电流、管耗以及电源电压)选择三极管的极限参数(I_{CM}、P_{CM}、$U_{(BR)CEO}$)，且应留有余地，功耗较大时，还应考虑加装散热器。

（3）三极管 β 值的选择：一般三极管的 β 值多选 40～100，对整个电路来说应从各级的配合来选择 β。例如前级用高 β，后级就可以用低 β 的管子，反之，前级用低 β 的，后级就可以用高 β 的管子。

（4）尽量选用低噪声的硅管，硅管的 $I_{CBO} \to 0$，热稳定性好，可以工作在 150℃ 的条件下。

2）三极管的代换原则

（1）原则上，高频管可以代替低频管，但高频管的功率一般都比较小，动态范围窄，代用时应注意功率条件。

（2）大功率管可以代替小功率管，但必须注意频率要求。

（3）高 β 管可以代替低 β 管，但必须注意稳定性要求。

四、特殊结构的三极管

1. 光电三极管

光电三极管又称为光敏三极管，与光电二极管一样是将入射光能转变成电信号的半导体器件，常见光电三极管的外形、结构及符号如图 1.1.39 所示。

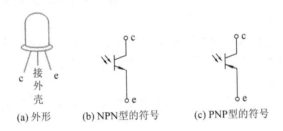

(a) 外形   (b) NPN型的符号   (c) PNP型的符号

图 1.1.39 光敏三极管

光电三极管也有集电极和发射极，而取代基极控制信号的是入射光线，集电极和发射极之间加入电压后，当没有光照时处于截止状态；当有入射光照时，管子处于导通状态，导通后集电极电流称为亮电流，其大小几乎与管子两端的电压大小无关，仅取决于入射光线照度的大小，即入射光线控制着亮电流的大小。

如图 1.1.40 所示是光电三极管构成的直流光电开关应用电路。其中，图 1.1.40(a) 中，当光电三极管 BPX25 没有光线照射时截止，从而使三极管 C1815 没有基极电流也处

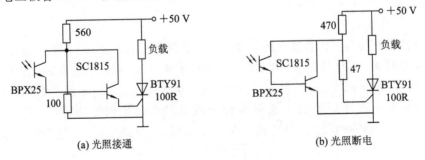

(a) 光照接通   (b) 光照断电

图 1.1.40 光电三极管开关应用电路

于截止状态。反之则三极管导通进而使晶闸管 BTY91 触发导通，负载上获得电压；图 1.1.40(b)中的电路则相反，当光电三极管 BPX25 有光线照射时导通，使三极管 C1815 导通，进而使晶闸管 BTY91 截止，负载断电。而当没有光线照射时，晶闸管 BTY91 触发导通接通负载。

2. 带二极管的大功率三极管

带二极管的大功率三极管是将一个二极管和一个电阻封装在一个三极管内部，如图 1.1.41(a)所示。

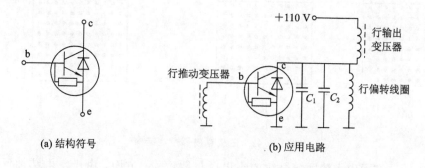

(a) 结构符号　　　　　　　　　　　　(b) 应用电路

图 1.1.41　带二极管的大功率三极管及其应用电路

这种三极管常常用于大功率开关工作状态，而且是电感与电容组合负载的场合。例如电脑的彩色显示器和彩色电视机的行扫描输出级电路中一般都采用这种结构的三极管，如图 1.1.41(b)所示。其中，二极管又称为电阻尼二极管，对 LC 振荡回路产生的振荡起阻尼作用，将其封在三极管内部，可以减小引线电阻，有利于减小行频干扰。在基极和发射极之间接入的电阻，可以有效防止开关的瞬间击穿发射结，提高可靠性。

五、三极管电流放大特性的微观解释

三极管中的集电结明明是反向偏置，而在基极存在电流时又是导通的，这似乎不可理解，想要弄清楚这个问题，必须从三极管内部的微观结构说起。

1. 三极管内部的微观结构特点

三极管内部的微观结构特点(以 NPN 型为例)是：发射区掺杂浓度很高；基区很薄且掺杂浓度很低，未加偏置时如图 1.1.42(a)所示。

三极管工作于放大状态的条件是：集电结反偏，发射结正偏。

当集电极与发射极加上如图 1.1.42(b)所示的电源电压时，由于集电结反偏，电源电压几乎全部降落在集电结上，基区仍然与发射区同为零电位。这时在外加电场的作用下，集电区和基区的多数载流子均向远离集电结方向偏离，同时，集电区的少数载流子(空穴)顺利来到基区，这样，基区的空穴数量有所增加，并且靠拢发射结，结果将导致发射结也稍微有所变宽，如图 1.1.42(b)所示。这就是集电结存在反偏置的情况下，输入特性曲线平行偏移的原因。

当基极与发射极之间也加上正偏电压时，发射结的内电场被抵消，发射区的多数载流子(电子)通过发射结不断向基区扩散，由于基区很薄，从发射区向基区注入的电子只有少量与基区中的多数载流子(空穴)相复合，形成基极电流，绝大部分扩散到集电结，来到

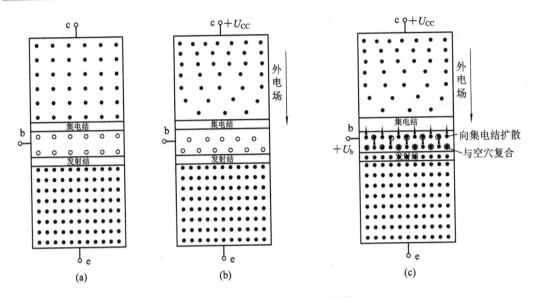

图 1.1.42　三极管内部微观结构

集电结的电子一方面由于浓度差继续向集电区扩散，另一方面，由于集电结加反向电压，对扩散越过集电结的电子有很强的吸引力，可使集电结的电子很快为集电区所收集，形成集电极电流。这就是集电区收集电子的情况，如图 1.1.42(c)所示。

　　由以上分析可知，三极管中有电子和空穴这两种载流子参与导电，因此又称它为双极型晶体三极管(简称 BJT)。

2. 三极管的电流放大机制

　　从前面的分析知道，从发射区发射到基区的电子(形成 I_E)，只有很小一部分在基区复合(形成 I_{BN})，大部分到达集电区(形成 I_{CN})。由电流节点定律不难得出

$$I_E = I_{CN} + I_{BN}$$

　　当一个三极管制造出来，其内部的电流分配关系，即 I_{CN} 和 I_{BN} 的比值已大致被确定，其中，基区与集电区的掺杂浓度比例就是确定这个比值的重要因素，该比值称为共发射极直流电流放大系数 $\bar{\beta}$，其表达式为

$$\bar{\beta} = \frac{I_{CN}}{I_{BN}}$$

　　如果把集电极电流的变化量与基极电流的变化量之比定义为三极管的共发射极交流电流放大系数 β，其表达式为

$$\beta = \frac{\Delta I_C}{\Delta I_B}$$

　　在小信号放大电路中，由于 β 和 $\bar{\beta}$ 差别很小，因此在分析估算放大电路时不加区分。

任务实施　恒流充电器的制作与测试

一、实训目的

　　(1) 熟悉常用元器件的焊接方法。

（2）掌握简单电路的测试方法。

二、实训仪器与材料

实训仪器	参考型号	实训材料	规格	数量	实训材料	规格	数量
万用表	DE960TR	电阻	1 kΩ、100 Ω	各 1	发光二极管	常规	1
电流表	M322505	整流二极管	1N4007	1	电位器	10 kΩ	1
蓄电池	6 V	电容器	470 μF	1	万能板	5 cm×5 cm	1
		三极管	2SC2073	1	变压器	9 V/10 W	1

三、实训内容与步骤

（1）元器件的识别与检测。用万用表对所给的元器件进行分选检测。

（2）按图 1.1.43 焊接好电路，并检查连线有无错误，焊接是否良好。

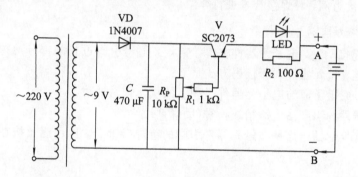

图 1.1.43　蓄电池恒流充电器电路

（3）接上电源，用万用表监测空载输出电压，调节 R_P，使空载输出电压为 6 V。

（4）接上一个电池为充电负载，用电流表测充电电流为_____，同时用万用表测输出电压为_____。

（5）加接一个电池（并联）为充电负载，用毫安表测充电电流为_____，同时用万用表测输出电压为_____。

（6）比较（4）、（5）两个步骤所得数据，分析其中的原因。

（7）撰写实训报告。

四、分析与思考

（1）实训电路中，为什么 R_P 的触点越往上调，输出电压会越高？

（2）为什么电池快要充满时，LED 就不亮了？

五、实训评价

按附录一（A）"电路制作评分表"操作。

※常识链接　手工焊接技术

一、烙铁头的挂锡

初次使用电烙铁时，应先用细锉或细砂纸去掉烙铁头的氧化层，然后对电烙铁头进行挂锡。挂锡的方法是：通电 2～3 分钟，待烙铁头发热后，挤入松香块中。待松香冒出细细的白烟时，将烙铁头挤在焊锡上反复摩擦，使烙铁头的前端(约 0.5 cm)挂满焊锡。

使用过程中，应视烙铁头的情况经常对烙铁头进行挂锡，以保证烙铁头部不被"烧死"。否则，在长时间通电加热的情况下，烙铁头上的焊锡容易被氧化"烧死"，导致不能再焊接。对已被"烧死"的烙铁头，必须重新进行挂锡。为了保护烙铁头不被"烧死"，长时间不用电烙铁时，应将电烙铁的电源关闭。

二、使用电烙铁的焊接技术

焊接是电子技术人员必须掌握的一项基本功。下面以电子元器件与面包电路板(也称为万能板)的焊接为例，对焊接技术进行介绍。

1. 元件引脚的挂锡

为了保证焊接质量，电子元器件在焊接前，必须将引脚过长的部分剪掉，并对需要焊接的部分进行挂锡。元器件引脚挂锡方法是：

(1) 用小刀或镊子清洁电子元器件引脚上的氧化物及油污。

(2) 将元器件的引脚沾上酒精或松香(助焊剂)。

(3) 用挂有焊锡的电烙铁接触元器件引脚的待焊接部分，再用锡丝挤在待焊接部分镀上一层焊锡。

2. 焊盘的挂锡

对于新的印制电路板来说，其焊盘一般都进行过挂锡及助焊处理，无须再进行本项工作，但对于旧的印制电路板及拆焊过的焊盘来说，仍需重新挂锡。焊盘挂锡的方法是：

(1) 用小刀清除焊盘上的氧化物。

(2) 用挂有焊锡的电烙铁头点在焊盘上，再用带有松香的锡丝挤在烙铁头与焊盘的接点上，将焊盘涂上一薄层焊锡。

3. 焊接过程

(1) 将元器件引脚从印制电路板的元件面插入相应的焊盘孔中，并使引脚的落出部分高于焊点，用镊子或尖嘴钳将元器件引脚固定住。

(2) 用沾有适量焊锡的烙铁头接触元器件引脚与焊盘的结合部，将焊锡丝挤入烙铁头的尖端，使其受热熔化流下来包围住元器件的引脚并充满焊盘。焊接的时间不宜太长，一般以 1～2 秒为宜。

(3) 从焊点上撤离烙铁头时切忌摇动元器件引脚，要等焊点上的焊锡自动凝固。

(4) 用斜口钳剪去高出焊点的元器件引脚。

4. 焊点的检查

合格的焊点应该是：焊锡量适中，焊点包围住元器件的引脚，整个焊点呈略下凹的圆锥形，焊锡充满焊盘但不凸出焊盘，焊点表面光滑，如图 1.1.44 所示。

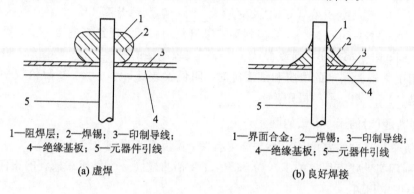

1—阻焊层；2—焊锡；3—印制导线；
4—绝缘基板；5—元器件引线

(a) 虚焊

1—界面合金；2—焊锡；3—印制导线；
4—绝缘基板；5—元器件引线

(b) 良好焊接

图 1.1.44　焊接点示意图

小　结

　　二极管的基本结构是 PN 结，由掺杂的 P 型半导体和 N 型半导体有机结合形成。二极管具有正向导通、反向截止的单向导电性。二极管的特性曲线就是单向导电特性的反映。二极管加较大的反向电压时将会击穿，电击穿时，仍然可以恢复原来的单向导电性，利用这一点可制成稳压管；热反向击穿时，二极管将失去单向导电的特性，即烧坏。二极管的光电效应有两个方面：一是 PN 结受光照激发时，其导电能力特别是反向导电能力会发生明显变化，称为光敏特性，光敏二极管就是利用这一性质制造的；二是当 PN 结导通后能将电能转换为光能，称为发光特性，发光二极管就是利用这一特性制造的。二极管的应用电路主要有：由普通二极管构成正偏导通、反偏截止的开关电路；由光敏二极管和发光二极管构成的光电转换电路；由稳压二极管构成的稳压电路。

　　三极管是由两个 PN 结有机组成的，有 PNP、NPN 两种类型，它的三个引脚分别称为发射极 e、基极 b、集电极 c。由于硅管的热稳定性好，所以硅三极管得到了更广泛的应用。三极管的伏安特性曲线为输入特性曲线和输出特性曲线。三极管有放大、饱和、截止三种工作状态，当发射结加上正偏电压，集电结加上反偏电压时具有电流放大作用，放大状态下三个电极之间的电流关系为 $I_E = I_B + I_C$，只要控制基极电流，就能控制其他两个电极的电流，因此也称为电流控制器件。当集电结和发射结均反偏时三极管截止，当集电结和发射结均正偏时，三极管饱和导通。三极管工作于放大区可作为放大器件使用，工作于截止区和饱和区时可作为开关使用，在电子电路中被广泛采用。

习　题

一、填空题

　　1. PN 结具有单向导电性，_____偏置时导通，_____偏置时截止，但是二极管两端加正向电压时，有一段"死区电压"，硅管的死区电压约为_____，锗管的死区电压约为_____。

2. 三极管对温度的敏感主要反映在参数 I_{CBO}、β 和 U_{BE} 的变化上：温度每升高 10℃，I_{CBO} 就增加____；温度每升高 1℃，β 相对增大____；温度每升高 1℃，$|U_{BE}|$ 就减小____。

3. 某同学用指针万用表的 1 k 挡判别三极管的引脚，发现红表笔接一极，黑表笔分别接另外两极时，阻值都较小，则该管是____型，红表笔接的是____极。再用红、黑表笔接另外两极并用手指触碰剩下的引脚和红表笔时，阻值读数是一小一大，则阻值较小的那次红表笔接的是_____极，另一极则为_____。

二、判断题（对的画√，错的画×）

4. 二极管的反向击穿电压大小与温度有关，温度升高反向击穿电压增大。（　　）

5. 分别用指针式万用表的 R×10 和 R×1 k 挡测量同一个整流二极管的正向电阻，两次测量结果肯定相同。（　　）

6. 稳压二极管正常工作时必须反偏，且反偏电流必须大于稳定电流 I_Z。（　　）

7. PNP 型三极管与 NPN 型三极管的区别仅在于电流的流向不同。（　　）

三、选择题

8. 如图 1.1.45 所示，在二极管与 1 kΩ 电阻串联的电路中，当电源电压成比例增大时，则二极管两端的电压依次（　　）。

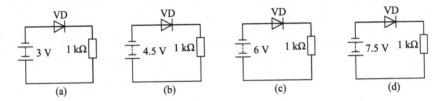

(a)　　　　　　　(b)　　　　　　　(c)　　　　　　　(d)

图 1.1.45　习题 8 图

A. 成比例增大　　　B. 成比例减小　　　C. 基本相等　　　D. 不能确定

9. 用万用表 R×1 k 挡测二极管，若红笔接阳极，黑笔接阴极，读数为 50 kΩ，表笔对换测得电阻为 1 kΩ，则该二极管（　　）。

A. 内部已断，不能用　　　　　B. 内部已短路，不能用

C. 没有坏，但性能不好　　　　D. 性能良好

10. 图 1.1.46 的电路通电时，测得电路上三极管各电极的对地电压分别为 $U_E=2.1$ V，$U_B=2.8$ V，$U_C=4.4$ V，说明此三极管工作在（　　）。

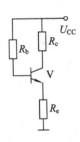

A. 放大区　　　　　　　B. 饱和区

C. 截止区　　　　　　　D. 反向击穿区

图 1.1.46　习题 10 图

11. 三极管工作在放大区时，内部两个 PN 结的偏置为（　　）。

A. 发射结正偏，集电结正偏

B. 发射结正偏，集电结反偏

C. 发射结反偏，集电结正偏

D. 发射结反偏，集电结反偏

四、简答题

12. 通常小功率硅二极管的正向压降是多少伏？小功率锗二极管的正向压降是多少伏？

13. 并联型稳压电路中，稳压管工作在其特性曲线的哪一段？起什么作用？限流电阻 R 起什么作用？

14. 三极管输出特性曲线可分成哪几个工作区？三极管工作在各区时的偏置情况如何？

五、综合分析题

15. 如图 1.1.47 所示电路中，设 $U_F = 0.7$ V，判断各二极管处于何种工作状态，并分别求 $U_{AO} = ?$

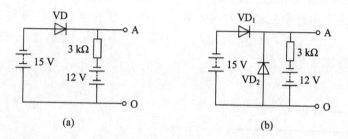

图 1.1.47　习题 15 图

16. 电路如图 1.1.48 所示，$U_i = 18$ V，其中 VD_{Z1} 的稳压值为 6.8 V，VD_{Z2} 的稳压值为 9.1 V，它们的正向压降为 0.7 V，求各电路的输出电压。

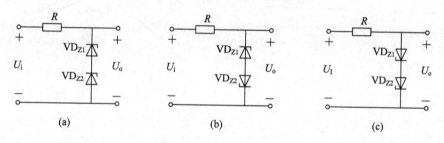

图 1.1.48　习题 16 图

17. 已知稳压管的稳压电路如图 1.1.49 所示，U_i 波动范围为 17～20 V，R_L 的变化范围为 510 Ω～1 kΩ，稳压管 $U_Z = 6.2$ V，$I_{Zmax} = 20$ mA，$I_{Zmin} = 5$ mA，试求 R 的取值范围。

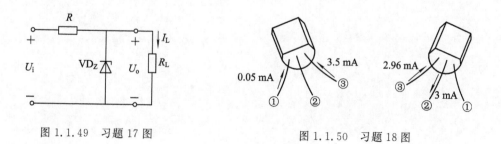

图 1.1.49　习题 17 图　　　　　　　　　图 1.1.50　习题 18 图

18. 测得工作在放大状态下的三极管的两个引脚电流如图 1.1.50 所示，试求另一个引脚电流，并标出电流实际方向；判断 c、b、e 电极是 NPN 还是 PNP 型；估算 β 值。

19. 有两个三极管 V_1、V_2，已知其参数 $\beta_1 = 250$，$I_{CEO1} = 200\ \mu A$；$\beta_2 = 50$，$I_{CEO2} = 10\ \mu A$。选择哪一个三极管性能会好一些？为什么？

20. 已知某三极管的输出特性曲线如图 1.1.51 所示，(1) 指出其中的 M 点表示 $I_B = ?$ $I_C = ?$ $U_{CE} = ?$ 该三极管的放大倍数 $\beta = ?$（2）若该三极管在时刻 t_1 有：$I_C = 1\ mA$，$U_{CE} = 15\ V$；时刻 t_2 有：$I_C = 3.5\ mA$，$U_{CE} = 2.5\ V$，试在图中分别描出表示 t_1、t_2 两个时刻工作状态的点 M_1、M_2。

21. 某放大电路中三极管三个电极 A、B、C 的电流如图 1.1.52 所示，用万用表的直流挡测得 $I_A = -2\ mA$，$I_B = -0.04\ mA$，$I_C = 2.04\ mA$，试分析 A、B、C 中哪个是基极 b、发射极 e、集电极 c，并说明此三极管是 NPN 管还是 PNP 管，其 $\beta = ?$

22. 已知某放大电路中三极管的三个电极 A、B、C 的对地电位分别为 $U_A = -9\ V$，$U_B = -6\ V$，$U_C = -6.2\ V$，试分析 A、B、C 中哪个是基极 b、发射极 e、集电极 c，并说明三极管是 NPN 管还是 PNP 管。

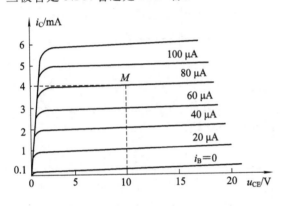

图 1.1.51　习题 20 图

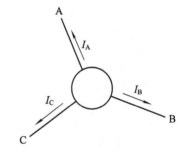

图 1.1.52　习题 21 图

任务二 可控硅控制充电器的仿真测试

能力目标：

1. 能识别三端集成稳压器的类型及引脚功能。
2. 能识别并用万用表检测晶闸管。
3. 能根据电路图在 PROTEUS 软件上画出电路。
4. 能利用 PROTEUS 软件上的虚拟电压表测试电路的稳定电压，并能用示波器测试波形。

知识目标：

1. 掌握晶闸管的结构和特性。
2. 掌握串联型稳压电源的构成，了解其特点。
3. 掌握三端固定集成稳压电源、三端可调稳压电源的构成和特点。

技能训练 1 晶闸管的识别与测试

1. 实训目的

（1）熟悉晶闸管的外形、引脚特点。

（2）初步了解晶闸管的外特性。

（3）掌握晶闸管引脚的判断方法。

2. 实训仪器与材料

实训仪器	参考型号	实训材料	规格	数量	实训材料	规格	数量
万用表	DE960TR	电阻	1 kΩ	1	小灯泡、座	12 V	1
直流稳压电源	HG63303	晶闸管	各种	若干	电位器	100 kΩ	1
		干电池	1.5 V	1	万能板	5 cm×5 cm	1

3. 实训内容与步骤

（1）观察、辨认不同规格类型的晶闸管。

（2）按图 1.2.1(a)所示连接电路。

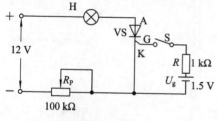

(a) 正向导通、阻断测试

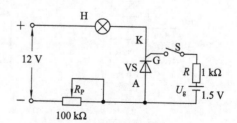

(b) 反向阻断测试

图 1.2.1 晶闸管导电性能测试电路

（3）调节直流可调稳压电源，使输出电压为 12 V，接入输入端（此时晶闸管 A、K 两端所加的电压为正向电压），R_P 调至最小，观察小灯泡是否发亮；合上开关 S，观察小灯泡是否发亮；断开 S，再次观察小灯泡是否发亮。

结论：当晶闸管 A、K 两端加正向电压，G 极不加电压时，晶闸管 A、K _____（导通/不导通）；G 极加电压时，晶闸管 A、K _____（导通/不导通）；G 极再断开电压后，晶闸管 A、K _____（依然导通/不导通）。

（4）由小到大缓慢调节 R_P，观察灯泡的情况。

结论：_____。

（5）将晶闸管 A、K 反接（此时晶闸管 A、K 两端所加的电压为反向电压），观察小灯泡是否发亮；合上开关 S，观察小灯泡是否发亮；断开 S，再次观察小灯泡是否发亮。

结论：当晶闸管 A、K 两端所加的电压为反向电压时，晶闸管_____（一直导通/一直截止）。

（6）将万用表调至 R×100 Ω 挡，测量所给的其他晶闸管任意两个电极之间的正、反向电阻。

结论：_____。

4. 分析与思考

（1）可否将晶闸管当作二极管来使用？

（2）晶闸管的 G 极控制了 A、K 之间导电的什么过程？

※知识学习 晶闸管的特性及应用

一、晶闸管的结构与特性

1. 单向晶闸管的结构

单向晶闸管是由三个 PN 结、四层半导体构成的，如图 1.2.2(a)所示。其中 P_1 层引出电极为阳极（A）；N_2 层引出电极为阴极（K）；P_2 层引出电极为控制极（G），其外形有的酷似三极管，如图 1.2.2(b)所示，图 1.2.2(c)所示是它的符号。

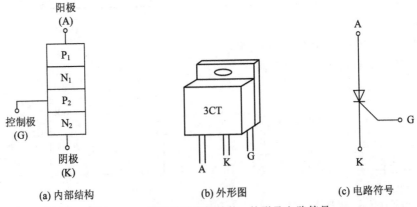

(a) 内部结构 (b) 外形图 (c) 电路符号

图 1.2.2 晶闸管的内部结构、外形及电路符号

2. 单向晶闸管的导电模型

由图 1.2.3 可知，单向晶闸管的内部实际是由 PNP 和 NPN 型两个晶体管连接而成的，应用中也可以用两个三极管按如图 1.2.3(b)所示的形式连接起来代替。

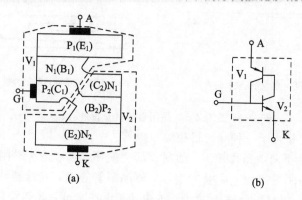

图 1.2.3 晶闸管的等效结构

当在 A、K 两极间加正向电压 U_{AK} 时，由于 N_1、P_2 之间的 PN 结反偏，没有电流通过，即不导通，灯泡不亮，如图 1.2.4(a)所示。

当在 G、K 两极间加正向控制电压 U_{GK} 时，产生控制电流 I_G，流入 V_2 管的基极，基极电流经 V_2 管放大得 $I_{C2}=\beta_2 I_G$；由于 $I_{C2}=I_{B1}$，所以 $I_{C1}=\beta_1\beta_2 I_G$，$I_{C1}$ 又流入 V_2 管的基极，使 V_1 和 V_2 管迅速饱和导通。饱和压降约为 1 V，使阳极 A 有一个很大的电流 I_A，电源电压 U_{AK} 几乎全部加在负载上，灯泡发亮，如图 1.2.4(b)所示。

晶闸管导通后，若去掉 U_{GK}，V_1 管集电极电流依然流经 V_2 管基极，晶闸管仍维持导通，负载灯泡仍然发亮，如图 1.2.4(c)所示。要使晶闸管关断，只有使阳极 A 的电流小于某一数值，才能使 V_1、V_2 管截止，这个电流称为维持电流。

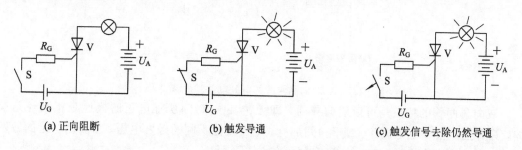

(a) 正向阻断   (b) 触发导通   (c) 触发信号去除仍然导通

图 1.2.4 晶闸管的工作情况

当可控硅阳极和阴极之间加反向电压时，无论是否加 U_{GK}，晶闸管都不会导通。

综上所述，单向晶闸管是一个电流触发控制的单向开关元件，它的导通条件为：阳极与阴极之间加正偏电压；触发电压 $U_{GK}>0.5$ V。关断条件为：晶闸管阳极接电源负极、阴极接电源正极；或使晶闸管中的电流减小到维持电流以下。

3. 单向晶闸管的伏安特性曲线

晶闸管的基本特性常以伏安特性表示，如图 1.2.5 所示。

图 1.2.5(a)为 $I_G=0$ 时的伏安特性曲线。BA 转折段外的曲线和二极管的伏安特性曲

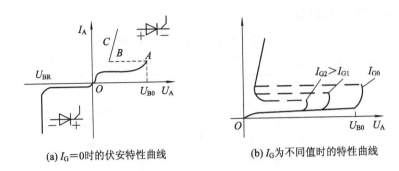

(a) $I_G = 0$ 时的伏安特性曲线　　　　(b) I_G 为不同值时的特性曲线

图 1.2.5　晶闸管的伏安特性

线类似，因此晶闸管相当于一种导通可控的二极管。

在很大的正向和反向电压作用下，晶闸管都会损坏。通常是在晶闸管接通合适的正向电压时，给控制极与阴极间加正向触发电压，使晶闸管导通，其导通特性曲线如图 1.2.5（b）所示。由图可见，控制极电流 I_G 愈大，正向转折电压愈低，晶闸管愈容易导通。

4. 双向晶闸管

双向晶闸管是由 N－P－N－P－N 五层半导体材料构成的三端器件，相当于两只晶闸管反向并联连接，它的三个电极分别是控制极 G、主电极 T_1 和 T_2，靠近控制极 G 的为 T_2。双向晶闸管的等效电路和电路符号如图 1.2.6 所示。

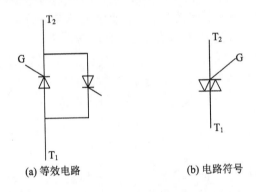

(a) 等效电路　　　　　　　　(b) 电路符号

图 1.2.6　双向晶闸管的等效电路和电路符号

双向晶闸管的特点是可以双向导通，即无论 T_1、T_2 间所加电压的极性是正向还是反向，只要控制极和主电极 T_1（或 T_2）间加有正、负极性不同的触发电压，在满足一定的触发电流的情况下，均能触发双向晶闸管在两个方向导通。

5. 晶闸管的主要参数

（1）正向重复峰值电压 U_{FRM}，是指在控制极开路时，可以重复加在晶闸管 A、K 两极间的正向峰值电压，通常规定该电压比正向转折电压小 100 V 左右。

（2）反向重复峰值电压 U_{RRM}，是指在控制极开路时，可以重复加在晶闸管 A、K 两极间的反向峰值电压，一般情况下 $U_{RRM} = U_{FRM}$。

（3）额定正向平均电流 I_F，是指在规定环境温度和标准散热及全导通条件下，晶闸管元件可以持续通过工频正弦半波电流的平均值。

（4）维持电流 I_H，是指在规定环境温度和控制极开路时，维持元件继续导通的最小电流。

（5）擎住电流 I_{LA}，是指晶闸管由断态转到通态的临界电流，若 $I_A < I_{LA}$，撤消控制极触发信号晶闸管关断；若 $I_A > I_{LA}$，撤消控制极触发信号晶闸管仍然维持导通。

（6）触发电压 U_G 与触发电流 I_G，是指在规定环境温度下加一正向电压，使晶闸管从阻断转变为导通时所需的最小控制极电压和电流。

二、晶闸管的分类与用途

1. 晶闸管的分类

晶闸管的种类很多，在实际应用中，人们多按其结构和功能特点分为普通单向和双向晶闸管、可关断晶闸管、光控晶闸管等，如图 1.2.7 所示。

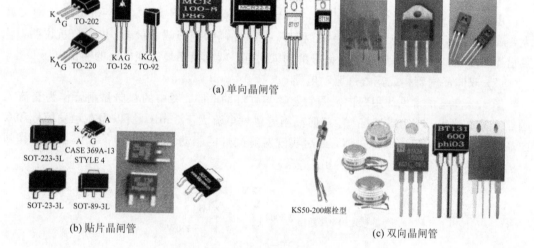

图 1.2.7　常用晶闸管的外形结构图

2. 常用晶闸管应用电路分析

晶闸管主要用于整流、逆变、调压、开关控制等方面，应用最多的是晶闸管整流，它具有输出电压可调的特点。下面介绍几种典型应用电路。

（1）单向晶闸管构成的半波可控整流电路。

图 1.2.8(a)是由单向晶闸管组成的半波可控整流电路，其中负载电阻为 R_L，各段电压波形如图 1.2.8(b)所示(不同性质的负载工作情况不同，在此仅介绍电阻性负载)。由图可见，输入交流电压 u_2 值的正半周，晶闸管 V 承受正向电压。

显然，在晶闸管承受正向电压的时间内，改变控制极触发脉冲的加入时间(称为移相)，负载上得到的电压波形随之改变。可见，移相可以控制负载电压平均值的大小。晶闸管在正向电压控制下不导通的区域称为控制角 α（又称移相角），如图 1.2.8(b)所示；而导通区域称为导通角 θ，导通角愈大，输出电压的平均值愈高，可控整流电路输出电压的平均值为

$$U_o = 0.45U_2 \frac{1 + \cos\alpha}{2}$$

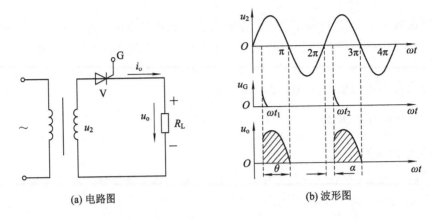

(a) 电路图　　　　　　　　　　　(b) 波形图

图 1.2.8　晶闸管构成的半波可控整流电路及其波形图

由此可知，输出电压 U_o 的大小随 α 的大小而变化。当 $\alpha=0$ 时，$U_o=0.45U_2$，输出最大，晶闸管处于全导通状态；当 $\alpha=\pi$ 时，$U_o=0$，晶闸管处于截止状态。以上分析说明，只要适当改变控制角 α，即控制触发信号的加入时间，就可灵活地改变电路的输出电压 U_o。

(2) 双向晶闸管构成霓虹灯驱动电路。

图 1.2.9 是最常见的用双向晶闸管驱动霓虹灯的电路，图中的双向晶闸管作为交流无触点开关来使用，H 为霓虹灯管。双向晶闸管触发电流大于 5 mA，所以需在触发信号和双向晶闸管之间加一只三极管过渡，最后实现对霓虹灯的驱动。驱动电流的大小由双向晶闸管的参数决定，通常可达几十安～几百安。

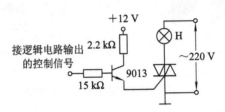

图 1.2.9　晶闸管霓虹灯驱动电路

(3) 单向晶闸管构成记忆门铃。

图 1.2.10 是将单向晶闸管作为记忆元件构成的门铃电路。其中，S_2 为清零按钮，设置在门缝隙中(开门时断开清零，关门时常闭)；S_1 为门铃按钮，按下 S_1 时，电流经 R_2、R_3 和晶闸管的 G、K、S_2 形成回路，三极管集电极导通，蜂鸣器发出声音，同时晶闸管 A、K 导通，LED 点亮。松开 S_1 时蜂鸣器停止发声，LED 继续维持发光，记住门铃被按过，直到有

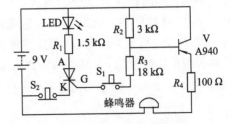

图 1.2.10　记忆门铃电路

开门动作(S_2复位)为止。

三、晶闸管的检测方法

1. 单向晶闸管的检测

1) 极性判别

将指针式万用表置 $R\times1k$ 或 $R\times100$ 挡，将黑表笔接单向晶闸管的任一极，红表笔分别接另外两极，直至测量的阻值读数出现一小(约几百欧至几千欧)一大(无穷大)的情况，则黑表笔所接的是控制极 G。阻值较小的那次，红表笔接的是阴极 K，另一极则为阳极 A。

2) 质量判别

由单向晶闸管的结构可知，只有在控制极与阴极间才是一个正向的 PN 结，其他极间均有反向 PN 结存在。因此，用万用表测量电阻时，若测得的阻值不符合这个规律，则说明单向晶闸管已损坏。

利用万用表还可以对单向晶闸管的工作性能进行判别。将万用表置 $R\times1$ 挡，黑表笔接阳极，红表笔接阴极，测得的电阻值应为无穷大；再用黑表笔同时接控制极 G，为其加上正向触发信号，此时电阻读数应为低值，说明晶闸管已导通。最后，将黑表笔与控制极脱开，阻值应继续维持低值不变，说明晶闸管触发能力正常。否则，说明其性能不良，不能使用。

2. 双向晶闸管的检测

1) 极性判别

(1) 判别 T_2 极。将万用表置 $R\times1$ 挡，测量任意两脚间的电阻值。T_1 与 G 极间的正反向电阻均较小，一般只有几十欧，而 T_2 极与 T_1 极、G 极间的电阻均为无穷大。这样，只要测得某脚与其他两脚间阻值均为无穷大，则此脚为 T_2 极。

(2) 判别 T_1 和 G 极。找出 T_2 极后，假定其余两脚中的任一脚为 T_1。将万用表置 $R\times1$ 挡，黑表笔接 T_1，红表笔接 T_2，电阻应为无穷大。再用红表笔同时搭接控制极 G，给 G 极加一个触发信号，这时，如值变得较小(约几十欧)，则当红表笔脱开 G 极后，阻值仍维持较小不变，则管子已导通且处于维持导通状态，说明原假设正确。否则，说明与原假设的两脚极性相反。

2) 质量判别

若用万用表测量出的阻值不符合上述结果，则说明双向晶闸管性能不良或已损坏。

技能训练 2　串联型稳压电源的制作与测试

1. 实训目的

(1) 了解桥式整流、电容滤波电路的特性。

(2) 掌握串联型稳压电源主要技术指标的测试方法。

(3) 掌握串联稳压电源稳定输出电压的原理。

2. 实训仪器与材料

实训仪器	参考型号	实训材料	规格	数量	实训材料	规格	数量
万用表	DE960TR	电阻	1.5 kΩ、1 kΩ、510 Ω	若干	三极管	5386、8050	各 1
双踪示波器	UR2102CE	电容	0.33 μF、1 μF、2200 μF	各 1	电位器	1 kΩ	1
可调变压器	6~18/20 W	负载电阻	120 Ω、60 Ω、10 kΩ、5 kΩ	1	万能板	5 cm×5 cm	1
		整流桥堆	2W005G	1	稳压二极管	1N5233B	1

3. 训内容与步骤

(1) 按图 1.2.11 所示电路检测元器件，布局，连线焊接。

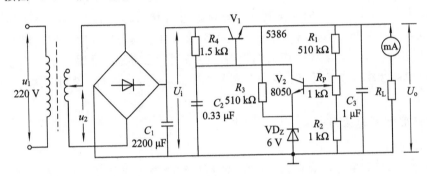

图 1.2.11　串联型稳压电源测试电路

(2) 调整变压器输出为 15 V，将负载 R_L 开路，用万用表检测整流滤波后的输入电压 U_i 及输出电压 U_o。

(3) 用万用表监测输出电压 U_o，调节 R_P，观察 U_o 是否跟随 R_P 作线性变化（如果 U_o 能跟随 R_P 作线性变化，说明稳压电路基本正常）。读出 U_{omax} 和 U_{omin} 的值并记录。

(4) 接入负载 $R_L=120$ Ω，再调节 R_P 使输出 $U_o=12$ V。用示波器观察比较 U_i 和 U_o 的纹波。

结论：U_i 比 U_o 的纹波_____（大/小/相同）。

(5) 保持负载 $R_L=120$ Ω 和 R_P 的位置不变，调节工频变压器，使输出分别为 12 V、17 V，用万用表监测 U_o 是否变化。

结论：_____。

(6) 保持 $U_i=15$ V 不变，改变负载电阻 R_L，使其分别为 10 kΩ、5 kΩ、60 Ω，用万用表监测 U_o 是否变化。

结论：_____。

4. 分析与思考

(1) 测试电路中，R_4 的作用是什么？

(2) 串联型稳压电路中，U_i 的值小于 U_o 时将出现什么情况？U_i 的值太大时又会出现什么情况？

※知识学习 直流稳压电源

一、线性直流稳压电源的基本组成及工作原理

电源是电子电路的动力之源，很多电子设备，特别是音响电路几乎都采用线性直流稳压电源，它一般由电源变压器、整流电路、滤波器、稳压电路四部分组成，如图 1.2.12 所示。

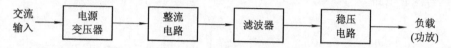

图 1.2.12 稳压电源的组成

1. 电源变压器

电源变压器是将 220 V 的交流电压变为十几伏至几十伏交流电压的变换器件。变压器输出电压有效值 U_2 应根据稳压电路输入电压 U_i 来确定。U_2 与 U_i 的关系为 $\dfrac{U_{imin}}{1.2} \leqslant U_2 \leqslant \dfrac{U_{imax}}{1.2}$，一般取 $U_2 \geqslant \dfrac{U_{imin}}{1.2}$，加滤波电容后，变压器的输出电流已不再是正弦波，而且电容充电的瞬时电流值较大，一般输出电流有效值按下式计算

$$I_2 = (1.1 \sim 3)I_o$$

其中，I_o 为整流电路输出的负载电流，这样可以得到变压器的功率参数为

$$P = U_2 I_2 \approx \frac{U_{imin}}{1.2}(1.1 \sim 3)I_o$$

2. 整流滤波电路

常用的整流滤波电路如图 1.2.13 所示，其中(a)为变压器中间抽头的全波整流滤波电

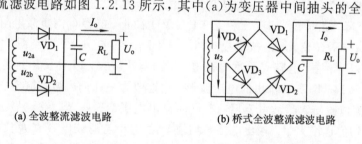

(a) 全波整流滤波电路   (b) 桥式全波整流滤波电路

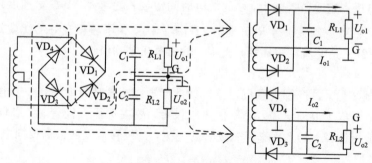

(c) 正、负两路输出的桥式全波整流滤波电路

图 1.2.13 常用的整流滤波电路

路，(b)为桥式全波整流滤波电路，(c)为正、负两路输出的桥式全波整流滤波电路。

整流电路将交流电压 u_2 转变为脉动直流电压后，还含有大量的交流成分（称为纹波电压）。为了获得平滑的直流电压，应把整流电路输出的脉动直流中的交流成分滤除，即在整流电路的后面加接滤波电路，使流过负载的电流为基本平滑的直流成分。

(1) 电容滤波电路。

图 1.2.14(a)是在桥式整流电路输出端与负载电阻 R_L 之间并联一个较大的电容 C 后构成的电容滤波电路。

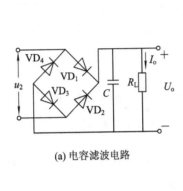

(a) 电容滤波电路

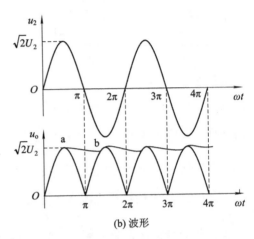

(b) 波形

图 1.2.14　电容滤波电路及波形

设电路在 $t=0$ 时刻接通，电容两端电压为零。当 u_2 由零上升时，二极管 VD_1、VD_3 导通，电容 C 被充电，同时向负载电阻供电。如果忽略二极管正向压降和变压器内阻，电容充电时间常数近似为零，因此，在 u_2 达到最大值时，u_C 也达到最大值，如图 1.2.14(b)中的 a 点，然后 u_2 下降，此时 $u_C > u_2$，二极管 VD_1、VD_3 截止，电容 C 向负载电阻 R_L 放电，由于放电时间常数 $\tau = R_L C$ 较大，u_C 按指数规律缓慢下降。当 $u_o (u_C)$ 下降到图 (b) 中的 b 点后，二极管 VD_2、VD_4 导通，电容 C 再次被充电，输出电压增大，以后重复上述充、放电过程，便可得到图 1.1.14 (b)所示输出的电压波形，它近似为一钝锯齿波直流电压。

可见，整流电路接入滤波电容后，不仅使输出电压变得平滑、纹波显著减小外，同时输出电压的平均值也增大了。输出电压平均值 U_o 的大小与滤波电容 C 及负载电阻 R_L 的大小有关，C 的容量一定时，R_L 越大，C 的放电时间常数 τ 就越大，其放电速度越慢，输出电压就越平滑，U_o 的值就越大。当 R_L 开路时，$U_o \approx \sqrt{2} U_2$。为了获得良好的滤波效果，一般取 $RC \geqslant (3 \sim 5) T/2$（$T$ 是交流电压周期），此时，输出电压平均值近似为

$$U_o \approx 1.2 U_2$$

采用电容滤波后，二极管仅在 $|u_2| > u_C$ 时才导通，导通时间缩短，由于电容 C 充电的瞬时电流很大，形成了浪涌电流，容易损坏二极管，故在选择二极管时，必须留有足够的电流裕量。一般可按 $(2 \sim 3) I_o$ 来选择二极管的电流，二极管承受的最高反向电压为

$$U_{RM} = \sqrt{2} U_2$$

(2) 其他形式滤波电路。

① 电感滤波电路。电路如图 1.2.15 所示，电感 L 起着阻止负载电流变化使之趋于平

直的作用。输入电压经整流后得到的脉动电压，其直流分量由于电感近似短路而全部加到负载 R_L 两端。交流分量由于 L 的感抗远大于负载电阻而大部分降在电感 L 上，负载 R_L 上只有很小的交流电压，达到了滤除交流分量的目的。一般电感滤波电路只用于低电压、大电流的场合。

　　② Π 型滤波电路。为了进一步减小负载电压中的纹波可采用如图 1.2.16 所示的 Π 型 LC 滤波电路。由于电容 C_1、C_2 对交流的容抗很小，而电感 L 对交流感抗很大，因此，负载 R_L 上的纹波电压很小。若负载电流较小时，也可用电阻代替电感组成 Π 型 RC 滤波电路。由于电阻要消耗功率，所以此时电源的损耗功率较大，电源效率降低。

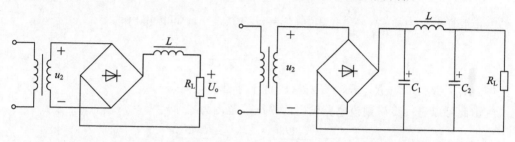

图 1.2.15　电感滤波电路　　　　　　　　图 1.2.16　Π 型 LC 滤波电路

3. 串联型稳压电路

1）电路组成

　　图 1.2.17 为线性串联型稳压电路，来自整流滤波输出的电压作为该电路的输入。电路由基准、取样、比较放大和调整等 4 个部分组成，调整管 V_1 与负载电阻 R_L 串联，故称为串联式稳压电路。R_1、R_2、R_P 组成输出电压分压取样电路；R_3、VD_Z 组成稳压管稳压电路，提供基准电压；V_2、R_4 组成比较放大电路，将基准电压和取样电压进行比较并放大后，直接馈入调整管基极。

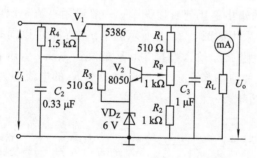

图 1.2.17　线性串联型稳压电路

2）稳压过程

当负载 R_L 减小，或者输入电压 U_i 升高，欲使输出电压上升时，其稳压控制过程如下

$$\begin{aligned} \left.\begin{array}{c} U_i\uparrow \\ R_L\downarrow \end{array}\right\rangle U_o\uparrow \rightarrow U_{B2}\uparrow \rightarrow U_{BE2}\uparrow(U_{BE2}=U_{B2}-U_Z)\rightarrow I_{C2}\uparrow \rightarrow U_{B1}\downarrow(U_{B1}=U_1-I_{C2}R_4) \\ U_o\downarrow \end{aligned}$$

反之，欲使输出电压下降时，电路将产生与上述相反的控制过程，也就是说，电路的

输出电压 U_o 欲升不得,欲降不能,只能趋向稳定。实现上述稳压过程的条件是:

(1) 输入电压 U_i 必须比 U_o 大几伏,才能保证调整管 V_1 处于导通放大状态。

(2) 输入电压 U_i 与输出电压 U_o 的差值不能太大,因为流过负载 R_L 的电流同时也流经调整管 V_1, $I_{RL}(U_i-U_o)$ 则是消耗在调整管 V_1 上的功率,严重时将烧坏调整管。应用中一般选择 (U_i-U_o) 在 4~15 V 之间。输入电压、输出电压值、稳压管的稳压值之间的最佳关系为: $U_o=2U_i/3$, $U_o \approx 2U_z$。

(3) R_1、R_2、R_P 的取值不能太大,即必须满足 $I_{B2} \ll U_o/(R_1+R_2+R_P)$。

3) 输出电压

由取样电路中的 $\dfrac{U_o}{R_{总}}=\dfrac{U_{B2}}{R_{下}}$(其中 $U_{B2}=U_z+0.7$ V),可以得出

$$U_o = \frac{R_{总} U_{B2}}{R_{下}}$$

式中, $R_{总}=R_1+R_2+R_P$, $R_{下}=R_2+$(R_P 的下半部分电阻值)。

由此可以进一步得到该电路输出的稳压值范围为

$$\frac{R_{总} U_{B2}}{R_P+R_2} \leqslant U_o \leqslant \frac{R_{总} U_{B2}}{R_2}$$

即 8.4 V $\leqslant U_o \leqslant 16.8$ V。

4. 稳压电源的性能指标及其测试

1) 特性指标

(1) 最大输出电流 I_{Omax},指稳压电源正常工作时能输出的最大电流。对于简单稳压二极管稳压电路,由于 $I_o = \dfrac{U_i-U_z}{R}$,当 R 取所允许的最小值时可以获得最大的电流输出,其值约为几百毫安,因此其应用场合较少;串联式稳压电路的 I_{Omax} 取决于调整管的最大允许耗散功率和最大允许工作电流,一般可以达到安培的数量级。

(2) 输出电压 U_o 和电压调节范围。对于简单稳压二极管稳压电路,$U_o=U_z$ 且是不可调节的。串联型稳压电路的输出稳压值可以调节。一般通用直流稳压电源的输出范围可以从 0 V 起调,且连续可调。采用如图 1.2.18 所示的测试电路,可以同时测量 U_o 与 I_{omax},测试过程是:输出端接负载电阻 R_L,输入端接 220 V 的交流电压,电压表的测量值即为 U_o;再使 R_L 逐渐减小,直到 U_o 的值下降 5%,此时流经负载 R_L 的电流即为 I_{omax}(测试后迅速增大 R_L,以减小稳压电源的功耗)。

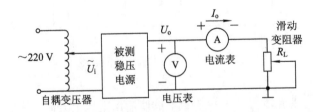

图 1.2.18　稳压电源性能指标测试电路

(3) 保持特性。直流稳压电源必须设有过流保护和电压保护电路,以防止负载电流过载或短路及电压过高时,对电源本身或负载产生危害。

（4）效率 η，指稳压电源将交流能量转换为直流能量的效率。降低调整管的功耗可以有效地提高效率和电源工作的可靠性。

2）质量指标

由于直流稳压电路的输出电压 U_{o} 是随输入电压及整流滤波电路的输出电压、负载电流 I_{o} 和环境温度的变化而变化的，因此，可以用与上述因素有关的几个指标来衡量直流稳压电路的质量。

（1）电压调整率 S_{U}。当负载电流和环境温度不变，输入电网电压波动 $\pm 10\%$ 时，称输出电压的相对变化量为电压调整率，即

$$S_{\mathrm{U}} = \frac{\Delta U_{\mathrm{o}}}{U_{\mathrm{o}}}\bigg|_{\substack{\Delta I_{\mathrm{o}}=0 \\ \Delta T=0}}$$

它反映了直流稳压电源克服电网电压波动影响的能力。

（2）电流调整率 S_{I}。当输入电压和环境温度不变，负载电流从零变到最大时，输出电压的相对变化量为电流调整率，即

$$S_{\mathrm{I}} = \frac{\Delta U_{\mathrm{o}}}{U_{\mathrm{o}}}\bigg|_{\substack{\Delta I_{\mathrm{o}}=I_{\mathrm{omax}} \\ \Delta T=0,\ \Delta U_{\mathrm{i}}=0}}$$

（3）纹波抑制比 S_{R}，指稳压电路输入纹波电压峰值与输出纹波电压峰值之比，并用对数表示，即

$$S_{\mathrm{R}} = 20\ \lg \frac{U_{\mathrm{iPP}}}{U_{\mathrm{oPP}}}(\mathrm{dB})$$

表示稳压电路对其输入端交流纹波电压的抑制能力。

（4）温度系数 S_{T}，指当输入电压和负载电流均不变时，输出电压的变化量与环境温度变化量之比，即

$$S_{\mathrm{T}} = \frac{\Delta U_{\mathrm{o}}}{T_{\mathrm{o}}}\bigg|_{\substack{\Delta U_{\mathrm{i}}=0 \\ \Delta I_{\mathrm{o}}=0}}$$

它反映了直流稳压电源克服温度影响的能力。

二、三端集成稳压器

由分立元件组成的线性串联型稳压电路，线路较复杂。目前在电子设备中普遍应用集成稳压电路，其中广泛应用的是输出电压固定的三端集成稳压器 78/79 系列和输出电压可调的三端集成稳压器 LM317/337。

1. 78/79 系列三端固定集成稳压器

1）规格系列与引脚功能

78 系列集成稳压器输出正电压，按输出电压高低可分为 5 V、6 V、8 V、9 V、12 V、15 V、18 V、24 V 等不同规格；按输出电流大小可分为 78L(0.1A)、78M(0.5A)、78(1.5A)、78T(3A)、78H(5A)、78P(10A) 系列。78 系列集成稳压器内部具有过流、过热和安全工作区三种保护，稳压性能优良可靠，使用简单方便，价格低廉，体积小，国内外有许多生产厂商制造生产。图 1.2.19 为常用集成稳压器 T0220 的封装外形正视图。78 系列的引脚 1、2、3 依次为输入端、公共端和输出端。

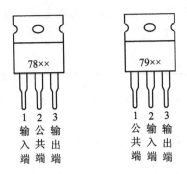

图 1.2.19　常用三端集成稳压器件引脚功能

2）典型应用电路分析

图 1.2.20 为 78 系列集成稳压器典型应用电路，说明如下：

电容 C_1 用于输入端高频滤波，包括滤除电源中的高频噪声和干扰脉冲；电容 C_2、C_3 用于输出端滤波，改善负载的瞬态响应，并消除来自负载电路的高频噪声；大容量电容 C_3 用于滤除输出电流大于 200 mA 后产生的明显增大的输出电压纹波。一般取 $100\sim1000~\mu\text{F}$，负载电流越大，电容容量应越大；二极管 VD 的作用是输入端短路时提供 C_3 放电通路，防止 C_3 两端电压击穿稳压器件内部调整管的 b、e 结。但在集成稳压器输出电压不高的情况下，也可不接。

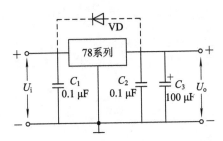

图 1.2.20　78 系列集成稳压器典型应用电路

3）使用注意事项

（1）负载电流较大时，集成稳压器应加装散热片，否则，集成稳压器将因升温过高而进入过热保护状态。

（2）注意稳压器浮地故障，当 78 系列集成稳压器公共端断开时，输入输出电压几乎同电位，将引起负载端高电压。78 系列三端集成稳压器内部有完善的保护电路，一般不会损坏。

（3）78 系列集成稳压器输入电压不得高于 35 V（7824 允许 40 V），不得低于 -0.8 V；输入输出电压最小压差为 2 V。

（4）78 系列集成稳压器输出最大电流是在三种保护电路未作用时的极限参数，实际上，还未到输出最大电流极限值，三种保护电路已动作。增大输出电流并保持稳压的途径是加装大散热片和在输出端接大容量电容。

4）79 系列集成稳压器

79 系列集成稳压器除输出电压为负外，输出电压、输出电流、外形线路连接均与 78

系列集成稳压器类似，但其引脚 1、2、3 依次为公共端、输入端和输出端。注意这时电解电容 C_3 及二极管 VD 应反接，输入电压必须为负极性。

2. LM317/337 输出电压可调集成稳压器

1）规格系列与引脚功能

LM117、217、317 输出电压可调集成稳压器除工作温度范围参数不同（117：$-55℃\sim +150℃$；217：$-25℃\sim +150℃$；317：$0℃\sim +125℃$）外，其余电路参数均相同。T0220 封装外形正视图如图 1.2.21 所示，引脚 1、2、3 依次为调整端、输出端和输入端。

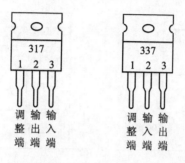

图 1.2.21 常用三端输出电压可调集成稳压器

2）典型应用电路分析

图 1.2.22 为 LM317 典型应用电路。

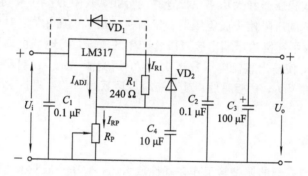

图 1.2.22 LM317 典型应用电路

LM317 有两个特点：一是输出端与调整端之间有一个稳定的带隙基准电压 $U_{BEF} = 1.25\ V$；二是调整端电流 $I_{ADJ} < 50\ \mu A$，因此图 1.2.22 的输出电压为

$$U_o = I_{R1}R_1 + (I_{R1} + I_{ADJ})R_P \approx I_{R1}(R_1 + R_P) = \frac{U_{BEF}}{R_1}(R_1 + R_P) = \left(1 + \frac{R_P}{R_1}\right)U_{BEF}$$

上式表明，输出电压 U_o 取决于 R_P 与 R_1 的比值，调节 R_P 的阻值即能调节输出电压 U_o。电路说明如下：

（1）R_1 的取值范围应适当，一般取 $120\sim 240\ \Omega$，$I_{R1} = U_{BEF}/R_1 = (10\sim 5)\text{mA}$ 满足 $I_1 \geqslant I_{ADJ}$，I_{ADJ} 忽略不计，R_1 越小，输出电压精度及稳压性能越好；但 R_1 过小，功耗过大，热稳定性变差，一般可选用 RJX/0.25W 电阻（金属膜）。

（2）调节 R_P 即可调节输出电压。R_P 可选用线性电位器或多圈电位器，其最大阻值视输入输出电压值而定。LM317 输入电压不得高于 40 V，输入输出电压最小压差为 2 V。

（3）电容 C_4 用于旁路 R_P 两端的纹波电压。VD_2 用于输出端短路时提供 C_4 的放电回路，

VD_1 用于输入端短路时提供 C_3 的放电回路，以防损坏 LM317。

3）LM337 输出电压可调集成稳压器

LM137/237/337 输出电压可调集成稳压器与 LM117、217、317 相对应，电路连接与图 1.3.22 相似，但输出可调负电压，二极管、电解电容器极性应反接，输入电压也必须是负极性。

3. 集成稳压器输出电流的扩展

若要进一步扩展集成稳压器输出电流，可按图 1.2.23 连接电路。

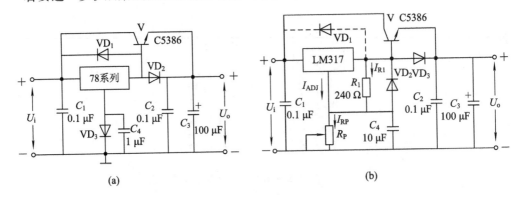

图 1.2.23　集成稳压器扩展电流输出电路

输出电流由集成稳压器和大功率三极管共同分担，其中并接在大功率三极管 BE 两端的二极管产生 0.7 V 的压降使集成稳压器和发射极输出的电压相同。对于 78、79 系列三端固定集成稳压器，为了补偿输出端串接二极管产生的压降，接地端也串接了二极管 VD_3 与电容 C_4 的并联网络，使输出直流电压升高 0.7 V，而交流通地，在对稳压值要求不很高的情况下，一般都不接 VD_3，直接通地；对于三端可调系列，只要调整 R_P，就可以使末端输出为设计的稳压值。

三、开关稳压电路

三端集成稳压器内部的调整管工作在线性放大区，效率一般只有 35%～60%。如果使稳压电源的调整管工作在开关状态，即组成开关型稳压电源，利用开和关的时间比例来进行调整时，调整管截止期间，电流几乎为零；调整管饱和导通期间，管压降几乎为零。当开关速度足够快时，调整管经过放大区的过渡时间很短，调整管的功耗很小，整个开关稳压电源的效率高达 70%～90%。同时它不需要大面积的散热器，减小了体积和重量。为了使调整管工作波形更接近于理想脉冲，进一步提高效率，目前在开关型稳压电源中广泛采用电压控制的开关器件——场效应管。

1. 开关稳压电源的类型及其工作原理

开关稳压电源有很多类型，按控制开关作用的信号产生形式可分为：自激励开关式——调整管兼作控制开关作用的信号产生元件；它激励开关式——由独立的电路产生控制开关作用的信号。按起稳压控制作用的方式可分为：脉宽调制型（Pulse Width Modulation，PWM，周期不变的条件下改变脉冲宽度调节输出电压）和频率调制型（Pulse Frepuency Modulation，PFM，脉冲宽度不变的条件下改变脉冲频率调整输出电压）两种。在实际的应

用中，脉宽调制型使用得较多，在目前开发和使用
的开关电源集成电路中，绝大多数也为脉宽调制型。
脉宽调制型开关稳压的基本原理如图 1.2.24 所示。

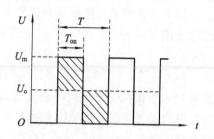

对于单极性矩形脉冲，其直流平均电压 U_o 取决
于矩形脉冲的宽度，脉冲越宽，其直流平均电压值
就越高。直流平均电压 U_o 可由下计算

$$U_o = \frac{U_m \times T_{on}}{T} = U_m D$$

图 1.2.24 PWM 的基本原理

式中，U_m 为矩形脉冲最大电压值；T 为矩形脉冲周期；T_{on} 为矩形脉冲宽度；$D = T_{on}/T$ 为
占空比。

从上式可以看出，当 U_m 与 T 不变时，直流平均电压 U_o 与脉冲宽度 T_{on} 成正比。这样，
只要控制脉冲宽度随稳压电源输出电压的增高而变窄，便可以达到稳定输出电压的目的。
其控制电路称为脉冲宽度调制器，目前已制成了各种开关电源专用调制集成电路，用来调
整高频开关元件的开关时间比例。

按输入输出是否共地可分为：非隔离式和变压器隔离式。采用变压器实现隔离后，输
入和输出不共地，可以实现输入与输出间的电气隔离。变压器的应用便于实现电压的升降
和多路电压的输出，如图 1.2.25 所示。

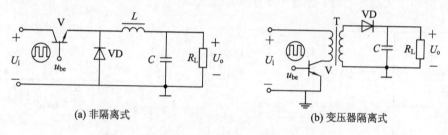

(a) 非隔离式　　　　　　　　　　　　(b) 变压器隔离式

图 1.2.25 非隔离式和变压器隔离式开关电源

其中，变压器隔离式又有正激式和反激式两类，如图 1.2.26 所示。其中图（a）的变压
器二次绕组的同名端与一次绕组不在同一边，为反激式；图（b）中变压器二次绕组的同名
端与一次绕组在同一边，为正激式。

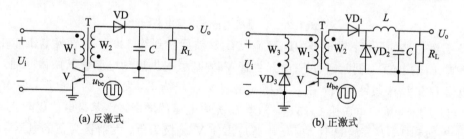

(a) 反激式　　　　　　　　　　　　(b) 正激式

图 1.2.26 变压器输出型开关稳压电源的基本结构

反激式开关稳压电源在开关管导通、磁通增加期间，二次绕组 W_2 上的感应电压是
"·"端为正极性，整流二极管 VD 截止，二次绕组开路。开关管截止、磁通减少期间，二次
绕组的感应电压是"·"端为负极性，整流二极管 VD 导通，储存在变压器中的磁场能量通
过二极管 VD 释放，一方面给 C 充电，另一方面向负载供电。

正激式开关稳压电源当开关调整管 V 导通时，变压器原边近似等于 300 V，变压器副边电压使二极管 VD_1 导通，向电容 C 充电并为负载供电。当开关调整管截止时，二极管 VD_1 截止，滤波电感 L 产生反向自感电动势使二极管 VD_2 导通，同时 C 放电，维持负载电流。在此期间，变压器原边存储的磁能必须放掉，否则在下一个导通期间磁能将累加，并逐渐进入饱和状态使开关调整管过流而烧毁。因此，在变压器原边增设了异名端绕组 W_3 与串联二极管 VD_3，可以起到类似反激式二次绕组的作用，将铁芯的磁能量送回给电源完成退磁。

变压器隔离结构目前在电子系统中得到了非常广泛的应用，其中 V 是受控开关器件，也是开关稳压电路的关键器件，要求在高频率、大电流的情况下仍然能正常工作，且通态电压要低。

2. 开关型稳压电路实例

实际应用时，还要解决输入脉冲如何产生以及脉宽如何控制的问题。

(1) 手机电池充电器电路。

图 1.2.27 是开关型稳压电源构成的手机电池充电器电路。这是一种利用间歇振荡电路组成的自激式开关电源，开关管起着开关及振荡的双重作用，也省去了控制电路。电路中由于负载位于变压器的次级且工作在反激模式，具有输入和输出相互隔离的优点，这种电路不仅适用于大功率电源，亦适用于小功率电源。

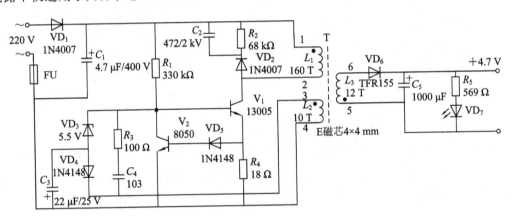

图 1.2.27　手机电池充电器电路

① 自激振荡的形成：市电经 VD_1 整流及 C_1 滤波后得到约 300 V 的直流电压加在变压器的 1 脚 (L_1 的上端)，同时通过 R_1 给开关管 V_1 的基极提供启动电流使其微微导通，其集电极电流 I_C 在 L_1 中线性增长，在 L_2 中感应出使 V_1 基极为正、发射极为负电压，使 V_1 很快饱和。与此同时，感应电压给 C_4 充电，随着 C_4 充电电压的增高，V_1 基极电位逐渐变低，致使 V_1 退出饱和区，I_C 开始减小，在 L_2 中感应出使 V_1 基极为负、发射极为正的电压，使 V_1 迅速截止，这时在次级线圈 L_3 上感应的电压使二极管 VD_6 导通，高频变压器 T 初级绕组中的储能释放给负载。V_1 截止时，L_2 中没有感应电压，直流供电输入电压又经 R_1 给 C_4 反向充电，逐渐提高 V_1 基极电位，使其重新导通，再次翻转达到饱和状态，电路就这样重复振荡下去。

② 稳压过程：L_2 同时也与 VD_4、VD_3、C_3 一起组成稳压电路。当线圈 L_3 经 VD_6 整流后

在 C_5 上的电压升高后，同时也表现为 L_2 经 VD_4 整流后在 C_3 负极上的电压更低，当低至约为稳压管 VD_3（5.5 V）的稳压值时，VD_3 导通，使 V_1 的基极短路到地，提前关断 V_1，脉宽变窄，最终使输出电压降低。

③ 电路中 R_4、VD_5、V_2 组成过流保护电路：当某些原因引起 V_1 的工作电流太大时，R_4 上产生的电压经 VD_5 加至 V_2 基极，V_2 导通，V_1 基极电压下降，使 V_1 工作电流减小。在实际应用时，若要改变输出电压，只要更换不同稳压值的 VD_3 即可，稳压值越小，输出电压就越低，反之则越高。

（2）笔记本电脑开关稳压电源电路。

近年来，开关稳压电源专用集成电路发展很快，品种很多，常见的有 MC34063、LM2575、TL494、CW3482、TOP224P、LMK362P 等。这些芯片将开关电源的 PWM 控制电路、开关管驱动电路和保护电路集成在一起，具有外围元件少、可靠性高、使用方便等特点。图 1.2.28 是一款可用于笔记本电脑的开关稳压电源电路。

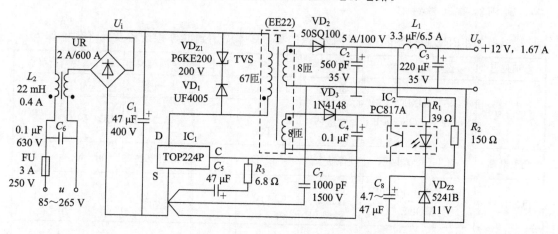

图 1.2.28　12 V、20 W 开关型稳压电源电路

电路中使用了新型 TOP224P 专用开关电源（IC_1）。交流电源经过桥堆 UR 整流和 C_1 滤波后产生 $U_i \approx 300$ V 的直流高压，对关变压器 T 的一次绕组供电。VD_{Z1}（反向击穿电压为 200V 的 P6KE200 型瞬态电压抑制器）和 VD_1（1A/600V 的 UF4005 型超快恢复二极管）能将漏感产生的尖峰电压钳位到安全值，并能衰减振铃电压。二次绕组电压通过 VD_2、C_2、L_1 和 C_3 整流滤波，获得 12 V 的输出电压 U_o。U_o 值是由稳压值为 11 V 的 VD_{Z2}、PC817A 型线性光耦合器（IC_2）内部 LED 的正向压降 U_F、R_1 上的压降三者之和来设定的。改变高频变压器的匝数比和 VD_{Z2} 的稳压值，还可获得其他输出电压值。R_2 和 VD_{Z2} 还为 12 V 输出提供一个假负载，用于提高轻载时的负载调整率。反馈绕组电压经 VD_3 和 C_4 整流滤波后，供给 TOP224P 所需的偏压。由 R_2 和 VD_{Z2} 来调节控制端电流，通过改变输出占空比达到稳压目的。共模扼流圈 L_2 能减小由一次绕组接 IC_1 的 D 端高压开关波形所产生的共模泄漏电流。C_7 为保护电容，用于滤掉由一次、二次绕组耦合引起的干扰。C_6 可减小由一次绕组电流的基波与谐波所产生的差模泄漏电流。C_5 不仅能滤除加在控制端上的尖峰电流，而且能决定自启动频率，还与 R_1、R_3 一起对控制回路进行补偿。该电源主要技术指标如下：

① 交流输入电压范围：$u = 85 \sim 265$ V；

② 输出电压（$I_o = 1.67$ A）：$U_o = 12$ V；

③ 最大输出电流：$I_{CM}=1.67$ A；

④ 连续输出功率：$P_o=20$ W（$T_A=25℃$）或 15 W（$T_A=50℃$）；

⑤ 输出纹波电压的最大值：$±60$ mV；

⑥ 工作温度范围：$T_A=0\sim50℃$。

任务实施　可控硅控制充电器的仿真测试

一、实训目的

（1）熟悉直流稳压电路的基本原理。

（2）熟悉晶闸管的工作特点及使用方法。

二、实训仪器及材料

实训应用 PROTUES 软件（见附录 4）仿真，具体应用到的虚拟设备及元件名称如下。

实训仪器	虚拟设备名称	实训材料	元件名称	数量	实训材料	元件名称	数量
虚拟示波器	INSTRUMENTS - OSCILLOSCOPE	整流桥	2W005G	1	二极管	1N4007	1
		变压器	TRAN - 2P2S	1	发光二极管	LED - BIBY	1
交流电源	ALTERNATOR	保险管	FUSE	2	电解电容	Cap-elec	1
电压探针	VOLTAGE PROBE MODE	稳压器	LM317	1	电位器	Pot-lin	1
直流电压表	DC VOLTMETER	晶闸管	SCR	1	电阻	Res	若干
		旋转开关	SW - ROT - 4	1	虚拟电池	Capacitor	1

三、实训步骤与内容

（1）按图 1.2.29 所示在 PROTEUS 仿真界面中逐一找到相对应的虚拟元件，对照电路要求设置参数，并进行布局、连线。

（2）在 PROTEUS 仿真界面中找到电压探针并接入电路中，仿真测量 C_1 正极对地的电压和 LM317 输出端对地的电压。

（3）在 PROTEUS 仿真界面中找到虚拟示波器并接入电路中，仿真测量 C_1 正极对地的电压和 LM317 输出端对地的电压，比较两个电压的波形，读出各自的直流分量为 ＿＿＿ V 和 ＿＿＿ V；纹波分量峰值分别为 ＿＿＿＿ mV 和 ＿＿＿＿ mV。

① 把旋转开关 K 置于 R_1（0.6 A）的位置，设定充电终止电压；直流电压表监测输出端电压，调节 R_{P1} 使电压表的读数为 6V。进一步由接地端开始缓慢调节 R_{P2}，使输出端电压恰好突然减少，同时 LED 指示灯亮为止。

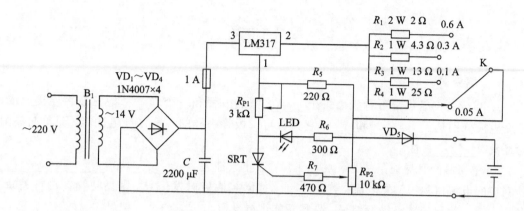

图 1.2.29　可控硅控制充电器电路

② 在 PROTEUS 仿真界面中查找虚拟蓄电池后接入输出端，模拟整个充电过程，并用万用表监测 LM317 的输出电压，观察其在整个充电过程中是否稳定。

四、分析与思考

（1）本实训中的充电器在充电过程中电流的变化过程怎么样？
（2）本实训中的充电器充电回路中为什么都要串接一个电阻？

五、实训评价

按附录一(B)"电路仿真实训评分表"操作。

小　　结

晶闸管是一种大功率开关器件，有单向和双向两种类型，广泛用于整流、逆变、调压、开关等电路的触发控制，其特点是改变控制角 α 即可改变时变电压的输出。

在电子系统中，大多需要将市电的交流电压转换为稳定的直流电压，通常用整流、滤波和稳压等环节来实现。

整流电路是利用二极管的单向导电性将交流电转变成脉动直流电，为了消除直流电压中的波纹，采用滤波电路。负载电流小而变化大时用电容滤波，负载电流大时则采用电感滤波。经过整流、滤波后可将交流电压变成直流电压。直流输出电压大小与电路结构和输入的交流电压有效值有关。

串联型稳压电源电路把输出电压的变化引回来控制调整管的输出，使输出电压稳定且可调，在小功率电路中仍然经常采用，但串联型稳压电路功耗大、效率低。

集成稳压器应用广泛，尤其是三端集成稳压器件性能可靠、使用方便。它的应用电路有电压固定、输出电压可调等基本形式。

开关稳压电源的调整管工作在饱和导通或截止状态，效率高，且变压器体积小，但电路相对复杂，并存在一定的高频干扰。

习 题

一、填空题

1. 单向晶闸管内部可看成由一个_____型三极管和一个_____型三极管连接而成，三个电极分别是____、____和____。它具有与二极管一样的_____导电性能，而单向晶闸管还具有_____性。

2. 单向晶闸管导通条件为_____；截止条件为_____。由_____所对应的电流值称为触发电流。若 I_A____，撤除控制极触发信号，则晶闸管会自行关断；若 I_A____，撤除控制极触发信号，晶闸管能维持导通。

3. 双向晶闸管可以组成由_____控制通断双向开关，是__触点控制电路，可以用来控制交流电大电流的通断。

4. 一般来说，在满足 $RC \geqslant (3 \sim 5) T/2$ 的条件下，全波整流后经电容滤波的输出电压平均值可按 $U_o =$_____来估算；半波整流电容滤波输出电压平均值可按 $U_o =$_____估算。

5. 线性串联型稳压电路由_____、_____、_____、_____四部分组成，其中调整管工作在_____区，管耗较大，包括三端集成稳压器在内，输出电流较大时，必须加装_____。

6. 开关型稳压电源效率高的主要原因是调整管工作在____状态，管耗很小。

7. 脉宽调制型开关稳压电源是在开关____不变的条件下，改变____，从而改变____，改变输出电压 U_o；频率调制型开关稳压电源是在开关____不变的条件下，改变____，改变输出电压 U_o。

8. 正激式变换是在开关元件____时传递能量，反激式变换电路是在开关元件____时传递能量。

二、选择题

9. 单向晶闸管导通条件为（　　　）。

A. U_{AK} 为正，U_{GK} 为正　　　　　B. U_{AK} 为正，U_{GK} 为负

C. U_{AK} 为负，U_{GK} 为正　　　　　D. U_{AK} 为负，U_{GK} 为负

10. 晶闸管中 $I_A = I_{LA}$（擎住电流）时，将可以使（　　　）。

A. 通态转为断态　　　　　　　B. 断态转为通态

C. 通态与断态相互转换　　　　D. 不能确定

11. 由晶闸管组成的可控整流电路是通过改变（　　　）来调节输出直流电压平均值大小的。

A. 电源电压　　　B. 负载大小　　　C. 控制角　　　　D. 放大系数

12. 如图 1.2.30 所示的整流滤波电路中，用示波器观察其输入、输出波形，由此可以断定（　　　）。

A. D_1 开路　　　B. D_2 开路　　　C. C 开路　　　　D. R_L 开路

13. 如图 1.2.30(b)所示电路，若变压器二次电压为 $U_{o1} = U_{o2} = 10$ V，测得输出电压

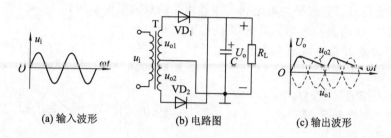

(a) 输入波形　　　　　(b) 电路图　　　　　(c) 输出波形

图 1.2.30　习题 12 图

为 14.1 V，则说明（　　　）。

A. 滤波电容开路　　　　　　　　B. 负载开路

C. 滤波电容击穿　　　　　　　　D. 二极管损坏

14. 在稳压电路中，当 U_i 或 I_o 发生变化时，（　　　）。

A. U_o 不会发生任何变化　　　　B. U_o 会有小的变化

C. U_o 会有大的变化　　　　　　D. 不定

15. 线性串联型稳压电路中，不能有效提高稳压性能的因素是（　　　）。

A. 调整管 β 大　　　　　　　　B. 稳压管动态电阻大

C. 比较放大电路增益高　　　　　D. 取样支路电流大

16. 使用三端固定集成稳压器时，输入电压绝对值比输出电压绝对值至少要（　　　）。

A. 大于 1 V　　　　　　　　　　B. 大于 2 V

C. 大于 5 V　　　　　　　　　　D. 相等

17. 开关型稳压电源效率比串联型线性稳压电源高的主要原因是（　　　）。

A. 输入电源电压较高　　　　　　B. 内部电路元件较少

C. 采用 LC 平滑滤波电路　　　　D. 调整管工作于开关状态

18. 开关型稳压电源与线性电源相比的优点是（　　　）。

A. 效率高　　　B. 电路简单　　　C. 输出电压纹波小　　　D. 稳定度高

三、综合分析题

19. 半波整流电容滤波电路如图 1.2.31(a)所示，按图中所给条件计算

(1) 正常工作情况下，U_o 的值；

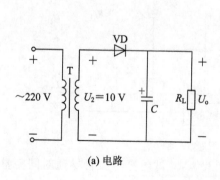
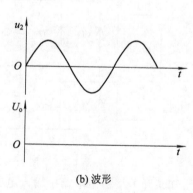

(a) 电路　　　　　　　　　　　　　(b) 波形

图 1.2.31　习题 19 图

（2）计算流过二极管的平均电流和二极管承受的最大反向电压；

（3）在图（b）所给出的坐标上画出 U_o 的波形。

20. 桥式整流电容滤波电路如图 1.2.32
所示，若变压器二次电压 $U_2 = 20$ V，试求：

（1）正常工作情况下，$U_o = ?$

（2）若滤波电容断开，$U_o = ?$

（3）若负载电阻断开，$U_o = ?$

21. 串联型稳压电路如图 1.2.33 所示。已
知三极管的 $U_{BE} = 0.7$ V，$\beta = 50$，$R_1 = 200\ \Omega$，
$R_2 = 300\ \Omega$，$R_3 = 200\ \Omega$，$R_{c3} = 9.2\ k\Omega$，$U_Z = 4.3$ V，$U_i = 24$ V。

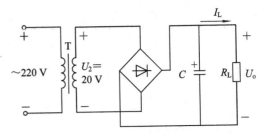

图 1.2.32　习题 20 图

（1）试计算输出电压 U_o 的可调范围；

（2）当负载 $R_L = 100\ \Omega$ 时，试计算输出电压最高和最低两种情况下调整管 V_1 上的
功耗。

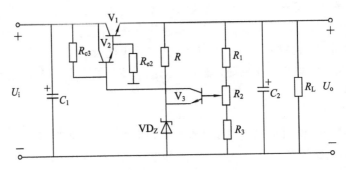

图 1.2.33　习题 21 图

22. 三端稳压器 W7815 和 W7915 组成的直流稳压电路如图 1.2.34 所示。

（1）在图中标明电容的极性；

（2）确定 u_{21}、u_{22} 的最佳值；

（3）当负载 R_{L1}、R_{L2} 上的电流均为 1 A 时，估算稳压器上的功耗 P_{CM} 值。

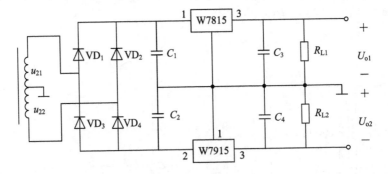

图 1.2.34　习题 22 图

23. 已知某开关型稳压电路中输入电压为 300 V，试估算开关管导通时间为整个周期
的 10% 时，其输出电压的平均值。

项目训练　稳压电源电路的制作与测试

一、实训目的

（1）熟练掌握整流二极管、滤波电容及三端集成稳压器的检测，能检测所选元件的质量。

（2）熟悉正、负直流稳压电路的结构框图，了解稳压电源的性能指标。

（3）掌握三端可调集成稳压电路的工作特点及调整方法。

二、实训仪器与材料

实训仪器	参考型号	实训材料	规格	数量	实训材料	规格	数量
万用表	DE960TR	电阻	见图 1.4.1	若干	散热器片	——	1
示波器	UR2102CE	电容		若干	电位器	1 kΩ	1
±30 V 可调稳压电源	HG63303	二极管	1N4007	2	万能板	5 cm×8 cm	1
焊接工具	常规	集成电路	W317、W337	各 1			

三、实训步骤与内容

（1）按图 1.3.1 逐一找到相对应的元件，进行布局排列并焊接好电路后，接通电源，用万用表测量 C_1 正极对地的电压和地对 C_2 负极的电压，电路正常工作时，这两个电压数值相等、极性相反。如果不相等，则应检查整流滤波电路，并排除故障（该电路上、下两半对称，正常情况下，输出的正、负电压值应相等，如果出现一些小的差异，可以用 1 kΩ 的微调电位器并接到输出电压值较大的调整电阻两端进行微调，直至使正、负输出的电压值相等为止）。

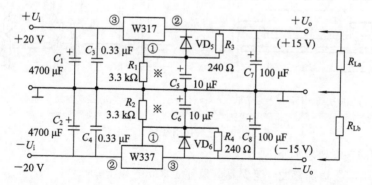

图 1.3.1　正、负输出稳压电源电路原理如图

（2）用万用表测 LM317 输出端对地的正电压和 LM337 输出端对地的负电压 $+U_o=$

_____ V，$-U_{\circ}=$ _____ V。调节输入电压，当增大至±22 V时，输出变化为 _____ V，电压调整率为 _____ 。

（3）用可调电子负载代替R_L，分别测出输出电流为 1.5 A（假设输出电流最大为此值）时的输出电压值，算出电流调整率。

（4）用示波器接入电路中测量空载时C_1正极对地的电压和 LM317 输出端对地的电压，比较两个电压的波形，读出各自的直流分量为 _____ V 和 _____ V；纹波分量峰值分别为 _____ mV 和 _____ mV；再接入负载R_{La}，重新测量上述两个电压，并记录。

（5）用示波器接入电路中测量空载时C_2负极对地的电压和 LM337 输出端对地的电压，比较两个电压的波形，读出各自的直流分量为 _____ V 和 _____ V；纹波分量峰值分别为 _____ mV 和 _____ mV；再接入负载R_{La}，重新测量上述两个电压，并记录。

（6）撰写实训报告。准确描述电路的功能，以及调试过程中的波形、数据分析等。

四、实训评价

按附录一（A）"电路制作实训评分表"操作。

五、分析与思考

（1）本实训电路中的C_1、C_2两端为什么还要并联一只 0.33 μF 的电容？

（2）怎么理解本实训中的负电压？为什么要制作这样的正、负稳压电源？

※常识链接　电子元器件的引线成型和插装

一、电子元器件的引线成型要求

电子元器件引线的成型主要是为了满足安装与印制电路板时的尺寸配合等要求。手工插装焊接的元器件引线加工形状如图 1.3.2 所示，其中（a）为卧式，（b）为竖式。

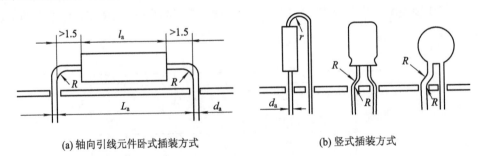

（a）轴向引线元件卧式插装方式　　　　（b）竖式插装方式

图 1.3.2　元器件引线加工的形状

引线成型的基本要求如下：

（1）引线不应在根部弯曲，至少要离根部 1.5 mm 以上；

（2）弯曲处的圆角半径 R 要大于引线直径的两倍；

（3）弯曲后的两根引线要与元器件本体垂直，且与元器件中心位于同一平面内；

（4）元器件的标志符号应方向一致，便于观察。自动组装时元器件引线成型的形状如图 1.3.3 所示。

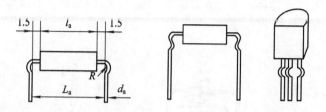

图 1.3.3　自动组装元器件引线成型的形状

二、元器件在印制电路板上插装的原则

（1）电阻、电容、晶体管和集成电路的插装应使标记和色码朝上，易于辨认。元器件的插装方向在工艺图样上没有明确规定时，必须以某一基准来统一元器件的插装方向，如设定 X、Y 轴方向，如图 1.3.4 所示。所有以 X 轴方向插装的元器件读数从左至右，所有以 Y 轴方向插装的元器件读数从下至上。

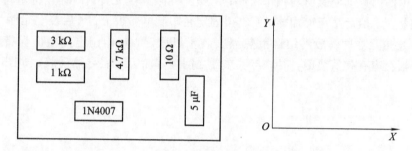

图 1.3.4　元器件的插装方向

（2）有极性的元器件由极性标记方向决定插装方向，如电解电容、晶体二极管等，插装时只要求能看出极性标记即可。

（3）插装顺序应该先轻后重、先里后外、先低后高。如先插卧式电阻、二极管，其次插立式电阻、电容和三极管，再插大体积元器件，如大电容、变压器等。

（4）元器件间的间距。印制电路上元器件的距离不能小于 1 mm；引线间的间隔要大于 2 mm；当有可能接触时，引线要套绝缘套管。不管印制电路板的种类如何，一般元器件应紧贴安装，使元器件贴在印制电路板上，紧贴的容限一般在 0.5 mm 以下。轴向引线的元件需要垂直插装，一般元器件距印制板 3～7 mm，如图 1.3.5 所示。

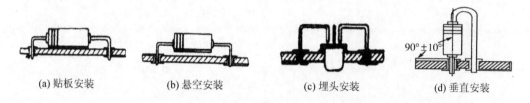

(a) 贴板安装　　　　　(b) 悬空安装　　　　　(c) 埋头安装　　　　　(d) 垂直安装

图 1.3.5　常见的几种安装方式

三、体积大和发热元件的插装方法

体积较大、较重的元器件，如大电解电容、变压器、阻流圈、磁棒等，插装时必须用固定件加强固定，如图 1.3.6 所示。

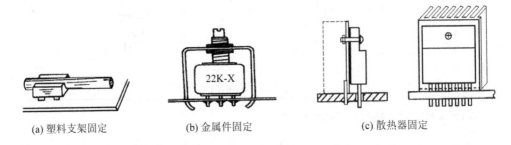

(a) 塑料支架固定　　　　　(b) 金属件固定　　　　　(c) 散热器固定

图 1.3.6　采用固定件固定元件

采用金属固定件固定时，应在元件与固定件间加垫聚氯乙稀带或黄腊绸，也可采用塑料套管，以防损坏元件和增加绝缘性。金属固定件与印制电路板间的连接螺钉上一定要加弹簧垫圈，以防因振动使螺钉与螺母松脱；用塑料支架固定元件时，首先将塑料支架插装到印制电路板上，然后从反面加热，使支架固定在印制电路板上，最后装上元件。

大功率发热元器件一般都结合散热器安装予以固定，与印制电路板面保持一定的距离，固定螺帽上应有弹簧垫圈，器件与散热器之间最好涂上一层导热硅胶，如图 1.3.6(c) 所示。

学习情境二　电子音量控制器的制作与测试

常见音响电路的音量控制是简单地通过调节一个电位器来实现的，但是当电位器磨损后，调节音量时会发出"喀嚓"、"喀嚓"的噪声，令人十分烦恼。为了使我们将要制作的高保真功放不会产生这种现象，现在来学习能有效防止摩擦噪声的电子音量控制器的制作方法。

※学习目标

1. 能利用 PROTEUS 软件正确画出电路。
2. 能选用虚拟设备设置输入信号，测试输入、输出波形，调整静态工作点。
3. 掌握单级放大电路的静态特征和动态分析方法。

任务一　分立助听器电路的仿真测试

能力目标:

1. 能根据电路图利用 PROTEUS 软件正确画出电路,并对电路进行仿真。
2. 能利用 PROTEUS 软件提供的虚拟信号发生器设置所要求的输入信号。
3. 能正确调整静态工作点,并用虚拟示波器测试输入、输出波形。

知识目标:

1. 熟悉三极管放大电路的三种组态方式及特点。
2. 掌握放大电路的静态、动态特征及其分析方法。

技能训练　共射极放大电路的制作与测试

1. 实训目的

(1) 学会放大器静态工作点的测量、调试方法。

(2) 掌握静态工作点对放大器性能的影响。

(3) 熟悉信号发生器、示波器等设备的使用方法。

2. 实训仪器与材料

实训设备	参考型号	实训材料	规格	数量
稳压电源	HG63303	电容	$10~\mu F$	5
信号发生器	SP1641B	电位器	$100~k\Omega$	1
双踪示波器	UT2062C	电阻	$200~k\Omega$、$39~k\Omega$、$10~k\Omega$、$3~k\Omega$ 等	
万用表	DE‐960TR	万能板	$5~cm \times 5~cm$	2
交流毫伏表	YX2194	三极管	9014	2

3. 实训内容与步骤

(1) 按图 2.1.1 所示电路分选检测元件,将其排布在万能板上,并连线焊接制作基本共射极放大电路和分压式共射极放大电路。

(2) 检查无误后,先把图 2.1.1(a)中的 R_P 调在最大值位置,然后将输入端短路,同时接 12 V 电源。

① 利用万用表测出分压式共射极放大电路中的基极电流、集电极电流并记录。

② 调节 R_P 使基本共射极放大电路中的基极电流、集电极电流分别与分压式共射极放大电路大致相当。

(3) 在两个电路的输入端分别加上 1 kHz、5 mV 正弦波信号,用示波器同时观察各自

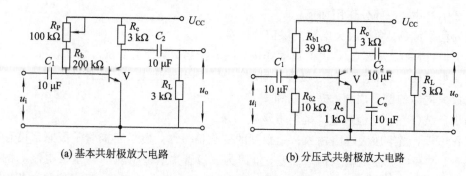

(a) 基本共射极放大电路　　　　　(b) 分压式共射极放大电路

图 2.1.1　共射极放大测试电路

的输出波形并读出其电压最大值，算出各自的电压放大倍数。

（4）用电烙铁同时烘烤（不要接触管子）两个电路中的三极管，使电路中的三极管温度升高，并同时监测集电极电流 I_C 和管压降 U_{CE} 的变化。

结论：_____。

4. 分析与思考

（1）基本共射极放大电路与分压式共射极放大电路在结构上和功能上各有什么区别？

（2）在基本放大电路的基础上增加 R_{b2}、R_e、C_e 的目的是什么？

※知识学习　三极管放大电路

一、放大电路基础知识

在电子设备中，输入信号通常都比较微弱，要推动负载或执行机构工作必须对输入信号进行放大处理。能实现信号放大功能的电路称为放大电路，也称放大器。

1. 电路结构及各部分作用

1）放大电路的结构

放大电路通常由放大元件、直流电源、偏置电路及其附属的输入信号源和输出负载等组成，如图 2.1.2 所示。

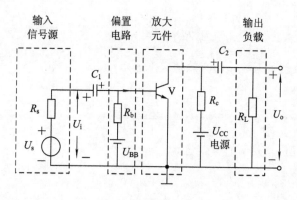

图 2.1.2　放大电路

图 2.1.2 中，各部分作用如下：

输入信号源(u_s)：为放大电路提供信号样本。

放大器件（三极管 V）：起电流放大作用，用 i_B 控制 i_C，使 $i_C = \beta i_B$。

直流电源（U_{BB} 和 U_{CC}）：使三极管发射结正偏，集电结反偏，三极管处于放大状态，同时也是放大电路的能量之源，提供 I_B 和 I_C。

输出负载（R_L）：把经过放大的信号承接出来。

工作原理：当给放大电路输入一定幅度的变化信号时，由于三极管基极原来已存在适当的偏置，基极电流便随输入信号而变化，因为三极管集电极电流 i_C 与基极电流 i_B 的比值 β 不变，且 $\beta \gg 1$，因此，只要 i_B 发生微小的变化将引起 i_C 较大的变化。通过串接在集电极回路的电阻 R_c（或者 R_e）便可以把放大后的电流变化信号转换为电压变化信号。

2）三端器件放大电路的三种组态形式

从输入、输出信号共用的引脚来看，放大电路有三种组态方式：共发射极放大电路、共集电极放大电路和共基极放大电路。各种组态放大电路的结构形式如图 2.1.3 所示。

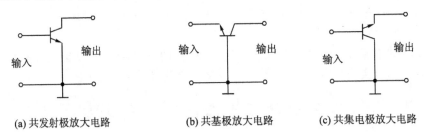

(a) 共发射极放大电路　　　　(b) 共基极放大电路　　　　(c) 共集电极放大电路

图 2.1.3　三种组态放大电路

对于图 2.1.3(a)电路，由于输入信号与输出信号共用发射极，故称为共发射极放大电路。同理，图 2.1.3(b)称为共基极放大电路，图 2.1.3(c)称为共集电极放大电路。

2. 放大电路的主要性能指标

(1) 放大倍数。

放大倍数是衡量放大电路放大能力的指标，定义为输出信号与输入信号的比值。按信号的不同特征量，放大倍数可以分为电压放大倍数、电流放大倍数和功率放大倍数。

① 电压放大倍数：

$$A_u = \frac{u_o}{u_i} = \frac{U_o}{U_i}$$

式中，U_o 是 u_o 的有效值；U_i 是 u_i 的有效值。

② 电流放大倍数：

$$A_i = \frac{i_o}{i_i} = \frac{I_o}{I_i}$$

式中，I_o 是 i_o 的有效值；I_i 是 i_i 的有效值。

③ 功率放大倍数：

$$A_p = \frac{P_o}{P_i}$$

由于人耳对声音的感受不与声音功率的大小成正比，而与声音功率的对数成正比，用

分贝表示功率增益可与人耳听觉感受一致,所以在工程上放大倍数常用分贝(dB)来表示,称为增益,分别定义为

电压增益:

$$A_u(\text{dB}) = 20 \lg |A_u|$$

电流增益:

$$A_i(\text{dB}) = 20 \lg |A_i|$$

功率增益:

$$A_p(\text{dB}) = 10 \lg A_p$$

(2) 输入电阻、输出电阻。

① 输入电阻 R_i:从放大电路的输入端看进去的等效电阻称为放大电路的输入电阻,定义为

$$R_i = \frac{u_i}{i_i} = \frac{U_i}{I_i}$$

式中, u_i 和 i_i 分别是输入端口的输入电压和输入电流,如图 2.1.4 所示。

放大电路的输入电阻 R_i 相当于信号源的负载,其大小决定了放大电路从信号源得到的信号幅度的大小。一般情况下,放大电路的信号源(电压源)比较微弱,带负载的能力差。放大电路的 R_i 大,则取用信号源电流就小,对信号源的影响就小。因此一般电子设备的输入电阻都很高。

② 输出电阻 R_o。从放大电路输出端看进去的等效电阻称为放大电路的输出电阻,定义为:在输入电压源短路(电流源开路)并保留 R_s,输出端负载开路(因为负载并不属于放大电路)的情况下(如图 2.1.5 所示),放大电路的输出端所加测试电压 u_T 与其产生的测试电流 i_T 的比值,即

$$R_o = \frac{u_T}{i_T}$$

输出电阻的大小决定了放大电路带负载的能力。若把放大电路的输出端口看做"信号电压源",输出电阻就是该信号电压源的"内阻"。所以,输出电阻越小,负载上得到的电压信号就越大,负载变化对输出电压大小的影响就越小,即放大电路的带负载能力越强。

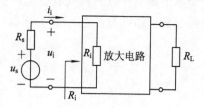

图 2.1.4　放大电路的输入电阻

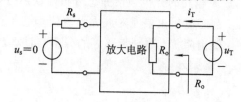

图 2.1.5　放大电路的输出电阻

(3) 通频带宽 BW。

图 2.1.6 所示是放大电路的电压放大倍数随信号频率变化的曲线。在低频段和高频段,电压放大倍数通常要下降,当下降到 $A_{um}/\sqrt{2}$ 时,所对应的频率分别称为下限频率 f_L 和上限频率 f_H,放大电路的通频带 BW 则定义为

$$\text{BW} = f_H - f_L$$

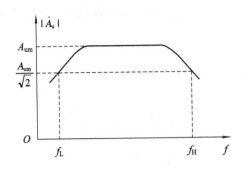

图 2.1.6　放大电路的幅频曲线

二、放大电路的分析方法

如图 2.1.7(a)所示为最基本的共发射极放大电路，也称基本放大电路。其中，三极管 V 是起电流放大作用的核心元件，R_b 称为基极偏置电阻，R_c 称为集电极负载电阻。电源 U_{CC} 通过 R_b 的限流降压作用向发射结提供正向偏压，获得基极静态电流，从而能在合适的直流状态下工作；同时通过 R_c 使集电结获得反向偏压，并且将三极管放大的集电极电流信号转换成电压信号。C_1、C_2 为耦合电容，在信号源与放大电路之间、放大电路与负载之间起直流隔离作用。

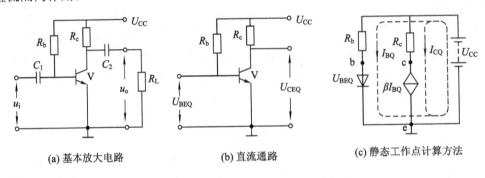

(a) 基本放大电路　　　　　　(b) 直流通路　　　　　　(c) 静态工作点计算方法

图 2.1.7　基本共射极放大电路静态分析

放大电路的分析包括静态分析与动态分析。放大器正常工作时必须具有合适的静态工作点，静态分析主要是对放大器直流静态工作点进行分析。动态分析包括放大倍数、输入阻抗、输出阻抗、通频带宽等的分析与计算。

1. 静态分析

1）图解分析法

放大电路通电后，交流输入信号 $u_i=0$ 时的工作状态称为静态，这时交流输出 $u_o=0$。由于此时电路中电压、电流均为直流，反映在特性曲线上，I_B 是输入特性曲线中一个确定的点，I_C 也是 I_B 对应那条输出特性曲线上一个确定的点，通常这两个点均用 Q 表示，知道了 Q 点的位置，三极管的工作状态（I_B、I_C 和 U_{CE} 等的值）便一目了然了，因此 Q 点称为静态工作点。此时，电路中的电压、电流在其下标中加 Q 表示，如 I_B 写成 I_{BQ}。

对于图 2.1.7(a)所示的电路，静态时耦合电容 C_1、C_2 均可视为开路，于是可以作出其直流电流的通路及分析模型如图 2.1.7(b)、(c)所示。

在输入回路中，静态工作点 Q 既应在三极管的输入特性曲线上，又应满足由 U_{CC}、R_b 组成的回路方程 $U_{CC}=I_{BQ}R_b+U_{BEQ}$，即 $I_{BQ}=\dfrac{U_{CC}}{R_b}-\dfrac{U_{BEQ}}{R_b}$。这是一条斜率为 $-\dfrac{1}{R_b}$，且过点 $\left(0,\dfrac{U_{cc}}{R_b}\right)$ 的直线，称为输入直流负载线。因此，在三极管的输入特性曲线图上作出这条输入直流负载线，与输入特性曲线的交点 Q 就是所求的静态工作点，如图 2.1.8(a) 所示，其横坐标值为 U_{BEQ}，纵坐标值为 I_{BQ}。

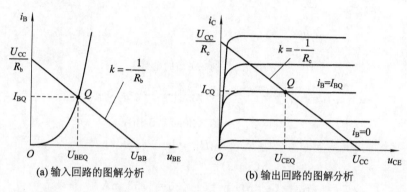

(a) 输入回路的图解分析　　　　　　(b) 输出回路的图解分析

图 2.1.8　共射极基本放大电路静态图解分析

在输出回路中，静态工作点既应在 I_B 对应的那条输出特性曲线上，又应满足 U_{CC}、R_c 组成的回路方程 $U_{CEQ}=U_{CC}-I_{CQ}R_c$。这也是一条斜率为 $-\dfrac{1}{R_c}$，且过点 $\left(0,\dfrac{U_{cc}}{R_c}\right)$ 的直线，称为输出直流负载线。在 BJT 的输出特性曲线图上作出这条直线，如图 2.1.8(b) 所示。该直线与 I_B 对应那条输出特性曲线上的交点 Q 就是要求的静态工作点，其横坐标值为 U_{CEQ}，纵坐标值为 I_{CQ}。

2）估算法求取静态参数

对于图 2.1.7 所示的电路，在 I_{BQ} 回路中，KVL 方程为

$$U_{CC}=I_{BQ}R_b-U_{BEQ}$$

由此可得

$$I_{BQ}=\frac{U_{CC}-U_{BEQ}}{R_b}$$

由于 $U_{CC}\gg U_{BEQ}$，于是有

$$I_{BQ}\approx\frac{U_{CC}}{R_b}$$

$$I_{CQ}=\beta I_{BQ}$$

$$U_{CEQ}=U_{CC}-I_{CQ}R_c$$

例 2.1.1　在图 2.1.9 所示电路中，三极管的 $\beta=50$，$U_{BE}=0.7\ \text{V}$，试作出静态时的直流通路，并求静态工作点参数 I_{BQ}、I_{CQ}、U_{CEQ} 和 I_{EQ} 的值。

解　静态时耦合电容 C_1、C_2 和 C_e 均可视为开路，于是可以作出其直流电流的通路如图 2.1.9(b) 所示。I_{BQ} 回路的 KVL 方程为

$$U_{CC}=I_{BQ}R_b+U_{BEQ}+(1+\beta)I_{BQ}R_e$$

于是可得

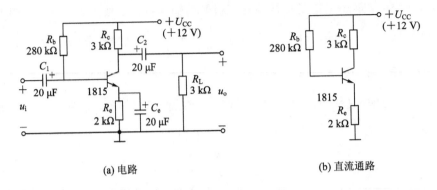

(a) 电路　　　　　　　　　　　　　　　(b) 直流通路

图 2.1.9　例 2.1.1 的电路

$$I_{BQ} = \frac{U_{CC} - U_{BE}}{R_b + (1+\beta)R_e} = \frac{12 - 0.7}{280 + 51 \times 2} \approx 30 \ \mu A$$

$$I_{CQ} = \beta I_{BQ} = 50 \times 30 = 1.5 \ mA$$

$$U_{CEQ} = U_{CC} - I_{CQ}R_c - I_{EQ}R_e \approx U_{CC} - I_C(R_c + R_e)$$

$$= 12 - 1.5(3+2) = 4.5 \ V$$

$$I_{EQ} = (1+\beta)I_{BQ} = 51 \times 30 = 1.53 \ mA$$

2. 动态分析

放大电路输入端加上交流信号时的工作状态称为动态，这时电路中既有直流成分，又有交流成分。为了清楚地表示电流、电压的直流分量、交流分量和单向脉动信号常分别用字母的大写或小写以及下标字母符号来加以区别。表 2-1-1 所示为基极电流的文字符号。

表 2-1-1　三极管基极电流的文字符号

名称 参数	直流量		交流量			关系式
	单向脉动量	静态值	瞬时值	有效值	最大值	
基极电流	i_B	I_B	i_b	I_b	I_{bm}	$i_B = I_B + i_b$

1) 定性波形分析

设输入信号为正弦交流电压 $u_i = U_{im}\sin\omega t$，这时电路中原静态时的各直流分量上均叠加其相应的正弦交流量，在信号放大过程中，各点的电压波形如图2.1.10所示。

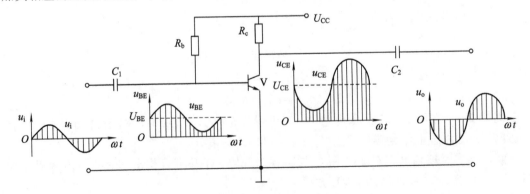

图 2.1.10　共射极基本放大电路各点的电压波形

2）图解法分析

（1）空载情况。

放大电路输入端有交流信号输入，但输出端开路时称为空载。这时，虽然电路中各点的电压和各支路的电流增加了交流成分，但在集电极回路中任意一个时刻，仍然有

$$u_{CE} = U_{CC} - i_C R_c$$

即任意时刻三极管的工作状态仍然在直流负载线上。也就是说，动态情况下，交流信号过零点时其值在 Q 点，其余时间则以 Q 为中心，小于或等于其幅度值的两边范围内变化。

在输入、输出特性曲线中，根据输入信号的幅度可以确定集电极电流的变化范围为

$$\beta(I_{BQ} - I_{bm}) < i_C < \beta(I_{BQ} + I_{bm})$$

进而可以得到 u_{CE} 的变化范围为

$$U_{CC} - \beta(I_{BQ} + I_{bm})R_c < u_{CE} < U_{CC} - \beta(I_{BQ} - I_{bm})R_c$$

根据这个变化范围，并注意到输入、输出波形对应的时间节点，则可以描出集电极输出的电压波形。

如图 2.1.7（a）所示的电路中，如果 $U_{CC} = 12$ V，三极管的 $\beta = 60$，$I_{BQ} = 30$ μA 时，从输入正弦交流信号的第一个峰点 A_1 出发：

- 在输入曲线中找出对应基极电流最大的 A_2 点；
- 根据 $i_C = \beta i_B$ 确定对应的 i_C 峰值；
- 根据 $u_{CE} = U_{CC} - i_C R_c$ 确定对应集电极电压值的 A_3 点；
- 用同样的方法确定对应 B_1 时刻集电极电压值的 B_3 点；
- 根据集电极电压的变化时序和范围，描出其输出电压波形，如图 2.1.11 所示。

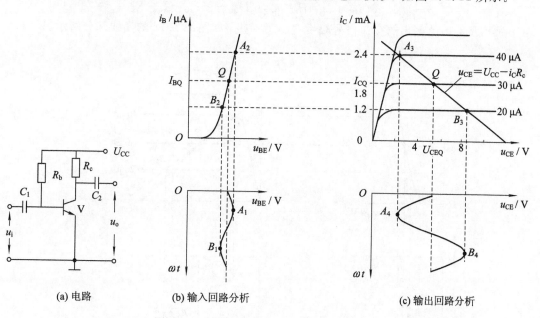

(a) 电路　　　　(b) 输入回路分析　　　　(c) 输出回路分析

图 2.1.11　图解分析空载时的动态工作情况

（2）带负载分析。

在实际应用中，负载的情况较为复杂（通常是后级放大器的输入端口）。如果负载用等效电阻 R_L 来置换后，其中交流工作状态可作如下等效处理：

- 把偶合电容 C_1、C_2 视为短路；
- 电源的内阻很小，交流信号也可视为短路。

于是得出基本放大电路的交流通路如图 2.1.12(c)所示。

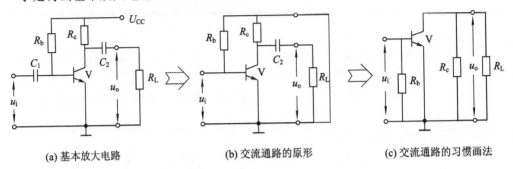

(a) 基本放大电路　　　　　　(b) 交流通路的原形　　　　　(c) 交流通路的习惯画法

图 2.1.12　基本放大电路及其交流通路

在图 2.1.12(c)所示电路中，从输入端看，R_b 与发射结并联，从输出端看，R_c 与 R_L 并联。此时集电极的交流负载为 $R_L' = R_c /\!/ R_L$，所以集电极中任意一个时刻的脉动直流电压变为

$$u_{CE} = U_{CC} - I_C R_L'$$

这是一条过 Q 点，斜率为 $-\dfrac{1}{R_L'}$ 的直线，称为交流负载线。即任意时刻三极管的工作状态已不在直流负载线上，而是在交流负载线上，即带负载的动态情况下，交流信号过零点时，其值仍然在 Q 点。而 u_{CE} 的变化范围变成

$$U_{CC} - \beta(I_{BQ} + I_{bm})R_L' < u_{CE} < U_{CC} - \beta(I_{BQ} - I_{bm})R_L'$$

由于 $R_L' < R_c$，因此输出的交流信号幅度变小了一些，如图 2.1.13 的实线部分所示。

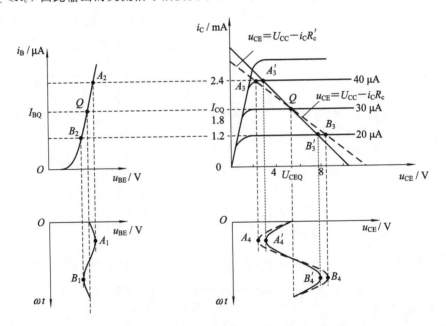

图 2.1.13　空载与带载的输出波形比较

　　从以上图解动态分析可知，放大器输入输出的电流、电压波形总是在以 Q 为中心的上下或左右作周期性变化，所以三极管安全放大工作区的几何中心附近是静态工作点 Q 的最佳落脚点。如果静态工作点设置不当或由于温度变化等原因偏离"中心"太多，都将产生严重的非线性失真，如图 2.1.14 所示。

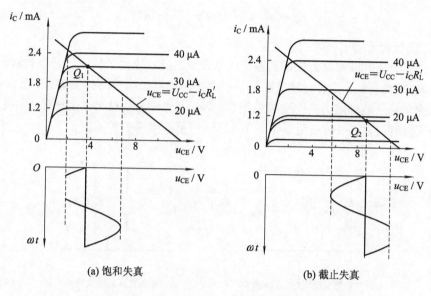

(a) 饱和失真　　　　　　　**(b) 截止失真**

图 2.1.14　静态工作点不当导致输出波形失真

　　静态工作点在如图 2.1.14(a) 的 Q_1 点时，u_{CE} 的负半周均出现失真。这是由于 Q 点过高，使其动态进入饱和区而引起的，称为饱和失真。

　　静态工作点在如图 2.1.14(b) 的 Q_2 点时，u_{CE} 的正半周均出现失真。这是由于 Q 点过低，使其动态进入截止区而引起的，称为截止失真。

　　由此可见，静态工作点位置选择在何处，是否稳定，对信号在放大电路中获得有效放大尤为重要。

　　图解法是放大电路最基本的分析方法之一，特别适合分析信号幅度较大的情况。它直观、形象，有助于一些重要概念的建立和理解想象，如交、直流共存，静态和动态的概念等，能全面地分析放大电路的静态、动态工作情况，有助于理解正确选择电路参数、合理设置静态工作点的重要性。但图解法不能分析信号幅值太小或工作频率较高时的电路工作状态，也不能用来分析放大电路的输入电阻、输出电阻等动态性能指标。为此，需要介绍放大电路的另一种基本分析方法。

　　3）放大电路的小信号模型分析法

　　三极管的输入、输出特性都是曲线，这就给放大电路的分析带来很多不便，不过，在实际应用中的多数电压放大电路的输入信号都是很小的（微伏或毫伏数量级），通常把这种小信号称为"微变"。在微变的前提下，三极管电压、电流之间的关系对应特性曲线很短的一段，近乎为直线，可用一个线性模型来等效，称为三极管的微变等效模型。微变等效模型对于分析放大电路的动态指标可带来很大的方便。

　　（1）三极管的微变等效模型。

　　在图 2.1.15(a) 所示的三极管中，对于 b、e 输入端来说，当输入信号较小时，输入特

性曲线上 Q 点附近很小的动态工作范围可近似为一段直线，即 Δi_B 与 Δu_{BE} 成正比，故 b、e 之间可用一个等效电阻 $r_{be}=\dfrac{\Delta u_{BE}}{\Delta i_B}$ 来代替。r_{be} 的大小将随着静态工作点的不同而变化，是一个动态电阻。对于一般的低频小功率三极管，r_{be} 可以由以下公式计算

$$r_{be}=300+(1+\beta)\frac{26(\text{mV})}{I_E(\text{mA})}(\Omega)$$

式中，I_E 是三极管静态时的发射极电流。

对于三极管集电极和发射极间的输出端来说，三极管放大区的输出特性曲线是一族近似平行于 u_{CE} 轴的直线，这些直线反映了基极电流对集电极电流的控制能力。所以，从输出端 c、e 极来看，三极管成为一个受控电流源，即 $\Delta I_C=\beta\Delta I_B$。对于交变信号，则有 $i_c=\beta i_b$。

综合三极管的输入、输出可得图 2.1.15(b) 所示的微变等效模型。

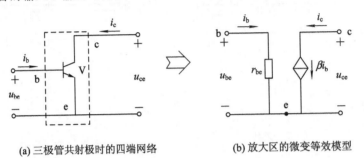

(a) 三极管共射极时的四端网络　　　　　(b) 放大区的微变等效模型

图 2.1.15　三极管及其等效电路

(2) 微变等效电路分析法。

有了三极管的微变等效模型，在放大电路的交流通路中用微变等效模型置换其中的三极管，就可得到放大电路的微变等效电路。由于微变等效电路由电阻和受控源这些线性元件组成，因此，可以利用求解线性电路的方法对这个电路的电压放大倍数、输入、输出电阻等进行分析计算。

值得注意的是，从图中的形式看，微变等效电路的输入、输出回路好像没有什么联系，而实质上，输入和输出回路之间存在 $i_c=\beta i_b$ 的控制关系，因此在分析计算时，要随时注意利用这个控制关系。下面通过例题来阐述微变等效电路分析方法。

例 2.1.2　基本共发射极放大电路及参数如图 2.1.16 所示，$\beta=40$，U_{BE} 可忽略。求：

(1) 电路的静态工作点；

(2) 电压放大倍数 A_u；

(3) 源电压放大倍数 A_{us}（输出信号电压与信号源电压之比）；

(4) 输入电阻和输出电阻。

解　画出共发射极基本放大电路的直流通路、交流通路、微变等效电路如图 2.1.17 所示。

(1) 估算电路的静态工作点。

在图 2.1.7(a) 所示的直流通路中，忽略 U_{BE} 时，有

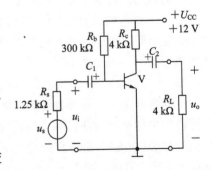

图 2.1.16　基本共发射极放大电路

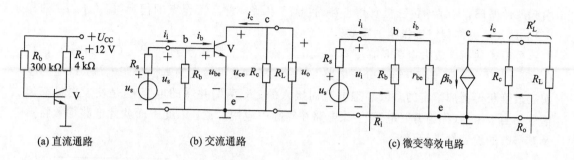

图 2.1.17　基本共发射极放大电路的直流等效电路和微变等效电路

$$I_{BQ} \approx \frac{U_{CC}}{R_b} = \frac{12}{300} = 4 \times 10^{-5} \text{ mA} = 40 \text{ μA}$$

那么

$$I_{CQ} = \beta I_{BQ} = 40 \times 40 = 1600 \text{ μA} = 1.6 \text{ mA}$$

$$U_{CEQ} = U_{CC} - I_{CQ} R_c = 12 - 1.6 \times 10^{-3} = 5.6 \text{ V}$$

（2）求电压放大倍数 A_u。

由于 $I_E \approx I_C = 1.6$ mA，根据 r_{be} 的计算公式可得

$$r_{be} = 300 + (1+\beta) \frac{26 (\text{mV})}{I_E (\text{mA})} = 300 + 41 \times \frac{26}{1.6} \approx 966 \text{ Ω}$$

在图 2.1.6(c) 所示的微变等效电路中，$U_i = I_b r_{be}$，$U_o = -I_c R_L'$，所以

$$A_u = \frac{U_o}{U_i} = -\frac{\beta I_b (R_c /\!/ R_L)}{I_b r_{be}} = -\beta \frac{R_c /\!/ R_L}{r_{be}} = -40 \times \frac{2}{0.966} = -82.8$$

（3）求源电压放大倍数 A_{us}。

从微变等效电路可以看出，$U_s = U_i + U_{Rs}$，由于 $R_b \gg r_{be}$，则 $U_{Rs} \approx I_b R_s$，所以

$$A_{us} = \frac{U_o}{U_s} = -\frac{\beta I_b (R_c /\!/ R_L)}{I_b (r_{be} + R_s)} = -\beta \frac{R_c /\!/ R_L}{(r_{be} + R_s)} = -40 \times \frac{2}{0.966 + 1.25} = -36.1$$

可见，由于信号源内阻的影响，使放大电路实际获得的输入电压下降，导致源电压放大倍数远小于电压放大倍数。

（4）输入电阻和输出电阻。

$$R_i = R_b /\!/ r_{be} \approx 966 \text{ Ω}$$

$$R_o = R_c = 4 \text{ kΩ}$$

从上面的分析过程可以得出结论：共发射极基本放大电路的电压放大倍数较大，输出电压和输入电压反相，由于电压放大能力很强，因此得到广泛应用。然而，共发射极电路的输入电阻仅约为 r_{be}，使其得到的输入电压比信号源电压小很多，导致源电压放大倍数下降，并且这个电路的输出电阻相对较大，带负载的能力不强。

三、分压式偏置共发射极放大电路

基本放大电路结构简单，但从前面的实训中，用电烙铁同时烘烤对比的结果可以知道其热稳定性不太好。因为半导体器件对温度较为敏感，温度升高，β 就相对增大，且 $|U_{BE}|$ 减小，最终均反映在对三极管放大电路静态工作点的影响上。β 增大，使 I_C 增大；$|U_{BE}|$ 下降，同样促使 I_C 增大，I_C 增大后，将引起集电结功耗增大，使三极管温度进一步升高，甚至

引起恶性循环,最终导致三极管热击穿而损坏。因此,静态工作点的稳定(即 I_{BQ}、I_{CQ} 的稳定)对放大电路的稳定工作至关重要。

　　分压式共射极放大电路是在基本放大电路的基础上增加了 R_{b2}、R_e、C_e,如图 2.1.18 (a)所示。其中,R_{b2} 与 R_{b1} 组成分压电路,以使三极管获得稳定的基极静态电流,R_e 是为了使三极管获得更加稳定的基极静态电流而接入的,R_e 两端并联的电容 C_e 是使发射极交流信号相当于短路(称为旁路电容)。该电路在实际中应用广泛,因此下面就此电路偏置特点及其静态的稳定性进行分析。

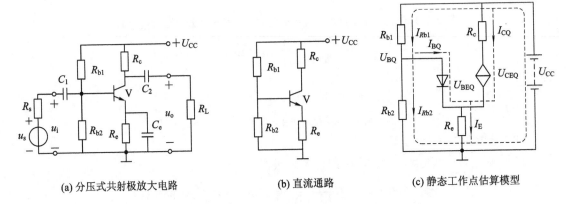

(a) 分压式共射极放大电路　　　　　(b) 直流通路　　　　　(c) 静态工作点估算模型

图 2.1.18　分压式偏置电路

1. 分压式偏置电路稳定静态工作点的条件

　　分压式偏置电路稳定静态工作点是建立在 $I_{Rb1} \geqslant I_{BQ}$,$U_{BQ} \geqslant U_{BEQ}$ 的基础上的,一般可选取

$$I_{Rb1} \geqslant (5 \sim 10) I_{BQ}$$
$$U_{BQ} \geqslant (5 \sim 10) U_{BEQ}$$

具体可理解为:

　　(1) R_{b2}、R_{b1} 不能太大,太大了,I_{Rb1} 就小,I_{BQ} 的微小变化对 R_{b2}、R_{b1} 的分压关系影响就大;

　　(2) R_e 足够大(R_e 是稳定 I_C 的关键元件),R_e 越大,I_C 稳定性越好。

2. 静态工作点的估算

　　交流输入信号 $u_i = 0$ 时,在电源 U_{CC} 作用下,电路中的电压、电流均为直流。把偶合电容 C_1、C_2 视为开路,可以作出其直流通路如图 2.1.18(b)、(c)所示。

　　在满足 $I_{Rb1} \geqslant I_{BQ}$ 的条件下,三极管基极电压 U_{BQ} 由 R_{b2}、R_{b1} 分压而得

$$U_{BQ} = \frac{R_{b2}}{R_{b1} + R_{b2}} U_{CC}$$

所以

$$I_{EQ} = I_{BQ}(1 + \beta) = \frac{U_{BQ} - U_{BEQ}}{R_e}$$

于是可得

$$I_{BQ} = \frac{U_{BQ} - U_{BEQ}}{(1 + \beta) R_e}$$

$$U_{CEQ} = U_{CC} - I_{CQ}R_c - I_{EQ}R_e = U_{CC} - I_{CQ}R_c - (1+\beta)I_{BQ}R_e$$
$$\approx U_{CC} - \beta I_{BQ}(R_c + R_e)$$

$$I_{CQ} = \beta I_{BQ} = \frac{\beta(U_{BQ} - U_{BEQ})}{(1+\beta)R_e} \approx \frac{U_{BQ} - U_{BEQ}}{R_e}$$

在满足 $U_{BQ} \gg U_{BEQ}$ 的情况下，$I_{CQ} \approx \dfrac{U_{BQ}}{R_e}$。

3. 稳定静态工作点的原理

从 $I_{CQ} \approx \dfrac{U_{BQ}}{R_e}$ 可以看出，在满足 $I_{Rb1} \gg I_{BQ}$ 和 $U_{BQ} \gg U_{BEQ}$ 的条件下，集电极电流 I_c 与受温度影响而变化的参数 β、U_{BE} 无关。且 U_B 基本固定后，若由于某种原因（如温度上升引起 I_{CBO} 增大等）引起 I_c 增大，则 U_E 上升（$U_{EQ} \approx I_{CQ}R_e$），加在三极管基极与发射极间的电压 U_{BEQ} 减小（$U_{BEQ} = U_{BE} - U_{EQ}$），致使 I_c 减小。上述稳定 I_c 的过程可表示为

$$(温度 T)\uparrow \longrightarrow I_{CQ}\uparrow \longrightarrow U_{EQ}\uparrow \xrightarrow{(U_{BQ}不变)} U_{BEQ}\downarrow \longrightarrow I_{BQ}\downarrow$$
$$I_{CQ}\downarrow \longleftarrow \underline{\hspace{6cm}}$$

例 2.1.3 已知图 2.1.19 所示电路中的 $U_{CC} = 16$ V，$R_{b1} = 56$ kΩ，$R_{b2} = 20$ kΩ，$R_e = 2$ kΩ，$R_c = 3.3$ kΩ，$R_L = 6.2$ kΩ，$R_s = 500$ Ω，三极管的 $\beta = 80$，$U_{BEQ} = 0.7$ V。

（1）估算静态参数 I_{CQ}、I_{BQ} 和 U_{CEQ}，并判断其是否满足稳定静态工作点的条件；

（2）设电容 C_1、C_2 和 C_e 对交流信号可视为短路，计算 A_u、R_i 和 R_o。

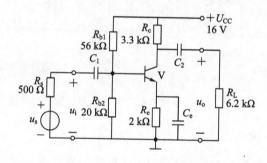

图 2.1.19　例 2.1.3 电路

解　（1）估算静态参数 I_{CQ}、I_{BQ} 和 U_{CEQ}。

该分压式共射电路的直流通路如图 2.1.8(b)所示，由 R_{b1}、R_{b2} 分压关系可得

$$U_{BQ} = \frac{R_{b2}}{R_{b1} + R_{b2}}U_{CC} = \frac{20}{56+20} \times 16 \approx 4.21 \text{ V}$$

那么

$$I_{CQ} \approx \frac{U_{BQ} - U_{BEQ}}{R_e} = \frac{4.21 - 0.7}{2000} \approx 1.76 \text{ mA}$$

$$I_{BQ} = \frac{I_{CQ}}{\beta} = \frac{1.76}{80} \approx 22 \ \mu A$$

$$U_{CEQ} = U_{CC} - I_{CQ}(R_c + R_e)$$
$$= 16 - 1.76(3.3 + 2) \approx 6.67 \text{ V}$$

$$I_{Rb1} = \frac{U_{CC} - U_{BQ}}{R_{b1}} = \frac{16 - 4.2}{56\,000} = 0.21 \text{ mA}$$

由估算所得的结果可知，0.21 mA$\gg 22$ μA，4.21 V$\gg 0.7$ V，即 $I_{Rb1} \gg I_{BQ}$，$U_{BQ} \gg U_{BEQ}$，满足稳定静态工作点的条件。

（2）计算 A_u、R_i 和 R_o。

电容 C_1、C_2 和 C_e 对交流信号短路时，可得出该放大电路的交流通路和微变等效电路，如图 2.1.20 所示。

$$r_{be} = 300 + (1+\beta)\frac{26}{I_E} = 300 + (1+80)\frac{26}{1.76} \approx 1.5 \text{ k}\Omega$$

由微变等效电路可得电压放大倍数 A_u 为

$$A_u = \frac{U_o}{U_i} = -\frac{\beta I_b R'_L}{I_b r_{be}} = -\frac{\beta R'_L}{r_{be}} = -\frac{80(3.3 /\!/ 6.2)}{1.5} \approx -116.7$$

输入电阻 R_i 为

$$R_i = R_{b1} /\!/ R_{b2} /\!/ r_{be} = 56 /\!/ 20 /\!/ 1.5 \approx 1.28 \text{ k}\Omega$$

输出电阻 R_o 为

$$R_o = R_c = 3.3 \text{ k}\Omega$$

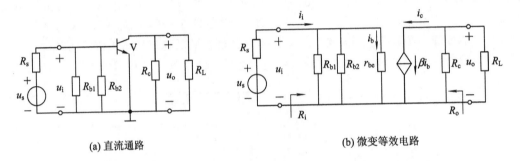

(a) 直流通路　　　　　　　　　　　　　　(b) 微变等效电路

图 2.1.20　分压式偏置电路的交流通路和微变等效电路

四、共集电极放大电路

共集电极放大电路如图 2.1.21(a) 所示，三极管的集电极通过电源交流接地，输入信号和输出信号以集电极为公共端，所以称为共集电极放大电路。

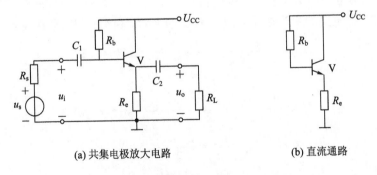

(a) 共集电极放大电路　　　　　　　　　　(b) 直流通路

图 2.1.21　共集电极放大电路及其直流通路

1. 静态分析

如图 2.1.21(b)是共集电极放大电路的直流通路，电源电压 U_{CC} 经偏置电阻 R_b 为三极管发射结提供正向偏流。在基极直流回路中，应用基尔霍夫电压定律可得

$$U_{CC} = I_{BQ}R_b + U_{BEQ} + I_{EQ}R_e = I_{BQ}R_b + U_{BEQ} + (1+\beta)I_{BQ}R_e$$

即

$$U_{CC} - U_{BEQ} = I_{BQ}R_b + (1+\beta)I_{BQ}R_e$$

由此可以求得共集电极放大电路的静态工作点为

$$I_{BQ} = \frac{U_{CC} - U_{BEQ}}{R_b + (1+\beta)R_e}$$

$$I_{CQ} = \beta I_{BQ}$$

$$U_{CEQ} = U_{CC} - I_{EQ}R_e$$

2. 动态分析

(1) 电压放大倍数。

如图 2.1.22(a)所示是共集电极放大电路的交流通路，据此图可以画出其微变等效电路如图 2.1.22(b)所示。

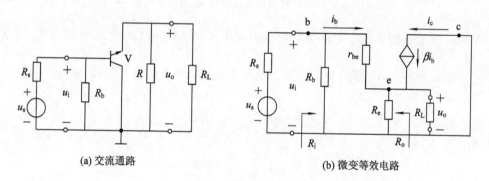

(a) 交流通路　　　　　　　　　　(b) 微变等效电路

图 2.1.22　共集电极放大电路的交流通路及微变等效电路

由图 2.1.22(b)可得输入端信号电压为

$$u_i = i_b r_{be} + i_e(R_e /\!/ R_L) = i_b r_{be} + (1+\beta)i_b(R_e /\!/ R_L)$$

其中，$R_e /\!/ R_L$ 是 R_e 与 R_L 并联的等效电阻。输出端信号电压为

$$u_o = (1+\beta)i_b(R_e /\!/ R_L)$$

由此可得到电压放大倍数为

$$A_u = \frac{u_o}{u_i} = \frac{(1+\beta)(R_e /\!/ R_L)}{r_{be} + (1+\beta)(R_e /\!/ R_L)}$$

一般都有 $(1+\beta)(R_e /\!/ R_L) \gg r_{be}$，因此 $A_u \approx 1$。这说明共集电极放大电路的输出电压与输入电压信号大小近似相等且相位相同，即在每一个时刻输出电压都跟随输入电压的变化，所以，共集电极放大电路又被称为"射极跟随器"。

(2) 输入电阻。

由图 2.1.22(b)可见，共集电极放大电路的输入电阻由 R_b 与从三极管基极看进去的交流动态电阻并联组成，即

$$R_i = \frac{u_i}{i_i} = R_b \,/\!/\, \left(\frac{u_i}{i_b}\right) = R_b \,/\!/\, \left[\frac{r_{be}i_b + (1+\beta)i_bR_L}{i_b}\right]$$

$$= R_b \,/\!/\, [r_{be} + (1+\beta)R_L']$$

其中，$R_L' = R_e \,/\!/\, R_L$。

由此可见，共集电极放大电路的输入电阻较高，而且与负载电阻（或后一级放大电路的输入电阻的大小）有关。

（3）输出电阻。

按输出电阻的定义，计算输出电阻的电路可表示如图 2.1.23 所示（$u_s = 0$，$R_L = \infty$）。

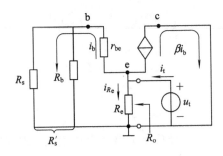

图 2.1.23　计算共集电极电路 R_o 的等效电路

在测试电压 u_t 的作用下，相应的测试电流有 $i_b = \dfrac{u_t}{r_{be} + R_s'}$（其中 $R_s' = R_s \,/\!/\, R_b$）、$\beta i_b = \beta \dfrac{u_t}{r_{be} + R_s'}$ 和 $i_{Re} = \dfrac{u_t}{R_e}$ 三个支路，所以，输出电阻应是这三个支路的并联值，即

$$\frac{1}{R_o} = \frac{1}{r_{be} + R_s'} + \beta \frac{1}{r_{be} + R_s'} + \frac{1}{R_e}$$

那么

$$R_o = \left(\frac{r_{be} + R_s'}{1+\beta}\right) /\!/ R_e$$

由此可知，射极跟随器的输出电阻与信号源内阻（或前一级放大电路的输出电阻）有关。通常 $R_e \gg \dfrac{r_{be} + R_s'}{1+\beta}$，所以 $R_o \approx \dfrac{r_{be} + R_s'}{1+\beta}$，当信号源内阻很小时，有 $R_o \approx \dfrac{r_{be}}{\beta}$，可见，"射极跟随器"的输出电阻很小。

3. 共集电极放大电路的特点

（1）共集电极放大电路的电压放大倍数小于 1 且接近于 1。

（2）输出电压与输入电压同相。

（3）共集电极放大电路的输入电阻大，只从信号源吸取很小的功率，对信号源影响很小。

（4）共集电极放大电路的输出电阻小，当负载改变时输出电压变动很小，有较好的带负载能力。正因这些特点的存在，使得它在电子电路中的应用极为广泛。

例 2.1.4　电路如图 2.1.24 所示，已知三极管的 $\beta = 50$，$U_{BEQ} = 0.7 \text{ V}$，试求该电路的静态工作点 Q、A_u、R_i 和 R_o，并说明它属于什么组态。

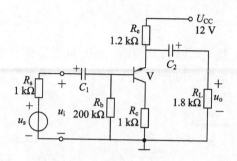

图 2.1.24　例 2.1.4 的电路

解　该电路的直流通路、交流通路和微变等效电路如图 2.1.25 所示。由直流通路可知

$$I_{BQ}=\frac{U_{CC}-U_{BEQ}}{R_b+(1+\beta)R_e}=\frac{12-0.7}{200+51\times1.2}\approx0.043\ \text{mA}$$

$$I_{CQ}=\beta I_{BQ}=50\times0.043=2.15\ \text{mA}$$

$$U_{ECQ}=-U_{CEQ}=U_{CC}-I_{CQ}(R_e+R_c)=12-2.15\times2.2=7.27\ \text{V}$$

三极管的输入电阻为

$$r_{be}=300+(1+\beta)\frac{26}{I_E}=300+51\times\frac{26}{2.15}\approx900\ \Omega$$

由图 2.1.25(c)的微变等效电路可知

$$u_o=i_e(R_e//R_L)=(1+\beta)i_b(R_e//R_L)$$

$$u_i=i_br_{be}+(1+\beta)i_b(R_e//R_L)$$

$$A_u=\frac{u_o}{u_i}=\frac{(1+\beta)(R_e//R_L)}{r_{be}+(1+\beta)(R_e//R_L)}\approx0.98$$

$$R_i=R_b//[r_{be}+(1+\beta)(R_e//R_L)]\approx31.57\ \text{k}\Omega$$

$$R_o=R_e//\frac{r_{be}+R_s//R_b}{1+\beta}\approx34\ \Omega$$

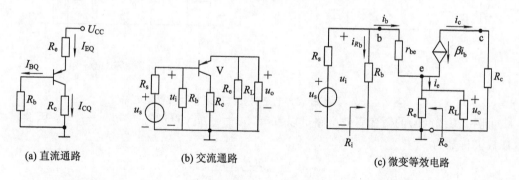

(a) 直流通路　　　　　　(b) 交流通路　　　　　　(c) 微变等效电路

图 2.1.25　例 2.1.4 的电路

　　在此电路中，输入信号由三极管的基极输入，输出信号由发射极输出，集电极虽然没有直接与共同端连接，但它通过 R_c 既在输入回路中，又在输出回路中，所以仍然是共集电极组态。其中电阻 R_c 的阻值较小，主要是为了防止调试时不慎将 R_e 短路，造成电源电压全部加到三极管的集电极与发射极之间，使集电结和发射结过载被烧坏而接入的，称为限流电阻。

五、共基极放大电路

图 2.1.26(a)是共基极放大电路的原理图，由此可以得到直流通路如图 2.1.26(b)所示。显然，其与分压式共射极电路的直流通路完全一样，因而静态参数的求法与分压式共射极电路相同。

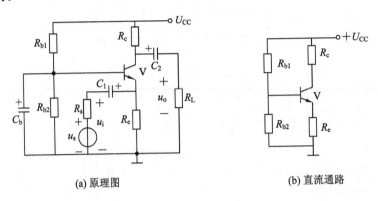

(a) 原理图　　　　　　　　　　　　(b) 直流通路

图 2.1.26　共基极放大电路

共基极放大电路的交流通路如图 2.1.27(a)所示，可以看出，输入信号加在发射极和基极之间，输出信号从集电极和基极之间输出，基极是输入、输出回路的共同端，由此可得其微变等效电路如图 2.1.27(b)所示。

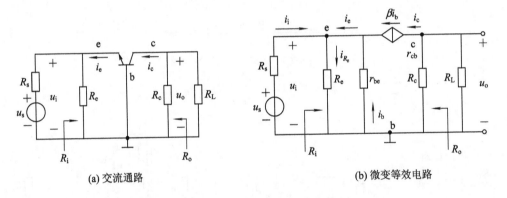

(a) 交流通路　　　　　　　　　　　　(b) 微变等效电路

图 2.1.27　共基极放大电路的交流通路和微变等效电路

由图 2.1.27(b)的微变等效电路可以看出，$u_o = -\beta i_b (R_c /\!/ R_L)$，$u_i = -i_b r_{be}$，因此，其电压放大倍数为

$$A_u = \frac{u_o}{u_i} = \frac{\beta(R_c /\!/ R_L)}{r_{be}}$$

在微变等效电路的节点 e 中有 $i_i = i_{Re} - i_e$，注意到 $i_{Re} = u_i/R_e$，$i_b = -u_i/r_{be}$，则

$$i_i = \frac{u_i}{R_e} - (1+\beta)\frac{(-u_i)}{r_{be}} = u_i \left[\frac{1}{R_e} + \frac{(1+\beta)}{r_{be}} \right]$$

那么

$$R_i = \frac{u_i}{i_i} = R_e /\!/ \frac{r_{be}}{1+\beta}$$

可见,共基极放大电路的输入电阻远小于共射极放大电路的输入电阻。

由图 2.1.27(b)可以确定,共基极放大电路的输出电阻为

$$R_o \approx R_c$$

共基极放大电路的特点是输入电阻小,电压放大倍数高,主要用于高频电压放大。

六、三种组态放大电路的比较

三极管的各电极获得合适稳定的静态偏置后,信号从不同的电极输入、输出,便构成了三种不同组态的放大电路。信号由基极输入,集电极输出时,构成共射极放大电路;信号由基极输入,发射极输出时,构成共集电极放大电路;信号由发射极输入,集电极输出时,构成共基极放大电路。正是输入信号所加的电极,输出信号取自的电极不同,使不同组态时的输入电阻、输出电阻、频率特性和电压、电流增益呈现出各异的性能。

共射极放大电路的电压和电流增益都大于 1,但输入电阻不大,输出电阻等于集电极电阻,适合用作多级放大电路的中间级。共集电极组态只有电流放大作用,有电压跟随特性,然而输入电阻最高,输出电阻最小,频率特性好,适用于输入级、输出级或缓冲级。共基极放大电路只有电压放大作用,没有电流放大作用,有电流跟随作用,输入电阻小,输出电阻等于集电极电阻,高频特性较好,常用于高频或宽频带、低输入阻抗的场合。为便于比较和记忆,把三种组态的特点及应用列于表 2-1-2 中。

表 2-1-2　三极管三种组态的特点及应用

组态	共发射极放大电路	共集电极放大电路	共基极放大电路
电路图			
A_u	高	低	高
r_i	中	大	小
r_o	大	小	大
相位	u_o 与 u_i 反相	u_o 与 u_i 同相	u_o 与 u_i 同相
应用	低频放大、多级放大,电路的中间级	多级放大输入级、输出级,阻抗变换、缓冲(隔离)级	高频放大、宽频放大,振荡及恒流电路

※任务实施　分立助听器的仿真测试

一、实训目的

（1）熟悉三极管放大电路的性能特点和级连方法。

（2）掌握多级放大电路的静态和动态测试方法。

（3）熟悉 PROTEUS 仿真软件中双踪示波器的使用方法。

二、实训仪器与材料

实训应用 PROTUES 软件仿真，具体应用到的虚拟仪器及元件名称如下。

实训仪器	虚拟设备名称	实训材料	元件名称	数量	实训材料	元件名称	数量
虚拟信号发生器	GENERATORS – SINE	电阻	Res	若干	三极管	PNP	1
虚拟示波器	INSTRUMENTS – OSCILLOSCOPE	电容	CAP	2	扬声器	SOUNDER	1
直流电压表	INSTRUMENTS – DC VOLTAGE	电解电容	Cap-elec	4	电池	BATTERY	1
地端子	GROUND	三极管	NPN	2			

三、实训内容与步骤

实训仿真测试电路如图 2.1.28 所示。

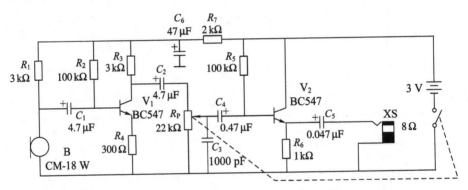

图 2.1.28　分立助听器的仿真测试电路

（1）按图 2.1.28 所示在 PROTEUS 仿真界面中逐一找到相对应的虚拟元器件，并进行布局排列、连接，画好电路。

（2）在 PROTEUS 仿真界面中找到虚拟万用表并接入电路中，仿真测量 V_1、V_2、V_3 的静态工作点。

（3）在 PROTEUS 仿真界面中找到虚拟信号源并调整为 1000 Hz、1 mV 输出，代替电路中的拾音器 B，再用示波器并接于输入两端和电路中 R_P 两端测量输入和 V_1 的输出波形，读出输入信号最大值为_____μV 和输出信号最大值为_____mV；算出 V_1 级的放大倍数为_____。

（4）把示波器并接在 C_5 两端，自下而上调整 R_P，观察输出波形是否产生失真。

（5）调整信号源频率，观察输出端的信号波形如何变化。

四、分析与思考

（1）本实训电路中电位器滑动端与地之间为何要接一个 1000 pF 的电容？

（2）本实训电路中 V_1 发射极为什么要串接一个电阻？

五、实训评价

按附录一(B)"电路仿真实训评分表"操作。

小　　结

三极管放大电路是在发射结正向偏置和集电结反向偏置的条件下，给基极设置静态偏流以获得合适的工作点。

放大电路中有交、直流两种成分，分析静态时用直流通路，分析动态时用交流通路。交流性能受静态工作点影响，当静态工作点受温度等因素影响而不稳定时，可用分压式偏置电路来稳定静态工作点。

分析放大电路的任务有两个：一是找出静态工作点，二是计算放大电路的电压放大倍数、输入电阻和输出电阻等动态性能指标。图解分析法和微变等效电路法是分析放大电路的两种基本方法。

图解分析方法的步骤是：① 作直流负载线，确定静态工作点；② 作交流负载线，画出相应的输出、输入信号波形。它适用于信号动态范围较大的场合。

微变等效电路法是在小信号工作条件下，将三极管输入端等效成一个动态电阻，输出端等效成一个受控电流源，然后用线性电路的分析方法进行分析。

按照输入、输出公共端的不同，三极管放大电路有共发射极、共集电极和共基极三种组态。它们的性能各具特点：共发射极和共源极电路的电压比较大，应用广泛；共集电极和共漏极电路的突出优点是输入电阻很高、输出电阻很低，多用于输入级、输出级或缓冲级；共基极电路较适用于高频信号放大。

习　　题

一、填空题

1. 共射基本放大电路中集电极电阻 R_c 的作用是提供集电极电流通路，是三极管直流____电阻，将三极管放大的集电极电流信号转换为____信号。

2. 三极管放大电路产生非线性失真的根本原因是三极管属于____元件，它有____失真和____失真两种极端情况。为避免这两种失真，应将静态工作点设置在交流负载线的

_____。

3. 要使高阻信号源(或高阻输出的放大电路)与低阻负载能很好地配合,可以在信号源(或放大器)与负载之间接入____。(共射/共集/共基)

4. 已知共射基本放大电路如图 2.1.29 所示,$U_{CC}=12\text{ V}$,$R_c=R_L=3\text{ k}\Omega$,$U_{CES}=0.5\text{ V}$(饱和导通电压),正常情况下 $U_{CEQ}=6\text{ V}$,试选择一个合适的答案填空。

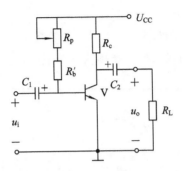

图 2.1.29　习题 4 图

(1) 该电路的最大不失真输出电压幅值 $U_m=$____。

(2) 当 $U_i=1\text{ mV}$ 时,在不失真条件下,减小 R_P,则输出电压将____。(减小/不变/增大)

(3) 在 $U_i=1\text{ mV}$ 时,将 R_P 调到输出电压最大且刚好不失真时增大输入电压,则输出电压波形将_____。(顶部失真/底部失真/顶部和底部均失真/不失真)

(4) 发现饱和失真时,为消除失真,可减小____。($R_P/R_c/U_{CC}/R_L$)

(5) 若用直流电压表测得 $U_{CE}\approx U_{CC}$,有可能是因为____;若测得 $U_{CE}\approx 0$,有可能是因为____。

5. 三极管具有恒流特性的关键因素是三极管必须工作在_____区,_____要足够大。电流源电路的特点是交流电阻_____,直流压降_____。

二、选择题

6. 甲乙两个电路形式相同的放大电路,输入、输出电阻不同,在负载开路条件下对同样的电压信号放大时,测得甲的输出电压小,这说明甲的( )。

A. 输入电阻大　　　　　　　　B. 输入电阻小

C. 输出电阻大　　　　　　　　D. 输出电阻小

7. 某放大电路在负载开路时的输出电压为 4 V,接入 3 kΩ 的负载电阻后,输出电压降至 3 V,表明该放大电路的输出电阻为( )。

A. 10 kΩ　　　　　　　　　　B. 2 kΩ

C. 1 kΩ　　　　　　　　　　　D. 0.5 kΩ

8. 共射基本放大电路中集电极电阻 R_c 的作用是( )。

A. 放大电流　　　　　　　　　B. 调节基极电流

C. 调节集电极电流　　　　　　D. 将放大的信号电流转化为信号电压

9. 共射基本放大电路原来未发生非线性失真,更换一个 β 比原来大的三极管后,出现失真,则该失真应是( )。

　A. 截止失真　　　　　　　　　　B. 饱和失真

　C. 频率失真　　　　　　　　　　D. 交越失真

10. PNP 管共射放大电路，输入电压是较小的正弦波，输出电压发生饱和失真，则其 i_b 波形存在（　　　）。

　A. 上半波削波　　　　　　　　　B. 下半波削波

　C. 双向削波　　　　　　　　　　D. 不削波

11. 共射基本放大电路，温度升高时，则 I_{BQ} 将（　　　）。

　A. 增大　　　　　　　　　　　　B. 减小

　C. 不变（或基本不变）　　　　　D. 变化不定

12. 不能放大电压，只能放大电流的是（　　　）组态电路。

　A. 共射　　　　　　　　　　　　B. 共基

　C. 共集　　　　　　　　　　　　D. 共地

13. 单级共射放大电路，输入电压为正弦波，观察输出电压波形，则 u_o、u_i 相位（　　　）。

　A. 同相　　　　　　　　　　　　B. 反相

　C. 相差 45°　　　　　　　　　　D. 相差 90°

14. 单级共集放大电路，输入电压为正弦波，观察输出电压波形，则 u_o、u_i 相位（　　　）。

　A. 同相　　　　　　　　　　　　B. 反相

　C. 相差 45°　　　　　　　　　　D. 相差 90°

15. 为了使高阻信号源（或高阻输出的放大电路）与低阻负载能很好地配合，可以在信号源（或放大器）与负载之间接入（　　　）。

　A. 共射电路　　　　　　　　　　B. 共集电路

　C. 共基电路　　　　　　　　　　D. 共射-共基串接电路

16. 为了把一个内阻极小的电压源（或低阻输出放大电路）转变为内阻尽可能大的电流源（或高阻输出放大电路），可以在电压源（或放大电路）后面接入（　　　）。

　A. 共射电路　　　　　　　　　　B. 共集电路

　C. 共基电路　　　　　　　　　　D. 共射-共集串联电路

三、综合分析题

17. 分析如图 2.1.30 所示的四个电路有无电压放大作用，为什么？

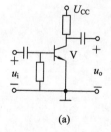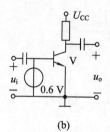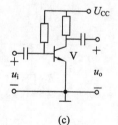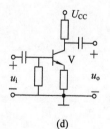

　　(a)　　　　　　　　(b)　　　　　　　　(c)　　　　　　　　(d)

图 2.1.30　习题 17 图

18. 如图 2.1.31 所示电路中。

(1) 若 $U_{CC}=24$ V，$R_b=800$ kΩ，$R_c=6$ kΩ，$R_L=3$ kΩ，三极管的输出特性曲线如图

所示,试用估算法和图解法求静态工作点(I_{BQ},I_{CQ},U_{CEQ});

(2) 若 $\beta=50$,$R_b=680$ kΩ,$U_{CC}=20$ V,$R_c=6.2$ kΩ,求静态管压降 U_{CEQ};

(3) 若要求使 $U_{CEQ}=6.8$ V,应将 R_b 换为多大阻值?

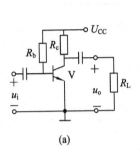
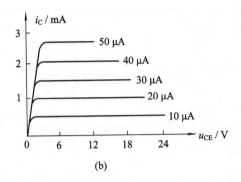

图 2.1.31 习题 18 图

19. 画出图 2.1.32 中各电路的直流通路和交流通路(设图中电容容抗均可忽略)。

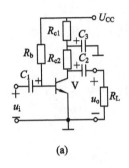
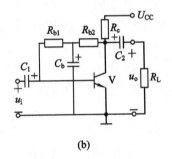
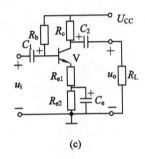

图 2.1.32 习题 19 图

20. 如图 2.1.33 所示的电路图中,三极管的 $U_{BE}=0.7$ V,$\beta=100$。

(1) 求静态工作电流 I_{CQ};

(2) 画出微变等效电路;

(3) 求 A_u、R_i 和 R_o。

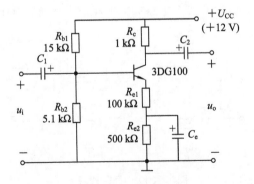

图 2.1.33 习题 20 图

21. 如图 2.1.34 所示的电路中,已知 $U_{CC}=12$ V,$\beta=100$,$R_b=280$ kΩ,$R_c=R_e=2$ kΩ,试求:

（1）A 端输出的电压放大倍数 A_{u1}；

（2）B 端输出的电压放大倍数 A_{u2}；

（3）若 $u_i = \sqrt{2}\sin\omega t$ mV，写出 u_{o1} 和 u_{o2} 的表达式。

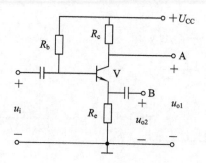

图 2.1.34　习题 21 图

22. 电路如图 2.1.35 所示，设三极管的 $\beta = 80$，$U_{BE} = 0.6$ V，I_{CEO}、U_{CES} 可以忽略不计，试分析当开关 S 分别接通 A、B、C 三个位置时，三极管各工作在其输出特性曲线的哪个区，并求出相应的集电极电流 I_C。

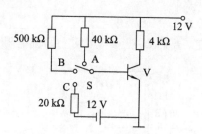

图 2.1.35　习题 22 图

23. 单管放大电路如图 2.1.36 所示，已知三极管的电流放大倍数 $\beta = 50$。

（1）估算静态工作点；

（2）求电压放大倍数（不考虑 R_s 的影响）。

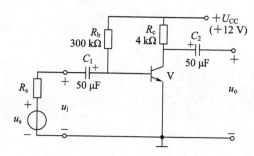

图 2.1.36　习题 23 图

24. 如图 2.1.37 所示的电路中，已知三极管的 $\beta = 100$，$U_{BE} = 0.7$ V。

（1）估算该电路的静态工作点；

（2）画出简化的微变等效电路；

（3）求出该电路的电压放大倍数、输入电阻、输出电阻；

（4）如果 u_o 出现如图 2.1.37(b) 所示的失真现象，请问是截止失真还是饱和失真？要消除失真应该调整电路中的哪个元件？要大一些还是小一些？

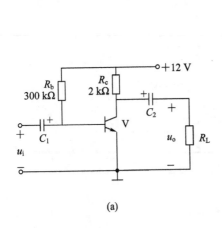

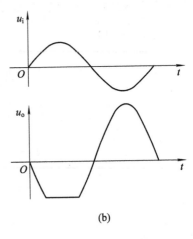

图 2.1.37　习题 24 图

25. 放大电路如图 2.1.38 所示，已知三极管 $\beta = 60$。

（1）估算电路的静态工作点；

（2）求电路的电压放大倍数；

（3）若电路其他参数不变，要使 $U_{CE} = 4$ V，问上偏流电阻为多大？

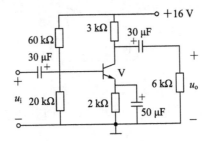

图 2.1.38　习题 25 图

任务二　听诊器电路的仿真测试

能力目标：

1. 能使用万用表等仪器对场效应管放大电路进行测试，并能分析所得数据。

2. 能根据电路图利用 PROTEUS 软件正确画出电路，并利用虚拟信号发生器对电路进行仿真。

3. 能正确调整静态工作点，设置所要求的输入信号，并用虚拟示波器测试输入、输出波形。

知识目标：

1. 掌握场效应管的结构、特性、工作原理及基本应用。

2. 熟悉场效应管放大电路的偏置特点及三种组态方式。

3. 掌握场效应管放大电路的静态、动态特征及其分析方法。

技能训练 1　场效应管的识别与测试

1. 实训目的

(1) 熟悉常用场效应管的外形和引脚标记。

(2) 学会利用万用表判断场效应管的极性。

(3) 了解场效应管的特性。

2. 实训仪器与材料

实训仪器	参考型号	实训材料	规格	数量
万用表	DE960TR 或 DT9205A	场效应管	各种类型	若干
可调稳压电源	JW－1	电阻	100 Ω/3 W	1 个

3. 实训内容与步骤

(1) 场效应管的识别：从给定的三端元器件中挑选出场效应管。

(2) 结型场效应管引脚及质量好坏的判断。

① 利用万用表欧姆挡对结型场效应管引脚之间的正、反向电阻进行测量，判断出其控制极。

② 记录被检测场效应管各引脚之间的正、反向电阻值，并根据测试结果区分类型及质量好坏等。

(3) 按如图 2.2.1 所示搭接电路，测试结型场效应管的特性。

① 把 G、S 回路的稳压电源设置为串联 ±5 V 输出，电位器触头调至负电源的连接端；D、S 回路的电源调为 12 V 输出。观察两个回路是否有电流。

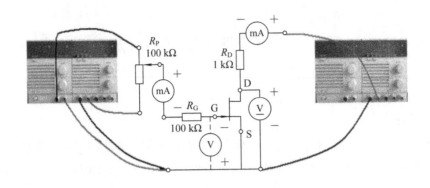

图 2.2.1　场效应管输出特性测试

a. 保持接在 D、S 回路的电源电压不变，缓慢调节电位器使 G 获得负电压，同时观察输出 D、S 回路的电流，分别在电压表中的电压为 2 V、4 V、8 V、10 V 时停止电压调节，测量 G、S 之间的电压值，并记录在表 2—2—1 中。

b. 调节 R_P，使接在 G、S 回路的电压表读数为 −2 V 并保持不变，缓慢调节接在 D、S 回路电源的"稳压调节"旋钮，同时观察 D、S 两端的电压值和电流表的读数，分别在 u_{DS} 为 0.5 V、1 V、2 V、4 V、6 V 时停止电压调节，读取电流表的电流，并记录在表 2—2—1 中。

c. 调节 R_P，使接在 G、S 回路的电压表读数为 −1 V 并保持不变，缓慢调节接在 D、S 回路电源的"稳压调节"旋钮，同时观察 D、S 两端的电压值和电流表的读数，分别在 u_{DS} 为 0.5 V、1 V、2 V、4 V、6 V 时停止电压调节，读取电流表的电流，并记录在表 2—2—1 中。

表 2—2—1　场效应管测试数据记录表

DS 回路电源保持 12 V 不变	开始有电流时，G、S 的电压值	电流为 2 mA 时，G、S 的电压值	电流为 4 mA 时，G、S 的电压值	电流为 6 mA 时，G、S 的电压值	电流为最大不变时，G、S 的电压值
G、S 电压保持 −2 V 不变	D、S 两端电压为 0.5 V 时，电流表的读数	DS 两端电压为 1 V 时，电流表的读数	D、S 两端电压为 2 V 时，电流表的读数	D、S 两端电压为 4 V 时，电流表的读数	D、S 两端电压为 6 V 时，电流表的读数
G、S 电压保持 −1 V 不变	D、S 两端电压为 0.5 V 时，电流表的读数	D、S 两端电压为 1 V 时，电流表的读数	D、S 两端电压为 2 V 时，电流表的读数	D、S 两端电压为 4 V 时，电流表的读数	D、S 两端电压为 6 V 时，电流表的读数

② 分析测试数据，撰写实训报告。要求：

a. 在如图 2.2.2(a)所示的坐标系中，作出该场效应管 D、S 回路电源保持 12 V 不变时，i_D 与 u_{GS} 的关系曲线。

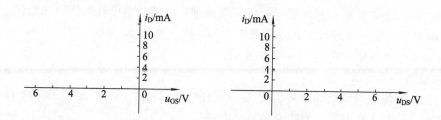

图 2.2.2　场效应管特性作图坐标

b. 在如图 2.2.2(b)所示的坐标系中，作出该场效应管 G、S 电压保持－2 V 不变和 G、S 电压保持－1 V 不变时，D 极电流与 D、S 两端电压的关系曲线。

4. 分析与思考

(1) 结型场效应管的 D 极与 S 极可否调换？

(2) 场效应管与三极管的差别在哪里？

(3) i_D 与 u_{GS} 的关系曲线中，u_{GS} 的电压为何值时 $i_D = 0$？

※知识学习　场效应管及其放大电路

场效应管晶体管(FET)(简称场效应管)，是一种利用电场效应来控制电流的半导体器件。这种器件体积小、耗电少、寿命长，而且还具有输入电阻高、噪音小、热稳定性能好、抗辐射能力强和制造工艺简单等优点，因而得到了广泛应用，特别是在大规模和超大规模集成电路中被广泛采用。

场效应管(FET)有两种主要类型：结型场效应管(JFET)和金属-氧化物-半导体场效应管(MOSFET)。

一、结型场效应管

1. 结型场效应管的结构和特性

1) 结构

图 2.2.3 为结型场效应管(JFET)的结构示意图及其符号，其中图(a)是(3DJ6)在 N 型半导体两侧嵌入两个高掺杂的 P 区从而形成两个 PN 结。两侧 P 区在内部相连后引出一个

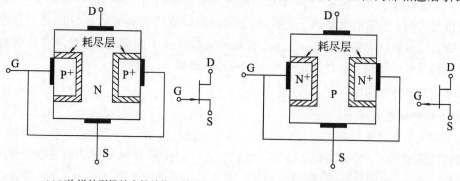

(a)N沟道结型场效应管结构、符号　　　　(b)P沟道结型场效应管结构、符号

图 2.2.3　结型场效应管

电极称为栅极，用 G 表示；从 N 型半导体两端分别引出两个电极称为源极和漏极，用 S 和 D 表示；两个 PN 结中间的 N 型区就是导电沟道，所以称为 N 沟道。图(b)则是在 P 型半导体两侧嵌入两个高掺杂的 N 区的 P 沟道管。

2）沟道的导电特性

P 沟道和 N 沟道两种结型场效应管几乎具有相同的特性，只不过在工作时 G 极的电压极性不同，下面以 P 沟道管为例说明其导电特性。

正常工作时，结型场效应的 PN 结必须外加反向偏置电压。如图 2.2.4（a）所示，PN 结反偏时，栅极电流几乎为 0，输入电阻高达几十兆欧以上。漏极 D 和源极 S 之间在所加的正极性电压 u_{DS} 的作用下，沟道中形成漏极电流 i_D。由于栅、源之间 PN 结的反向偏压 u_{GS} 改变时，两个 PN 结中间的耗尽层将改变，从而使沟道两边的 PN 结之间形成了类似图 2.2.4(b)"水流控制器"中用楔形物体控制虚线所示的杠杆一样。各极的电流关系也与此十分相似，致使导电沟道的宽度改变，即沟道电阻的大小改变，从而控制漏极电流 i_D 的大小。

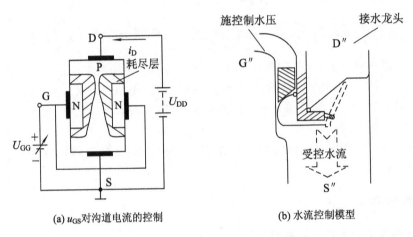

(a) u_{GS}对沟道电流的控制   (b) 水流控制模型

图 2.2.4   场效应管的电流控制作用

当 $u_{GS}=0$ 时，两个 PN 结均处于零偏置，耗尽层很薄，中间的沟道最宽，沟道电阻最小；当加在 G、S 两端的反偏电压 u_{GS} 增大时，两个 PN 结的耗尽层将加宽，中间的导电沟道变窄，沟道电阻变大；当 u_{GS} 进一步负向增大到某一定值时，两侧的耗尽层在中间合拢，导电沟道被夹断，沟道电阻将趋于无穷大，此时的 u_{GS} 值称为夹断电压 U_P，可见栅极与源极 PN 结之间外加反向偏置电压 u_{GS} 起着控制漏极电流大小的作用。这样场效应管就可以看做是一种受控电流源，不过它是一种电压控制电流源。

2. JFET 的特性曲线

1）转移特性曲线

由于 JFET 的输入电阻非常大，栅极 G 基本上没有电流，不再有输入伏安特性。通常用转移特性来表示 u_{GS} 对 i_D 的控制特性，如图 2.2.5(a)所示为 N 沟道结型场效应管的转移特性曲线。当 $u_{GS}=0$ V 时，沟道电阻最小，漏极电流最大，此时 $i_D=I_{DSS}$。当栅极电压越负，管内 PN 结反压越大时，耗尽区越宽，i_D 越小。当 $u_{GS}<U_P$ 时，两个耗尽区完全合拢，沟道电阻趋于无穷大，$i_D\approx0$。

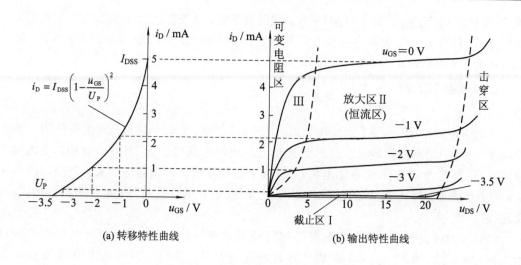

图 2.2.5　N 沟道 JFET 的特性曲线

2）输出特性曲线

输出特性曲线表示在栅源电压 u_{GS} 一定的情况下，漏极电流 i_D 和漏源电压 u_{DS} 之间的关系。N 沟道 JFET 的输出特性曲线如图 2.2.5（b）所示，可以分为以下三个区。

（1）可变电阻区。$u_{GS} > U_P$ 而且 u_{DS} 很小时导电沟道畅通，D、S 之间相当于一个电阻，i_D 随 u_{DS} 增大而线性增大，但沟道电阻是受 u_{GS} 控制的可变电阻，$|u_{GS}|$ 愈大，沟道电阻愈大，故称为可变电阻区。

（2）截止区。当 $u_{GS} \leqslant U_P$ 时，JFET 的导电沟道被耗尽层夹断，$i_D = 0$，故称为截止区或夹断区。

（3）放大区。若 $u_{GS} > U_P$，当 u_{DS} 增大到使 JFET 脱离可变电阻区时，i_D 不再随 u_{DS} 的增大而增大，趋向恒定值，其恒定值的大小受 u_{GS} 的控制。可以证明，在 $U_P < u_{GS} < 0$ 范围内，栅源电压 u_{GS} 对漏极电流 i_D 的控制关系近似为

$$i_D = I_{DSS}\left(1 - \frac{u_{GS}}{U_P}\right)^2$$

式中，I_{DSS} 为零栅压的漏极电流，称为饱和漏极电流。其下标中的第二个 S 表示栅源极间短路的意思，这个控制关系就是放大区的 U-I 特性表达式。从图 2.2.5（b）中的 Ⅱ 区可以看出，$u_{GS} = 0$ 时，i_D 最大，随着 $|u_{GS}|$ 的增大，i_D 将减小。

二、绝缘栅场效应管

JFET 的直流输入电阻虽然可达 $10^6 \sim 10^9$ Ω，但由于这个电阻是 PN 结的反向电阻，PN 结反向偏置时总会有一些反向电流存在，这就限制了输入电阻的进一步提高，而且 JFET 的输入电阻还受温度的影响。绝缘栅场效应管是利用半导体的表面场效应进行工作的，其栅极和沟道之间是绝缘的，因此它的输入电阻可大于 10^9 Ω，最高可达 10^{15} Ω。

目前应用最广的绝缘栅场效应管是金属-氧化物-半导体场效应管，称为 MOSFET（简称 MOS 管）。MOS 管从导电载流子的带电极性来看，有 N（电子型）沟道 MOSFET 和 P（空穴型）沟道 MOSFET；按照导电沟道形成机理不同，NMOS 管和 PMOS 管又各有增强

型(简称 E 型)和耗尽型(简称 D 型)两种。所谓增强型,就是在 $u_{GS}=0$ 时没有导电沟道;所谓耗尽型,是当 $u_{GS}=0$ 时就存在导电沟道。因此,MOSFET 有四种:E 型 NMOS 管、D 型 NMOS 管、E 型 PMOS 管、D 型 PMOS 管。

1. 增强型 MOSFET

1) 结构

N 沟道增强型 MOSFET 的结构如图 2.2.6 (a)所示。它以一块掺杂浓度较低的 P 型半导体作为衬底 B,利用扩散工艺在 P 型硅片上形成两个高掺杂的 N^+ 区,分别作为源极 S 和漏极 D。然后在栅极 G(金属铝电极)与衬底 P 之间生成一层很薄的二氧化硅(SiO_2)绝缘层,称为绝缘栅。图 2.2.6 (b)是 N 沟道增强型 MOS 管的代表符号,箭头方向是由 P(衬底)指向 N 沟道。

如果作为衬底 B 分别和作为源极 S 和漏极 D 的半导体类型调换,则可以形成 P 沟道增强型 MOS 管。图 2.2.6 (c)是 PMOS 管的代表符号,其箭头方向是由 P 沟道指向 N (衬底)。

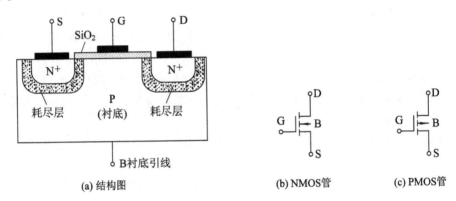

(a) 结构图　　　　　　　　(b) NMOS管　　　　　　(c) PMOS管

图 2.2.6　增强型 MOS 管

2) 工作原理

P 沟道和 N 沟道两种增强型场效应管几乎具有相同的特性,只是在工作时 G 极的电压极性不同,下面以 N 沟道管为例说明其导电特性。

NMOS 管的源极 S 和衬底通常是连在一起的(大多数 MOS 管在出厂前就已连接好),若在栅、源之间加上正向电压,则栅极和衬底之间相当于以 SiO_2 为介质的平板电容器。在 u_{GS} 作用下,将在绝缘层中产生指向衬底的电场,这个电场将 P 区中的自由电子吸引到衬底表面,同时排斥衬底表面的空穴。u_{GS} 越大,吸引到 P 衬底表面层的电子越多,当 u_{GS} 达到一定数值时,这些电子在栅极附近的 P 型半导体表面形成一个 N 型薄层。通常把这个在 P 型衬底表面形成的 N 型薄层称为反型层,这个反型层实际上就构成了源极和漏极之间的 N 型导电沟道。若在漏源之间加上电压 u_{DS},就会产生漏极电流 i_D。显然,当 u_{DS} 一定时,栅源电压 u_{GS} 越大,则作用于半导体表面的电场就越强,吸引到衬底表面的电子就越多,导电沟道就越宽,沟道电阻就越小,漏极电流 i_D 就越大。与 JFET 类似,可以通过改变 u_{GS} 的大小,达到控制漏极电流 i_D 的目的。通常把开始形成导电沟道时的栅源电压称为开启电压,用 U_T 表示。图 2.2.7 画出了增强型 NMOS 管在 $u_{GS} \geqslant U_T$ 时产生导电沟道的情况。

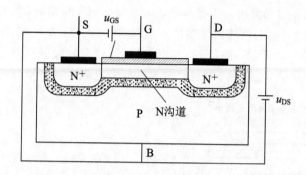

图 2.2.7　增强型 NMOS 管产生导电沟道的情况

3）特性曲线

（1）转移特性曲线。

图 2.2.8（a）是增强型 NMOS 管的转移特性曲线。从图中可以看出，当 $u_{GS} < U_T$ 时，$i_D = 0$，NMOS 管截止；当 $u_{GS} > U_T$ 时，NMOS 管导通，在 u_{DS} 一定时，i_D 随着 u_{GS} 的增大而增大。

（2）输出特性曲线。

图 2.2.8（b）是增强型 NMOS 管的输出特性曲线，也可分为可变电阻区、放大区和截止区。从图中可以看出，在放大区，i_D 也不再随 u_{DS} 的增大而增大而趋向恒定值，其恒定值的大小在 $U_T < u_{GS}$ 之后受栅源电压 u_{GS} 控制的关系近似为

$$i_D = I_{DO} \left(\frac{u_{GS}}{U_T} - 1 \right)^2$$

这就是增强型 NMOS 管放大区的 U-I 特性表达式，式中 I_{DO} 是 $u_{GS} = 2U_T$ 时的 i_D 值。

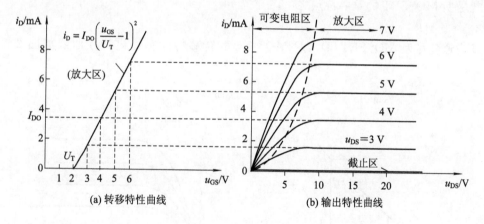

图 2.2.8　NMOS 管的特性曲线

2. 耗尽型 MOSFET

1）结构与工作原理

N 沟道耗尽型 MOSFET（D 型 NMOS 管）的结构与增强型基本相同。N 沟道增强型 FET 必须在 $u_{GS} > U_T$ 的情况下从源极到漏极才有导电沟道，但 N 沟道耗尽型 MOSFET 则不同。这种管子在制造时，在二氧化硅绝缘层中掺有大量的正离子，即使在 $u_{GS} = 0$ 时，由

于正离子的作用，也和增强型接入正栅源电压并使 $u_{GS} > U_T$ 时相似，能在源区（N^+ 层）和漏区（N^+ 层）的中间 P 型衬底上感应出较多的负电荷（电子），形成 N 型沟道，将源区和漏区连通起来，如图 2.2.9(a)所示，图(b)是其电路符号（注意与增强型符号的差别）。因此在栅源电压为零时，在正的 u_{DS} 作用下，也有较大的漏极电流 i_D 由漏极流向源极。

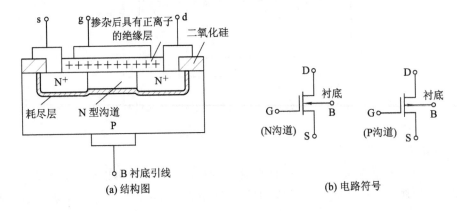

图 2.2.9　N 沟道耗尽型 MOSFET

当 $u_{GS} > 0$ 时，由于绝缘层的存在，并不会产生栅极电流，而是在沟道中感应出更多的负电荷，使沟道变宽。在 u_{DS} 作用下，i_D 将具有更大的数值。如果所加的栅源电压 u_{GS} 为负，则使沟道中感应的负电荷（电子）减少，沟道变窄，从而使漏极电流减小。当负向 u_{GS} 电压到达某值时，至使感应的负电荷（电子）消失，耗尽区扩展到整个沟道，沟道完全被夹断。这时，即使有漏源电压 u_{DS} 也不会有漏极电流 i_D，此时的栅源电压称为夹断电压（截止电压）U_P。这种 N 沟道耗尽型 MOSFET 可以在正或负的栅源电压下工作，而且基本上无栅流，这是耗尽型 MOSFET 的重要特点之一。

2）特性曲线

N 沟道耗尽型 MOSFET（D 型 NMOS 管）的转移特性和输出特性曲线如图 2.2.10 所示。

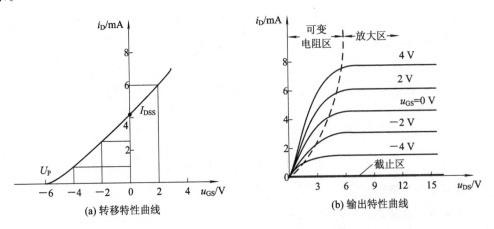

图 2.2.10　N 沟道耗尽型 MOSFET 的特性曲线

耗尽型 MOS 管的工作区域同样可以分为截止区、可变电阻区和放大区。在放大区内，栅

源电压 u_{GS} 对漏极电流 i_D 的控制关系与 JFET 具有相同的形式，即 $i_D = I_{DSS}(1 - u_{GS}/U_P)^2$。

三、场效应管的主要参数及使用注意事项

1. 主要参数

1）直流参数

（1）夹断电压 U_P：耗尽型 FET 的参数。通常令 u_{DS} 为某一固定值（例如 10 V），使 i_D 等于一个微小电流（例如 20 μA）时，栅源之间所加的电压称为夹断电压。

（2）开启电压 U_T：增强型 MOS 管的参数。当 u_{DS} 为某一固定值（例如 10 V）使 i_D 等于一微小电流（例如 50 μA）时，栅源间的电压为开启电压。

（3）饱和漏极电流 I_{DSS}：耗尽型 FET 的参数。在 $u_{GS} = 0$ 的情况下，外加漏源电压 u_{DS} 使耗尽型 FET 工作于放大区时的漏极电流称为饱和漏极电流 I_{DSS}。在转移特性上，就是 $u_{GS} = 0$ 时的漏极电流。

（4）直流输入电阻 R_{GS}：在漏源之间短路的条件下，栅源之间加一定电压时的栅源直流电阻就是直流输入电阻。

2）交流参数

（1）输出电阻 R_{DS}：输出特性某一点上切线斜率的倒数。在放大区，R_{DS} 数值很大，一般在几十至几百千欧。在可变电阻区，沟道畅通，其值很小，当 $u_{GS} = 0$ 时，该电阻称为 JFET 的导通电阻。

（2）低频跨导 g_m：在 u_{DS} 为规定值的条件下，漏极电流变化量与引起这个变化的栅源电压变化量之比称为跨导 g_m（互导），即 $g_m = \dfrac{\Delta i_D}{\Delta u_{GS}} \bigg|_{u_{DS} = \text{常数}}$。跨导的单位是西门子（S），常用 mS 或者 μS。跨导 g_m 反映了栅源电压对漏极电流的控制能力。

增强型 MOS 管的参数大部分与 JFET 类似，只不过用开启电压 U_T 取代夹断电压 U_P，此外没有饱和漏极电流这一参数。

3）极限参数

（1）最大漏极电流 I_{DM}：管子正常工作时漏极电流允许的上限值。

（2）最大耗散功率 P_{DM}：FET 的耗散功率等于 u_{DS} 和 i_D 的乘积，即 $P_{DM} = u_{DS} i_D$，这些耗散在管子中的功率将变为热能，使管子的温度升高。为了限制它的温度不要升得太高，就要限制它的耗散功率不能超过最大数值 P_{DM}。显然，P_{DM} 受管子最高工作温度的限制。

（3）最大漏源电压 $U_{(BR)DS}$：指发生雪崩击穿、开始急剧上升时的 u_{DS} 值。

（4）最大栅源电压 $U_{(BR)GS}$：指栅源间反向电流开始急剧增加时的 u_{GS} 值。

2. 场效应管的使用注意事项

（1）JFETD 的漏极 D 和源极 S 可以互换，也可以用万用表 R×100Ω 挡检测其引脚极性，但 MOSFET 有的产品在出厂前已将源极与衬底相连接，不能将 D、S 调换使用。

（2）MOSFET 的栅极与源极之间的输入电阻高达 10^9 Ω 以上，不能用万用表检测其引脚（可以用专门的场效应管检测仪器检测），要防止栅极悬空，甚至在保存时也应将栅极与源极处于短路状态，以免外电场击穿绝缘层而使其损坏。

四、各种类型场效应管的特性比较

不管是什么类型的场效应管，它们的输出特性曲线都有可变电阻、截止、放大三个区，只是其 i_D 及控制 i_D 的栅源电压 u_{GS} 的极性、量值范围不一样。只需知道其利用电场效应原理，用输入电压来开启、夹断或者改变导电沟道宽窄就可以达到控制输出电流的目的。各种类型的场效应管特性比较如表 2-2-2 所示。

表 2-2-2　各种类型的场效应管特性比较

结构种类	工作方式	代表符号	电压极性		转移特性
			U_P 或 U_T	U_{DS}	
N 沟道 JFET	耗尽型		−	+	
N 沟道 MOSFET	增强型		+	+	
	耗尽型		−	+	
P 沟道 JFET	耗尽型		+	−	
P 沟道 MOSFET	增强型		−	−	
	耗尽型		+	−	

注：U_T 为增强型 MOSFET 的开启电压。

五、场效应管放大电路

场效应管是电压控制的三端元器件，具有与三极管极其相似的受控输出特性曲线，也可以作为放大器件组成放大电路，而且所组成的场效应管放大电路与三极管放大电路的分析方法也类似。其不同之处仅在于偏置电路的结构以及输出电流的控制关系不一样，如表 2-2-3 所示。

表 2-2-3　三极管放大电路与场效应管放大电路的比较

		三极管放大电路	场效应管放大电路
组态		共发射极、共集电极、共基极	共源极、共漏极、共栅极
偏置特点		通过设置基极电流，使静态工作点 Q 在输出曲线放大区的适当位置	通过设置栅源电压，使静态工作点 Q 在输出曲线放大区的适当位置
控制关系	静态	$I_{CQ} = \beta I_{BQ}$	$I_{DQ} = I_{DSS}(1 - U_{GSQ}/U_P)^2$（耗尽型） $I_{DQ} = I_{DO}(U_{GSQ}/U_T - 1)^2$（增强型）
	动态	$\Delta I_C = \beta \Delta I_B$ 或 $(i_c = \beta i_b)$	$\Delta I_D = g_m \Delta U_{GS}$ 或 $(i_D = g_m u_{GS})$
微变等效模型		(NPN型)	(N沟道)

因场效应管转移特性和输出特性中分别存在着死区和截止区，因此，场效应管放大电路也需要设置静态工作点，根据场效应管偏置电路的不同可分为自偏压共源放大电路和分压式偏置共源放大电路。

1. 自偏压共源放大电路

对于具有原始导电沟道的耗尽型场效应管，即结型和耗尽型 MOS 场效应管，可以利用原始导电沟道的电流来产生所需要的栅源偏压。图 2.2.11(a) 所示是结型场效应管自偏压共源放大电路，R_G、R_S、R_D 分别为栅极、源极和漏极电阻；C_1、C_2 分别为输入、输出耦合电容，一般可取 $0.1\ \mu F$；C_S 为源极旁路电容，提供源极交流通路。

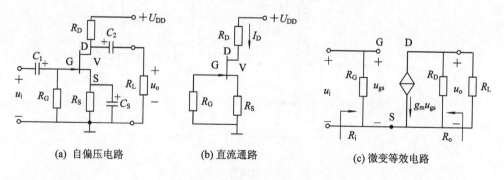

(a) 自偏压电路　　　　(b) 直流通路　　　　(c) 微变等效电路

图 2.2.11　结型场效应管自偏压共源放大电路

1) 静态分析

静态时直流通路如图 2.2.11(b)所示。栅极 G 端由于输入电阻极高，栅极电阻 R_G 中无静态电流，$U_{GQ}=0$。而源极由于原始导电沟道的电流的存在，$U_{SQ}=I_{DQ}R_S$，所以栅源之间的静态电压为

$$U_{GSQ}=U_{GQ}-U_{SQ}=0-I_{DQ}R_S=-I_{DQ}R_S$$

由于这种栅源负偏压是原始导电沟道电流生成的，所以该电路称为自偏压电路(自偏压不适用于增强型 MOS 场效应管，因为在增强型 MOS 场效应管中，U_{GS} 必须大于 U_T 时才能产生 I_D)。将此式与放大区的漏极电流 I_{DQ} 与栅源电压 U_{GSQ} 的关系组成联立方程为

$$\begin{cases} U_{GSQ}=-I_{DQ}R_S \\ I_{DQ}=I_{DSS}\left(1-\dfrac{U_{GSQ}}{U_P}\right)^2 \end{cases}$$

由此方程组解得 U_{GSQ} 和 I_{DQ} 后，则可得漏源之间的电压为

$$U_{DSQ}=U_{DD}-I_{DQ}(R_D+R_S)$$

2) 动态分析

场效应管自偏压共源放大电路的微变等效电路如图 2.2.11(c)所示。由于输入电阻极高，$u_i=u_{gs}$，可得

$$A_u=\frac{u_o}{u_i}=\frac{-g_m u_{gs}(R_D /\!/ R_L)}{u_{gs}}=-g_m(R_D /\!/ R_L)$$

式中，$(R_D /\!/ R_L)$ 是 R_D 与 R_L 并联的等效电阻，负号表示反相。

输入电阻为 $R_i=R_G$，输出电阻为 $R_o=R_D$。

2. 分压式偏置共源放大电路

场效应管分压式偏置共源放大电路如图 2.2.12 所示。为了提高放大电路的输入电阻(注意，不是场效应管的输入电阻)，该电路的栅极电压由 R_{G1}、R_{G2} 分压再串联 R_{G3} 后与栅极连接(一般 R_{G3} 较大，R_{G1}、R_{G2} 较小)，由于 R_{G3} 中无电流，栅极电压 U_{GQ} 取决于 R_{G1} 与 R_{G2} 的分压比，R_{G3} 仅起电压传输作用。

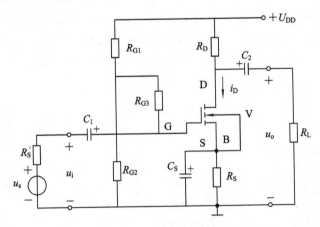

图 2.2.12　分压式偏置共源放大电路

下面通过例题来阐述场效应管分压式偏置共源放大电路的分析方法。

例 2.2.1　如图 2.2.12 所示的场效应管分压式偏置共源放大电路中，$U_{DD}=10$ V，

$R_{G1} = 120$ kΩ，$R_{G2} = 30$ kΩ，$R_{G3} = 1$ MΩ，$R_D = R_L = R'_s = 10$ kΩ，$R_S = 0.5$ kΩ，设场效应管的参数为 $U_T = 1$ V，$I_{DO} = 0.5$ mA（放大状态下 $u_{GS} = 2U_T$ 时的 i_D 值），$g_m = 1$ ms，试求：

（1）该电路的静态工作点参数；

（2）A_u、R_i、R_o 和 A_{us}。

解 设场效应管工作于放大区。

（1）求电路的静态工作点参数。

作出分压式偏置电路的直流等效电路如图 2.2.13(a)所示，电源 U_{DD} 经 R_{G1}、R_{G2} 分压通过 R_{G3} 传递给栅极的电压为 $U_{GQ} = R_{G2} U_{DD} / (R_{G1} + R_{G2})$，同时漏极电流在 R_S 上也产生压降，$U_{RS} = I_D R_S$，所以栅源静态电压为

$$U_{GSQ} = \frac{U_{DD} R_{G2}}{R_{G1} + R_{G2}} - I_{DQ} R_S$$

把增强型 NMOS 在放大区时 U_{GS} 对 I_D 的控制关系 $i_D = I_{DO}(U_{GS}/U_T - 1)^2$ 与上式联立有

$$\begin{cases} U_{GSQ} = \dfrac{U_{DD} R_{G2}}{R_{G1} + R_{G2}} - I_{DQ} R_S \\ I_{DQ} = I_{DO}\left(\dfrac{U_{GSQ}}{U_T} - 1\right)^2 \end{cases}$$

即

$$\begin{cases} U_{GSQ} = \dfrac{10 \times 30}{120 + 30} - 0.5 I_{DQ} \\ I_{DQ} = 0.5(U_{GSQ} - 1)^2 \end{cases}$$

求解方程组，可得

① $\begin{cases} I_{DQ1} = 2.62 \text{ mA} \\ U_{GSQ1} = 0.69 \text{ V} \end{cases}$；

② $\begin{cases} I_{DQ2} = 0.38 \text{ mA} \\ U_{GSQ2} = 1.81 \text{ V} \end{cases}$。

由于第①组解的 $U_{GSQ1} = 0.69$ V $< U_T$，应舍去，所以

$$U_{GSQ} = 1.81 \text{ V}; \quad I_{DQ} = 0.38 \text{ mA}$$

那么

$$U_{DSQ} = 10 - 0.38(10 + 0.5) \approx 6 \text{ V}$$

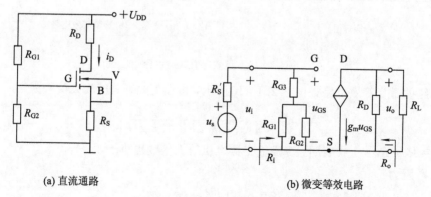

(a) 直流通路　　　　　　(b) 微变等效电路

图 2.2.13 场效应管分压式偏置共源放大电路

（2）求 A_u、R_i、R_o 和 A_{us}。

分压式偏置电路微变等效电路如图 2.1.13(b) 所示，由图可知

$$u_i = u_{gs}$$

$$u_o = -g_m u_{gs}(R_D /\!/ R_L)$$

故

$$A_u = \frac{u_o}{u_i} = \frac{-g_m u_{gs}(R_D /\!/ R_L)}{u_{gs}} = -g_m(R_D /\!/ R_L) = -1 \times 5 = -5$$

输入电阻为

$$R_i = R_{G3} + (R_{G1} /\!/ R_{G2}) = 10^3 + (120 /\!/ 30) = 1024 \text{ k}\Omega$$

输出电阻为

$$R_o = R_D = 10 \text{ k}\Omega$$

$$A_{us} = \frac{u_o}{u_s} = \frac{u_o}{u_i} \cdot \frac{u_i}{u_s} = A_u \frac{R_{G3} + (R_{G2} /\!/ R_{G1})}{R_s' + R_{G3} + (R_{G2} /\!/ R_{G1})}$$

$$= -5 \times \frac{10^3 + (120 /\!/ 30)}{10 + 10^3 + (120 /\!/ 30)}$$

$$= -4.95$$

可见，场效应管共源放大电路的输入电阻远比三极管共射放大电路的输入电阻大，因而电路的电压增益 A_u 与源电压增益 A_{us} 非常接近。

3. 源极输出器

场效应管共漏电路，即源极输出器，如图 2.2.14(a) 所示，其静态分析方法与共源放大电路相同，这里不再赘述。

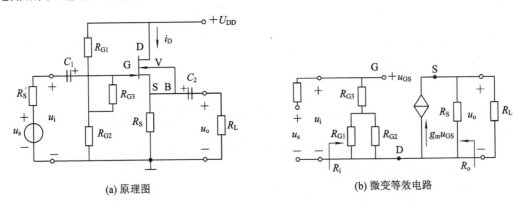

(a) 原理图　　　　　　　　　　　　(b) 微变等效电路

图 2.2.14　场效应管共漏电路

该电路的微变等效电路如图 2.2.14(b) 所示，由图可知，电压放大倍数为

$$A_u = \frac{u_o}{u_i} = \frac{g_m u_{GS} R_L'}{u_{GS} + g_m u_{GS} R_L'} = \frac{g_m R_L'}{1 + g_m R_L'}$$

式中，$R_L' = R_S /\!/ R_L$。上式表明，源极输出器电压放大倍数也小于 1。

输入电阻为

$$R_i = R_{G3} + (R_{G1} /\!/ R_{G2})$$

求输出电阻的方法与三极管共集电极电路类似，令 R_L 开路，$u_s = 0$，在输出端加测试

电压 u_t 时，可得计算源极输出器输出电阻的电路如图 2.2.15 所示。

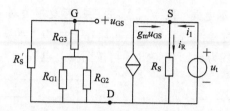

图 2.2.15　计算源极输出器 R_o 的电路

在图中节点 S 处的 KCL 方程为

$$i_t = i_{RS} - g_m u_{GS}$$

由于此时 R_S'、R_{G1}、R_{G2} 和 R_{G3} 中均无电流，有 $u_G = u_D$，则 $u_{GS} = u_{DS} = -u_{SD} = -u_t$，代入 KCL 方程可得

$$i_t = \frac{u_t}{R_S} - g_m(-u_t) = u_t \left(\frac{1}{R_S} + g_m \right)$$

那么

$$R_o = \frac{u_t}{i_t} = \frac{1}{\dfrac{1}{R_S} + g_m} = R_S /\!/ \frac{1}{g_m}$$

即源极跟随器的输出电阻 R_o 等于源极电阻 R_S 和互导倒数 $1/g_m$ 相并联，所以 R_o 较小。当源极电阻 $R_S = \infty$ 时，从源极看入的等效电阻 R_o 为 $1/g_m$。

技能训练 2　基本差动放大电路的制作与特性测试

1. 实训目的

（1）熟悉差动放大电路的性能特点和级连方法。

（2）掌握差动放大电路的静态测试方法。

（3）掌握差动放大电路交流信号的观测方法。

2. 实训仪器与材料

实训设备	参考型号	实训材料	规格	数量
正负稳压电源	HG63303	电阻	510 kΩ	2
信号发生器	SP1641B	电阻	10 kΩ	5
双踪示波器	UT2062C	电位器	100 Ω	1
数字万用表	DE-960TR	万能板	5 cm ×8 cm	1
		三极管	C1815	2

3. 实训内容与步骤

（1）依据图 2.2.16 所示电路，按 V_1、V_2 两三极管及相关对应电阻参数尽可能一致对称的要求把所需的元件通过检测选择出来，然后在万能板上装配、焊接、检查无误后，把正负输出可调稳压电源调试为 ±12 V 输出，再按图接上电源。

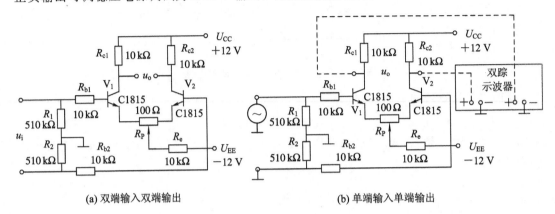

(a) 双端输入双端输出　　　　　　　　　　(b) 单端输入单端输出

图 2.2.16　基本差动放大电路

在两输入端与地短接的情况下，用直流数字电压表测两输出端 C_1、C_2 之间的电压，调节调零电位器 R_P，使 $U_{C1} - U_{C2} = 0$，再用直流数字电压表测量 V_1、V_2 管各极电位及射极电阻 R_e 两端电压，进而计算出 I_C、I_B 和 U_{CE} 等静态值，记入表 2-2-4 中。

表 2-1-4　实训记录表

	U_{C1}	U_{B1}	U_{E1}	U_{C2}	U_{B2}	U_{E2}	U'_{Re}
测量值							
计算值	$I_C = \dfrac{12 - U_C}{R_c} =$			$I_B = I_E - I_C = \dfrac{U_{Re}}{2R_e} - I_C =$		$U_{CE} = U_C - U_E =$	

（2）断开电源，调节函数信号发生器，使其输出为 $f = 1000$ Hz 的正弦信号，并用电位器将幅度衰减至零，按图 2.2.16(b) 连接信号发生器。双踪示波器负端接地，正端分别接其中一个三极管的集电极，此时称为单端输入单端输出。

接通电源，逐渐增大 U_i 输入，直到约 100 mV，在输出波形无失真的情况下，观察双踪示波器中 U_{C1}、U_{C2} 之间的相位关系，读出左右两个输出幅度，用交流电压表监测 U_{Re} 随 U_i 改变而变化的情况。

（3）把示波器接成双端输出（其中一个管的集电极接"+"，另一个管的集电极接"-"）重复步骤(2)的调节与观察。

（4）示波器保持双端输出连接，将输入信号"-"端接地，"+"端同时接到两个输入端，逐渐增大 U_i 输入，观察双踪示波器中的信号输出幅度。

（5）实训报告。

① 整理所测和观实数据，并列表比较。

② 简单说明 R_e 的作用。

4. 分析与思考

（1）为什么要用两个三极管组成一个放大电路？

（2）为什么不把信号源的"+"端接到两个输入端？

※知识学习 差动放大电路

一、基本差动放大电路分析

如图 2.2.17(a)所示是由两个完全对称（主要是指 V_1、V_2 的特性参数一致）的共射结构组成的电路。输入信号 u_{i1}、u_{i2} 分别从 V_1、V_2 基极输入，输出信号从 V_1、V_2 集电极输出，输入、输出不共地，且具有公共发射极电阻 R_e，并由双电源 $+U_{CC}$ 和 $-U_{EE}$ 供电，称为基本差动放大电路。

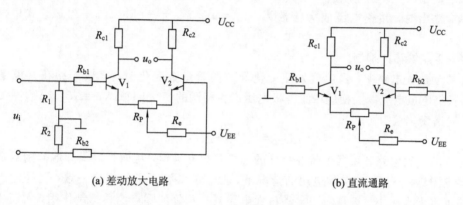

(a) 差动放大电路　　　　(b) 直流通路

图 2.2.17　差动放大电路及其直流通路

1. 差动放大器的静态分析

在如图 2.2.17(a)所示的差动放大电路中，当两个输入端对地短路，即 $u_{i1}=u_{i2}=0$ 时，其直流通路如图 2.2.17(b)所示。由于电路完全对称，两边的静态参数也完全相同。

$$R_{c1}=R_{c2}$$

$$U_{BE1}=U_{BE2}$$

$$I_E=\frac{U_{EE}-U_{BE}}{R_e}$$

$$I_{C1}=I_{C2}=\frac{I_E}{2}=\frac{U_{EE}-I_{BE}}{2R_e}$$

$$I_{B1}=I_{B2}=\frac{I_C}{\beta}$$

负载接在两管集电极时，$U_o=U_{C1}-U_{C2}=0$。

2. 差动放大电路的动态分析

差动放大电路有两个输入端和两个输出端，所以信号的输入、输出有多种连接方式，如图 2.2.18 所示。

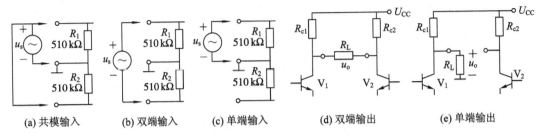

图 2.2.18　差动放大电路的输入、输出方式

下面以两个输入端是否得到信号差为线索来展开分析。

1) 共模输入分析

(1) 放大倍数。

电路的两个输入端都加上大小相等、极性相同的电压信号，即 $u_{i1} = u_{i2} = u_{ic}$（u_{ic} 表示共模输入信号）时，由于电路参数对称，两管输出电压为 $u_{oc1} = u_{oc2} = u_{ic}A_u$。

双端输出时，共模电压放大倍数为 $A_{uc} = u_{oc}/u_{ic} = (u_{oc1} - u_{oc2})/u_{ic} = 0$。

单端输出时，共模电压放大倍数为 $A_{uc1} = u_{oc1}/u_{ic1} = -\beta R_L'/2(1+\beta)R_e$。式中，$R_L' = R_c /\!/ R_L$。

(2) 零点漂移的抑制。

在差动放大电路中，当温度发生变化导致两管参数变化时，等效于存在共模输入信号，两管集电极电流以及相应的集电极电压产生相同的变化，即 $\Delta I_{C1} = \Delta I_{C2}$，$\Delta U_{C1} = \Delta U_{C2}$。这时，输出变化量为

$$\Delta U_{CO} = \Delta U_{C1} - \Delta U_{C2} = 0$$

这说明差动放大电路利用两个特性相同的三极管相互补偿，从而可以很好地抑制双端输出时的零点漂移。不过，在实际应用的情况下，两管的参数不可能完全一致，但是输出的零点漂移也将大大减小。正是由于差动放大电路具有很好的零点漂移抑制作用，人们才不嫌弃它复杂，特别是在多级放大电路的输入级和模拟集成电路中被广泛采用。

(3) 共模拟抑制比。

由于实际应用中，两管的参数不可能完全一致，输出端就会存在一个很小的共模双端输出电压，导致共模双端输出的放大倍数不完全为零。实际上温漂信号和外界随输入信号一起混入的同极性干扰信号成分都可以看成是共模拟信号，所以共模电压放大倍数越小，放大电路抑制零点漂移和抗干扰能力就越强。为了反映这种能力，通常用差模电压放大倍数 A_{ud}（参见差模输入分析）与共模电压放大倍数 A_{uc} 之比的绝对值来表示，称为共模抑制比，即

$$K_{CMRR} = \left| \frac{A_{ud}}{A_{uc}} \right|$$

用分贝数表示时，则

$$K_{CMRR} = 20 \lg \left| \frac{A_{ud}}{A_{uc}} \right| \text{ dB}$$

单端输出时，共模抑制比为

$$K_{CMRR} = \left| \frac{A_{ud}}{A_{uc}} \right| \approx \frac{\beta R_e}{r_{be}}$$

2) 差模输入分析

(1) 差模双端输入与差模单端输入。

差模双端输入如图 2.2.18(b) 所示，两输入端对地分别可以获得 $+\frac{1}{2}u_{id}$、$-\frac{1}{2}u_{id}$ 的信号电压。差模单端输入如图 2.2.18(c) 所示。若把 u_{id} 看成 $\frac{1}{2}u_{id}+\frac{1}{2}u_{id}$，而把另一端的零输入看成 $\frac{1}{2}u_{id}-\frac{1}{2}u_{id}$。这就等效于两端输入了一个 $\frac{1}{2}u_{id}$ 的共模信号与 u_{id} 的双端输入叠加。由于共模双端输出的电压放大倍数为零，所以双端输出时，只剩下与差模双端输入相同的信号得到放大，单端输出时，也同样只得到双端输出一半的信号电压。因此，差模单端输入与差模双端输入是完全等效的，如图 2.2.19 所示。

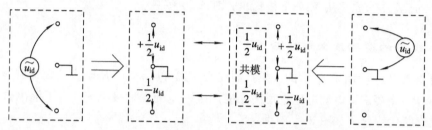

图 2.2.19 差模双端输入与差模单端输入的等效

（2）差模输入、双端输出。

差动放大电路的两个输入端各加上一个大小相等、极性相反的电压信号时，即 $u_{i1}=-u_{i2}$ 时，电路一个管的集电极电流增加，而另一个管的集电极电流减少，使得 u_{o1} 和 u_{o2} 以相反的方向变化，从而获得放大的信号输出。

差模输入时，流过射极电阻的交流由两个大小相等、方向相反的 i_{e1} 和 i_{e2} 组成，在电路对称的情况下，这两个交流之和在 R_e 两端产生的交流压降为零，因此，差模输入的交流通路可以把 R_e 短路，如图 2.2.20 所示。

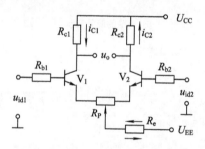

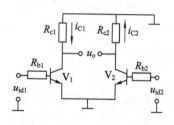

(a) 差模输入、双端输出时R_e的电流   (b) 差模输入、双端输出的交流简化电路

图 2.2.20 差模输入、双端输出电路

双端输出时，差模电压放大倍数 A_{ud} 为

$$A_{ud}=\frac{u_o}{u_{id}}=\frac{u_{o1}-u_{o2}}{u_{i1}-u_{i2}}=\frac{2u_{o1}}{2u_{i1}}=\frac{u_{o1}}{u_{i1}}=-\frac{\beta R_c}{r_{be}}$$

其中，负号表示输出与输入信号反相。

当两个输出端之间接上负载时，R_L 中点电位为零，相当于接地，得

$$A_{ud}=-\frac{\beta}{r_{be}}\left(R_c/\!/\frac{R_L}{2}\right)$$

输入电阻 $R_{id}=2r_{be}$，输出电阻 $R_o=2R_c$。

（3）差模输入、单端输出。

单端输出时，由于只取一个管的集电极电压的变化量，所以这时的电压放大倍数 A_{ud1} 只是双端输出的一半，即

$$A_{ud1} = \frac{u_{o1}}{u_{i1} - u_{i2}} = \frac{1}{2} A_{ud} = -\frac{\beta R_c}{2 r_{be}}$$

接上单边输出负载 R_L 时，电压放大倍数为

$$A_{ud2} = -\frac{\beta R_L'}{2 r_{be}}$$

其中，$R_L' = R_c // R_L$。如果从 V_2 管 c 极输出，则 $A_{ud2} = \frac{\beta R_L'}{2 r_{be}}$。

二、带恒流源的差动放大电路分析

由图 2.2.20(a) 和单端输出的共模抑制比表达式可以看出，R_e 越大共模抑制能力越强，但是 R_e 太大，则要求负电源电压也很高才能产生一定的发射极电流。为了解决这个问题，常常用电流源代替 R_e，如图 2.2.21 所示。

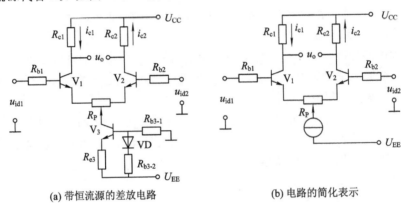

(a) 带恒流源的差放电路　　　　　　　(b) 电路的简化表示

图 2.2.21　带恒流源的差动放大电路

1. 恒流源电路分析

如图 2.2.21(a) 所示，三极管 V_3、R_{e3}、R_{b3-1}、R_{b3-2} 和二极管 VD 构成了基本电流源电路，实际上它就是具有分压式偏置的共发射极静态电路。

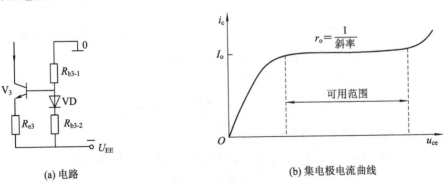

(a) 电路　　　　　　　　　　　　(b) 集电极电流曲线

图 2.2.22　基本电流源电路

选择适当的 R_{e3}、R_{b3-1}、R_{b3-2}，使三极管工作在放大区，并满足 $I_{Rb3-1}\gg I_{B3}$、$U_{B3}\gg U_{BE3}$ 时，由分压式偏置的共发射极电路的静态分析可知，U_B 基本固定后，若由于某种原因（如温度上升引起 I_{CBO} 增大等）引起 I_C 增大，则有下面稳定 I_C 的过程：

$$(温度T)\uparrow \rightarrow I_C\uparrow \rightarrow U_E\uparrow \xrightarrow{(U_{BQ}不变)} U_{BE}\downarrow \rightarrow I_B\downarrow$$
$$I_C\downarrow \leftarrow$$

此处还在 R_{b3-2} 上串接了温度补偿二极管 VD，当温度变化引起三极管 b、e 结电流变化时，二极管上也会有同样的变化，在 R_{b3-1} 不变的情况下对三极管基极电流产生分流，使其集电极电流 I_{C3} 趋向于一恒定数值。因而，常把该电路作为输出恒定电流的电流源来使用，用图 2.2.21(b)中所示的电流源符号来表示。

I_{C3} 恒定后，任由集电极电压在图 2.2.22(b)所示的可用范围内如何变化，其动态电阻 $r_d=\Delta u_C/\Delta i_C$ 趋于无穷大，可视为开路。这时电流源电路只要保证三极管 c、e 两端的电压大于饱和压降，就能保持恒流特性，因此用电流源电路代替差动放大电路的 R_e，既不要求很高的负电源电压，又大大改善了共模抑制性能。下面再介绍一些常见的电流源电路。

（1）镜像电流源。

镜像电流源电路如图 2.2.23(a)所示。设参数完全相同，则
$$I_{b1}=I_{b2}=I_b$$
$$I_{c1}=I_{c2}=I_{REF}-2I_b=I_{REF}-\frac{2I_{c2}}{\beta}$$

所以，有
$$I_{c2}=\frac{I_{REF}}{1+2/\beta}\approx I_{REF}$$

当 β 比较大时，基极电流 I_b 可以忽略，所以 V_2 的集电极电流 I_{c2} 近似等于 I_{REF}，此时 I_{REF} 称为基准电流，即
$$I_{c2}=I_{REF}=\frac{U_{CC}-U_{BE}}{R}\approx\frac{U_{CC}}{R_{c1}}$$

由此可以看出，当 U_{CC} 和 R_{c1} 确定后，I_{REF} 就确定了，I_{c2} 也就随之而定，近似等于 I_{REF}，其关系如同镜像，所以称为镜像电流源。

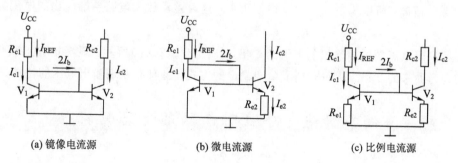

图 2.2.23 电流源电路

（2）微电流源。

微电流源电路如图 2.2.23(b)所示，在 V_2 发射极接入电阻 R_{e2}，由于 $U_{BE2}<U_{BE1}$，所以

$$I_{c2} \approx I_{e2} = \frac{U_{BE1} - U_{BE2}}{R_{e2}} = \frac{\Delta U_{BE}}{R_{e2}}$$

因为 ΔU_{BE} 的数值很小，所以用电阻值不大的 R_{e2} 即可以获得微小的工作电流，故称为微电流源。

（3）比例电流源。

图 2.2.23(c) 所示为比例电流源电路，输出电流 I_{c2} 与基准电流 I_{REF} 成比例，即

$$\frac{I_{c2}}{I_{REF}} = \frac{R_{e1}}{R_{e2}}$$

关于电流源，还可以由场效应管构成，并且还有其他形式，读者可以参阅其他书籍。

2. 双端输出与单端输出的等效转换电路分析

差动放大电路双端输出时具有良好的抑制共模信号的性能，而且增益是单端输出的 2 倍。但是在实际应用中往往既希望有双端输出的优点，又有负载一端接地的单端输出形式，为了实现这个目的，可采用如图 2.2.24(a) 所示双端输出变单端输出的等效转换电路。

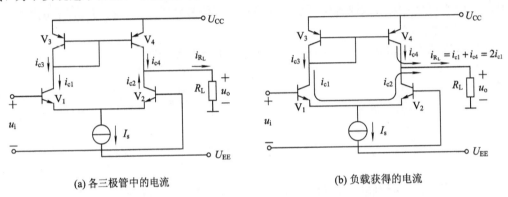

(a) 各三极管中的电流　　　　　　　　　(b) 负载获得的电流

图 2.2.24　双端输出与单端输出的等效转换电路

图中用 V_3、V_4 构成的镜像电流代替了图 2.2.21 所示电路的集电极负载电阻 R_{c1}、R_{c2}，称为 V_1、V_2 的有源负载，该镜像电流的"基准"由 V_1 的集电极提供。在输入差模电压 u_i 的作用下，V_1、V_2 管的集电极差模信号电流 i_{c1} 与 i_{c2} 大小相等、方向相反。由于 $i_{c3} = i_{c1}$，V_3、V_4 为镜像电流源，所以 $i_{c4} = i_{c3} = i_{c1}$，由图可见，这时差动放大电路单端输出的电流为

$$i_{RL} = i_{c2} + i_{c4} = i_{c2} + i_{c1} = 2i_{c1}$$

可见输出电流是单端输出的电流的 2 倍，如图 2.2.24(b) 所示。显然，R_L 上获得的电压也增大为原来的 2 倍，从而实现了单端输出的方式，且具有双端输出电压的特性。

任务实施　分立听诊器的仿真测试

一、实训目的

（1）熟悉场效应管放大电路的性能特点和级连方法。

（2）了解多个放大电路组合时的静态和动态测试方法。

（3）熟悉 PROTEUS 仿真软件中双踪示波器的使用方法。

二、实训仪器与材料

实训应用 PROTUES 软件仿真,具体应用到的虚拟仪器及元件库元件名称如下。

实训仪器	虚拟设备名称	实训材料	元件名称	数量	实训材料	元件名称	数量
虚拟信号发生器	GENERATORS – SINE	电阻	Res	若干	场效应管		1
虚拟示波器	INSTRUMENTS – OSCILLOSCOPE	电容	CAP	2	扬声器	SOUNDER	1
直流电压表	INSTRUMENTS – DC VOLTAGE	电解电容	Cap-elec	5	电池	BATTERY	1
地端子	GROUND	三极管	NPN	3	耳机		

三、实训内容与步骤

实训仿真测试电路如图 2.2.25 所示。

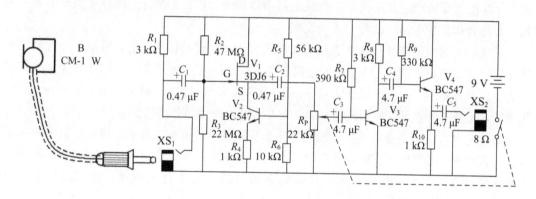

图 2.2.25　分立听诊器的仿真测试电路

(1) 按图 2.2.25 所示在 PROTEUS 仿真界面中逐一找到相对应的虚拟元器件,并进行布局排列、连接,画好电路。

(2) 在 PROTEUS 仿真界面中找到虚拟万用表,并接入电路中仿真测量 V_1、V_2、V_3、V_4 的静态工作点。

(3) 在 PROTEUS 仿真界面中找到虚拟信号源并调整为 1000 Hz、0.5 mV 输出,代替电路中的拾音器 B,再用示波器并接于输入两端和电路中 R_P 两端测量输入和 V_1 的输出波形,读出输入信号最大值为_____ μV 和输出信号最大值为_____ mV,算出 V_1 级的放大倍数为_____。

(4) 把示波器接在输出端与地之间,自下而上调整 R_P,观察输出波形是否产生失真。

(5) 调整信号源频率,观察输出端的信号波形如何变化。

四、分析与思考

(1) 本实训电路中 V_1 为何要采用场效应管？

(2) 本实训电路中的 V_2、R_4、R_5、R_6 组成的是什么电路？

五、实训评价

按附录一(B)"电路仿真实训评分表"操作。

小　　结

场效应管是电压控制电流器件，参与导电的只有一种载流子，因而称为单极型器件。

结型场效应管是通过改变 PN 结的反偏电压大小来改变导电沟道宽窄的。JFET 有 N 沟道和 P 沟道两种类型，类型不同，漏极电源的极性也应当不同。

绝缘栅场效应管是通过改变栅源电压来改变导电沟道宽窄的。MOS 管分 N 沟道和 P 沟道两种，每一种还分增强型和耗尽型。MOS 管由于制造工艺简单，十分便于大规模集成，所以在大规模和超大规模数字集成电路中得到极为广泛的应用，同时在集成运算放大器和其他模拟集成电路中已得到迅速发展。

场效应管通常用转移特性来表示输入电压对输出电流的控制性能，用输出特性的三个区来表示它的输出性能。工作于可变电阻区的 FET 可作为压控电阻使用，工作于放大区可作为放大器件使用，工作于截止区和导通区(通常指可变电阻区)时可作为开关使用。在应用方面，凡是三极管可以使用的场合，原则上也可以使用场效应管。

场效应管放大电路通过给栅极设置静态偏压来获得合适的工作点，偏压电路有自偏压和分压式两种。按照输入、输出公共端的不同，场效应管放大电路也对应有共源、共漏和共栅三种组态，并且三极管和场效应管均还可以组成差动放大电路，它们的性能各具特点。

分析三极管放大电路所用的方法基本上适用于场效应管放大电路，但是要充分考虑到场效应管具有极高的输入电阻，并且是一种电压控制器件这两个特点，不足之处是其单级放大倍数较小。若将场效应管和三极管结合使用，可大大提高和改善电子电路的某些性能指标。

差动放大电路具有两个输入端且电路结构对称。虽然用了双倍于基本放大电路的元件，但换来了抑制共模信号的能力，可以放大差模信号、抑制共模信号，用作集成运放的输入级可以有效地抑制直接耦合电路中的零点漂移。差动放大电路的差模电压放大倍数等于单边电路的电压放大倍数，单端输出时是双端输出的一半；差模输入电阻为单边电路输入电阻的两倍。差模电压放大倍数与共模电压放大倍数的比值称为共模抑制比 K_{CMRR}，K_{CMRR} 越大，性能就越好。

习 题

一、填空题

1. 场效应管从结构上可分为____和____两种类型；按导电沟道可分为____沟道和____沟道；从有无原始导电沟道上可分为_____和_____。

2. 场效应管的三个电极分别是____极、____极和____极，相当于三极管的____极、____极和____极。

3. 结型场效应管输入电阻约为____Ω，MOS型场效应管输入电阻可达____Ω。

4. 场效应管是依靠____控制漏极电流 i_D 的，JFET 的 $i_D =$ _____；耗尽型 MOS 管的 $i_D =$ _____；增强型 MOS 管的 $i_D =$ _____。

5. 场效应管与三极管相比，主要特点是____大大高于三极管，____稳定性能比三极管好。

6. 由于 MOS 场效应管绝缘层很薄，MOS 场效应管很容易产生____。关键是任何时候，栅极都不能是____。

7. 增强型 FET _____用自偏压的方法来设置静态工作点，原因是_____。

8. 在差动放大电路中，大小相等、极性相反的信号称为_____信号；大小相等、极性相同的信号称为_____信号；有用的或要放大的信号是_____信号，无用的或需要抑制的信号是_____信号。

9. 电流源电路的特点是交流电阻_____，直流压降_____。

10. 差动放大器 K_{CMRR} 越大，表明其对_____的抑制能力越强。

11. 差动放大电路，若 $u_{i1} = -8\ mV$，$u_{i2} = 10\ mV$，则差模输入电压 $u_{id} =$ _____V，共模输入电压 $u_{ic} =$ _____V，若差模电压放大倍数 $A_{ud} = -10$，共模电压放大倍数 $A_{uc} = -0.2$，则差动放大电路单端输出电压 $u_{o1} = -$ _____V。

二、选择题

12. 使用增强型场效应管的放大电路中，已知 u_{GS} 的值，则 i_D 的值为（　　）。

A. $i_D = g_m u_{GS}$ 　　　　　　　　B. $i_D = I_{DSS}\left(1 - \dfrac{u_{GS}}{U_P}\right)^2$

C. $i_D = I_{DO}(u_{GS}/U_T - 1)^2$ 　　D. $i_D = \beta u_{GS}$

13. 既能放大电压，又能放大电流的是（　　）组态电路；不能放大电压，只能放大电流的是（　　）组态电路。

A. 共源 　　　　　　　　　　　B. 共基

C. 共集 　　　　　　　　　　　D. 共栅

14. 为了使高阻信号源（或高阻输出的放大电路）与低阻负载能很好配合，可以在信号源（或放大器）与负载之间接入（　　）。

A. 共栅电路 　　　　　　　　　B. 共漏电路

C. 共源电路 　　　　　　　　　D. 共源-共栅串接电路

15. 差动放大器共模抑制比 K_{CMRR} 越大，表明电路(　　　)。

A. 放大倍数越稳定　　　　　　　　B. 交流放大倍数越大

C. 抑制温漂能力越强　　　　　　　D. 输入信号中的差模成分越大

16. 用恒流源取代差动放大器中公共发射极电阻 R_{EE}，将使电路(　　　)。

A. 增大差模增益　　　　　　　　　B. 增大差模输入电阻

C. 提高共模抑制比　　　　　　　　D. 动态范围减小

17. 双端输出差动放大电路能抑制零漂的主要原因是(　　　)。

A. 电压放大倍数大　　　　　　　　B. 电路元件参数对称性好

C. 输入电阻大　　　　　　　　　　D. 采用了双极性电源

三、综合分析题

18. 已知场效应管的转移特性如图 2.2.26 所示，试判断各图的场效应管类型，并指出其夹断电压 U_P 或开启电压 U_T。

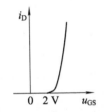 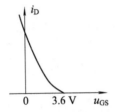 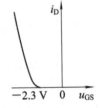 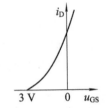

图 2.2.26　习题 18 图

19. 已知场效应管的输出特性如图 2.2.27 所示，试根据各图曲线中所示的 u_{GS} 电压值判断场效应管的类型。

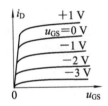 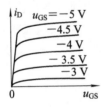 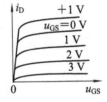 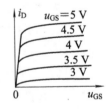

图 2.2.27　习题 19 图

20. 如图 2.2.28 所示的放大电路中，已知 $U_{DD}=18$ V，$R_{G1}=250$ kΩ，$R_{G2}=50$ kΩ，$R_G=1$ kΩ，$R_D=5$ kΩ，$R_S=5$ kΩ，$R_L=55$ kΩ，$g_m=5$ mA/V。

(1) 试求放大器的静态值 I_{DQ} 和 U_{DSQ}；

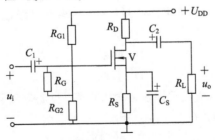

图 2.2.28　习题 20 图

（2）求电压放大倍数 A_u、输入电阻 R_i 和输出电阻 R_o。

21. 如图 2.1.29 所示的电路中，已知电路参数及场效应管的 g_m，求其电压放大倍数 A_u、输入电阻 R_i 和输出电阻 R_o。

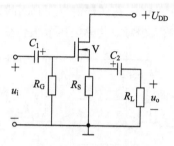

图 2.2.29 习题 21 图

22. 电路参数如图 2.2.30 所示，其中 $R_{G1} = 2$ MΩ，$R_{G2} = 47$ kΩ，$R_D = 30$ kΩ，$R_S = 2$ kΩ，$U_{DD} = 18$ V，FET 的 $U_P = -1$ V，$I_{DSS} = 0.5$ mA，请确定静态工作点。

23. 如图 2.2.31 所示的自偏压电路，设 $U_{DD} = 20$ V，$R_D = 4.3$ kΩ，$R_S = 5$ kΩ，$R_L = 1$ MΩ，$R_G = 1$ MΩ，$C_S = 10$ μF，$C_1 = C_2 = 0.1$ μF，管子参数 $U_P = -2$ V，$I_{DSS} = 0.5$ mA，输出电阻忽略不计。试求电路的静态工作点、电压放大倍数、输入电阻和输出电阻（已知 $g_m = -\dfrac{2}{U_P}\sqrt{I_{DSS}I_{DQ}}$ ms）。

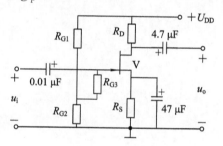

图 2.2.30 习题 22 图

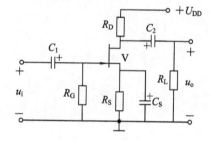

图 2.2.31 习题 23 图

24. 当差动放大电路的两个输入端分别输入以下正弦交流电压有效值时，分别相当于输入了多大的差模信号和共模信号？对于同一理想差动放大电路来说，哪一组输入信号对应的输出电压幅值最大？哪一组最小？为什么？

（1）$u_{i1} = -20$ mV，$u_{i2} = 20$ mV；

（2）$u_{i1} = 1000$ mV，$u_{i2} = 990$ mV；

（3）$u_{i1} = 100$ mV，$u_{i2} = 40$ mV；

（4）$u_{i1} = 30$ mV，$u_{i2} = 0$ mV。

25. 基本差动放大电路如图 2.2.32 所示，设差模电压放大倍数为 120。

（1）若 $u_{i1} = 20$ mV，$u_{i2} = 10$ mV，双端输出时的差模输出电压为多少？

（2）若取 u_{o1} 为输出电压，此时的差模输出电压为多少？

（3）若输出电压 $u_o = -996u_{i1} + 1000u_{i2}$，分别求电路的差模电压放大倍数、共模电压放大倍数和共模抑制比。

26. 基本差动放大电路如图 2.2.32 所示。其中 $U_{BE1} = U_{BE2} = 0.7$ V，$\beta_1 = \beta_2 = 50$，$R_b =$

200 kΩ, $R_s = 12$ kΩ, $r_{be1} = r_{be2} = 2$ kΩ, $R_{c1} = R_{c2} = 10$ kΩ, $u_{s1} = 0.06$ V, $u_{s2} = 0.04$ V。
试求:

(1) 差动放大电路的差模电压放大倍数、共模电压放大倍数和共模抑制比;

(2) 若 $R_{c1} = 10$ kΩ, $R_{c2} = 9.9$ kΩ, 在同样的 u_{s1} 和 u_{s2} 的作用下, 放大器的共模输出电压为 $u_{oc} = 0.02$ V, 求差模电压放大倍数、共模电压放大倍数和共模抑制比。

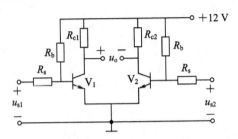

图 2.2.32 习题 26 图

项目训练　分立式电子音量控制电路的制作测试

一、实训目的

(1) 熟悉差动放大电路、电流源电路的应用。
(2) 掌握放大电路的静态和动态测试方法。
(3) 熟悉使用电流源控制差动放大电路增益的原理。

二、实训仪器与材料

实训仪器	参考型号	实训材料	规格	数量	实训材料	规格	数量
信号发生器	SP1641B	电阻	精密	若干	电位器	50k	1
示波器	UT2062C	三极管	9014	3	万能板		
稳压电源	HG63303	电容	电解	3	锡丝		

三、实训内容与步骤

实训仿真测试电路如图 2.3.1 所示。

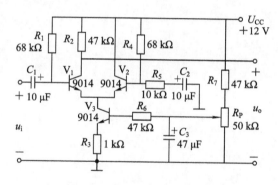

图 2.3.1　电子音量控制仿真测试电路

(1) 按图 2.3.1 所示逐一检测找到相对应的元器件，并进行布局排列、焊接电路。

(2) 对电路进行测试。

① 静态测试。把 R_P 调至最顶端，用直流电压表测 R_3 两端的电压，估算 I_{C3}、I_{C2} 和 I_{C1} 的静态值。

② 动态测试。

(a) 将信号源调整为 1000 Hz、5 mV 输出，调节 R_P 从最底端到最顶端，输出波形的幅度变化为_____；

(b) 将信号源调整为 8 kHz、5 mV 输出，调节 R_P 从最底端到最顶端，观察输出波形的变化幅度值；

（c）将信号源调整为 700 Hz、5 mV 输出，调节 R_P 从最底端到最顶端，观察输出波形的变化幅度值。

结论：调节 R_P 从最底端到最顶端时，各频率输出波形的变化幅度_____（是/否）基本一致。

3. 保持 R_P 在最顶端不变，继续往上调节信号源的输出频率，观察输出波形的幅度，找出幅度变化为 $0.707A_{um}$ 的频点。

四、实训评价

按附录一（A）"电路制作实训评分表"操作。

五、分析与思考

（1）实训仿真测试电路中 V_1、V_2 组成的电路与图 2.2.21(a) 的电路区别在哪里？

（2）电子音量控制电路与电位器衰减式音量控制相比，优点在哪里？

（3）V_3、R_3、R_6、R_7、R_P、C_3 组成的是什么电路？与学习情境一中制作的恒流充电电路有什么区别？

学习情境三　音调前置放大器的制作与测试

音响系统的节目源输出电压的幅度一般都较小，不能直接推动功率放大器而获得较大的功率输出，必须在节目源与功率放大器之间进行前置放大，同时对节目源输入信号的音调进行调节控制。下面介绍高性能音调前置放大器的电路原理及制作方法。

※学习目标

1. 掌握多级放大电路的分析方法。
2. 掌握各种负反馈放大电路的性能特点。
3. 掌握集成运算放大器的使用方法。
4. 掌握音频小信号放大电路的制作，以及静态和动态指标的测试方法。

任务一　分立音调放大器的制作与测试

能力目标：

1. 能分析多级放大电路和负反馈放大电路。
2. 能用分立器件制作音调前置放大器。
3. 能正确调整静态工作点，并用虚拟示波器测试输入、输出波形。

知识目标：

1. 掌握多级放大电路的静态、动态特征及其分析方法。
2. 了解阻容耦合放大电路的频率特性。
3. 掌握反馈放大电路的分析方法。

技能训练　负反馈改善非线性失真电路的制作与测试

1. 实训目的

(1) 学会多级放大电路的静态测量、调试方法。

(2) 掌握负反馈对放大器性能的影响。

(3) 熟练掌握示波器等设备的使用方法。

2. 实训仪器与材料

实训设备	参考型号	实训材料	规格	数量	实训材料	规格	数量
稳压电源	HG63303	电容	$100\ \mu F$	2	三极管	9013	2
信号发生器	SP1641B	电阻	$33\ k\Omega$、$10\ k\Omega$、$680\ \Omega$、$100\ k\Omega$、$470\ \Omega$、$30\ \Omega$	各1	电容	$470\ \mu F$、$10\ \mu F$	各2
双踪示波器	UT2062C				耳机	$30\ \Omega$	1
万用表	DE‑960TR	电阻	$2\ k\Omega$	2	电容	$510\ pF$、$0.01\ \mu F$	各1
		CD唱机	常规	1	万能板	$5\ cm \times 8\ cm$	1
		耳机插孔	单	1	按键开关	常规	1

3. 实训内容与步骤

(1) 按图 3.1.1 所示电路分选检测元件，在万能板上排布，并连线焊接制作负反馈放大电路。

(2) 检查无误后，不接 u_i 和反馈电阻 R_f，接入电源电压 $U_{CC}=12\ V$，测量各三极管的各极直流电压，记录结果并判断是否正常。

(3) 将 CD 唱机输出的音乐信号接入输入端，用耳机在放大器输出端监听音乐信号；

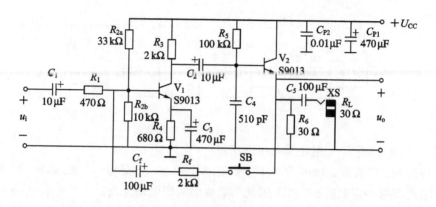

图 3.1.1　负反馈放大测试电路

调节 u_i 的幅度，使输出的音乐信号恰好无明显失真后，再适当增大 u_i 的幅度，使输出的音乐信号出现明显失真。

（4）按下 SB（接入反馈电阻 R_f），继续用耳机在放大器输出端监听音乐信号。比较 SB 按下前后输出信号是否正常并进行结果描述。

（5）在输入端加上 1 kHz 正弦波信号，用示波器同时观察输出波形。调节 u_i 的幅度，使输出信号恰好无明显失真后，再适当增大 u_i 的幅度，使输出的正弦波信号出现明显失真。

（6）按下 SB（接入反馈电阻 R_f），继续用示波器观察输出波形，比较 SB 按下前后输出信号是否正常并进行结果描述。

结论：_____。

4. 分析与思考

（1）实训电路中 V_1 集电极与 V_2 基极之间连接的电容 C_2 起什么作用？

（2）接在 V_2 基极与地之间的电容 C_4 起什么作用？

（3）实训电路中 V_1 基极与 V_2 发射极之间串接的电容 C_f、电阻 R_f 起什么作用？

知识学习　多级放大与负反馈放大电路

单级放大电路的放大倍数不宜过大，一般为几十倍，但一个电子产品往往需要将极微弱的信号放大到足够大，例如电视信号，从天线中接收的微弱信号到电视屏幕显示的图像信号通常要放大约 120 dB（即 1 000 000 倍），这样就需要由如图 3.1.2 所示的多级放大电路才能满足要求。采用多级放大后，电路的稳定性能需要利用负反馈结构才能得到保证，下面介绍多级、负反馈放大电路的分析方法。

一、多级放大电路

1. 多级放大电路的组成

多级放大电路的组成框图如图 3.1.2 所示。

（1）输入级。多级放大器的输入级通常要求输入电阻高，以减小对信号源的影响（减小索取信号源的电流），提高净输入电压，一般由共集电极电路或场效应管放大电路充当。

（2）中间级。多级放大器的中间级通常要求有足够的电压放大倍数，多级放大器的增

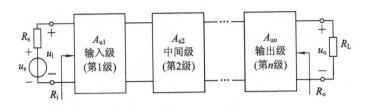

图 3.1.2　多级放大电路组成框图

益大部分由中间级承担，一般由共射电路组成。

（3）输出级。多级放大器的输出级主要有两个要求：一是输出电阻要小，即带负载能力要强；二是要有一定的输出功率，因此一般也由共集电路充当。

2. 多级放大电路的级间耦合

多级放大器前后级之间的连接称为级间耦合。级间耦合的基本要求是：避免信号失真；减小耦合传输中的信号损耗。耦合的方式主要有阻容耦合、变压器耦合、直接耦合和光电耦合，较常见的是阻容耦合。

1）阻容耦合

阻容耦合电路如图 3.1.3 所示，由耦合电容器隔断级间的直流通路，各级直流工作点彼此独立，互不影响；其中"阻"是指放大电路的输入电阻（阻抗）。在耦合回路中，后级放大电路的净输入信号 u_i' 由耦合电容容抗 Z_C 和后级输入阻抗 Z_i 分压而得，即 $u_i' = \dfrac{u_i Z_i}{Z_C + Z_i}$，$Z_C$ 越小，Z_i 越大，耦合效果越好。在三极管放大电路中耦合电容 C 取得较大，一般可取 $1 \sim 10\ \mu\text{F}$。

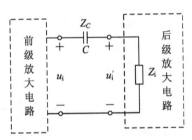

图 3.1.3　阻容耦合示意图

阻容耦合具有下列主要特点：

（1）因耦合电容"隔直通交"，因此前后级放大电路的静态工作点相互独立，互不影响，可根据需要作最优设计，计算时可分别单独计算。

（2）若电容足够大，对输入交流信号的容抗足够小，则信号耦合过程中的损耗可忽略不计。

（3）阻容耦合不能传输直流信号和变化缓慢的信号。

（4）由于在集成电路中无法制作大电容，因此在集成电路中无法采用阻容耦合方式。

2）直接耦合

前后级放大电路直接连接的耦合方式称直接耦合。直接耦合方式省去了级间耦合元件，信号传输的损耗很小，它不仅能放大交流信号，而且还能放大变化十分缓慢的信号。但前后级之间的直流电位相互影响，各级静态工作点不能独立，当某一级的静态工作点发生变化时，其前后级的静态工作点将跟随变化，并被逐级放大，造成输入信号为零，输出电压不为零的情况，称为零点漂移。严重时有用信号将被零点漂移所"淹没"，使人们无法辨认是漂移电压，还是有用信号电压。综上所述，直接耦合的特点是：

(1) 能放大直流信号（稳恒直流和变化缓慢的信号），也能放大交流信号。

(2) 前后级静态工作点不能独立，相互影响。

(3) 便于集成，集成电路内部均为直接耦合。

(4) 存在零点漂移，即第一级静态工作点的漂移，会逐级放大，严重时会淹没真实信号。

3) 变压器耦合

变压器耦合是利用变压器初次级耦合电信号，其特点是：

(1) 变压器耦合具有"隔直通交"特性，前后级放大电路静态工作点相互独立。

(2) 变压器具有阻抗变换作用，可调节前后级阻抗匹配，达到最大功率传输。

(3) 变压器体大、量重、价高、有电磁干扰、高频和低频特性均差，且不能集成。

4) 光电耦合

前后级之间利用光电耦合器件耦合的方式称为光电耦合，其特点为：

(1) 前后级静态工作点相互独立，互不影响。

(2) 便于集成。

(3) 受温度影响较大。

3. 多级放大电路的分析方法

1) 静态分析方法

多级放大器的耦合方式若为阻容耦合、变压器耦合、光电耦合，其各级静态工作点相互独立，可分级进行分析。直接耦合的多级放大器前后级之间相互影响，其计算方法较为复杂，请读者参考其他同类书籍。

2) 动态分析方法

(1) 电压放大倍数：$A_u = \dfrac{u_o}{u_i} = \dfrac{u_{o1}}{u_i} \cdot \dfrac{u_{o2}}{u_{o1}} \cdots \dfrac{u_{on}}{u_{n-1}} = A_{u1} A_{u2} \cdots A_{un}$

上式表明，多级放大器总的电压放大倍数等于每一级电压放大倍数之积。

需要指出的是，在计算各级放大器的电压放大倍数时，后级放大器的输入电阻应看做前级放大器的负载电阻。

(2) 输入电阻：多级放大器总的输入电阻就是输入级的输入电阻 $R_i = R_{i1}$。

(3) 输出电阻：多级放大器总的输出电阻就是输出级的输出电阻 $R_o = R_{on}$。

例 3.1.1 如图 3.1.4 所示的两级放大电路中，若 $U_{CC} = 24$ V，场效应管的 $g_m = 5$ mA/V，三极管的 $\beta = 50$，$R_{G1} = 250$ kΩ，$R_{G2} = 50$ kΩ，$R_{G3} = 1$ MΩ，$R_S = 5$ kΩ，$R_{b21} = 82$ kΩ，$R_{b22} = 43$ kΩ，$R_{e21} = 510$ Ω，$R_{e22} = 7.5$ kΩ，$R_{c2} = 10$ kΩ，$R_L = 8.2$ kΩ，$U_{BEQ} = 0.7$ V，求输入电阻 R_i、输出电阻 R_o 和电路的总电压放大倍数。

解 由于第 1 级放大电路的负载就是第 2 级放大电路的输入电阻，因此必须先求第 2 级放大电路的输入电阻，即有

$$U_{BQ2} = \frac{U_{CC} R_{b22}}{R_{b21} + R_{b22}} = \frac{24 \times 43}{82 + 43} = 8.256 \text{ V}$$

$$I_{EQ2} = (1+\beta) I_{BQ2} = (1+\beta) \frac{U_{BQ2} - U_{BEQ2}}{(1+\beta)(R_{e1} + R_{e2})} = \frac{8.256 - 0.7}{0.51 + 7.5} = 0.943 \text{ mA}$$

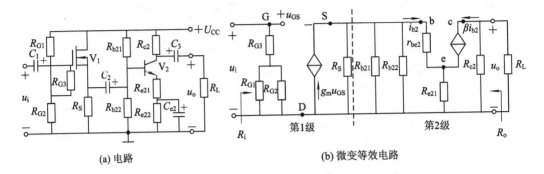

(a) 电路　　　　　　　　　　　　　　　　　(b) 微变等效电路

图 3.1.4　例 3.1.1 电路

$$r_{be2} = 300 + (1+\beta)\frac{26}{I_{EQ2}} = 300 + 51\frac{26}{0.943} = 1.706 \text{ k}\Omega$$

$$R_{i2} = R_{b21} // R_{b22} // [r_{be2} + (1+\beta)R_{e21}] = 82 // 43 // (1.706 + 51 \times 0.51) = 1.40 \text{ k}\Omega$$

求放大倍数，有

$$A_{u1} = \frac{u_{o1}}{u_i} = \frac{g_m R'_L}{1 + g_m R'_L} = \frac{5 \times (5 // 1.40)}{1 + 5(5 // 1.40)} = 0.845$$

$$A_{u2} = -\frac{\beta(R_{c2} // R_L)}{r_{be2} + (1+\beta)R_{e21}} = -\frac{50(10 // 8.2)}{1.704 + 51 \times 0.51} = -8.12$$

$$A_u = A_{u1}A_{u2} = 0.845 \times (-8.12) = -6.806$$

输入电阻

$$R_i = R_{G3} + (R_{G1} // R_{G2}) = 1000 + (250 // 50) \text{ k}\Omega = 1041.67 \text{ k}\Omega$$

输出电阻

$$R_o = R_{o2} = R_{c2} = 10 \text{ k}\Omega$$

4. 阻容耦合放大电路的频率特性

1) 频率特性的基本概念

由于放大电路中存在电容，其电抗值随信号频率而变，影响输出电压幅度和相位的变化。如果用幅度不变而频率不断连续改变的正弦波信号加到放大电路的输入端，则其输出信号的大小，也即信号放大倍数随频率而变，这种特性称为幅频特性；同时，输出信号与输入信号的相位差也随信号频率而变，这种特性称为相频特性。这两者反映了放大电路对不同频率的正弦信号的响应，称为频率特性，也称频率响应。因此放大电路的放大倍数 A 和相位差 φ 为频率的函数。

2) 频率特性的定性分析

为了简单起见，下面以图 3.1.5(a) 所示的单级阻容耦合共射放大电路为例，把负载 R_L 当成后级放大电路的输入电阻来进行分析。

如图 3.1.5(b)、(c) 所示是阻容耦合放大电路的幅频和相频特性曲线。

在阻容耦合放大电路中，除了 C_{b1}、C_{b2} 耦合电容外，在管内集电结和发射结中还存在 PN 结的结电容 C_{be}、C_{bc}，为了分析方便，将结电容近似看做管外极间电容，如图 3.1.5(a) 所示。考虑到电路中容抗影响后的幅频特性和相频特性曲线分别如图 3.1.5(b)、(c) 所示。通常，电路中的某只电容只对频谱的一段影响大，因此，下面把信号频率划分为高、中、低三个区域来讨论。

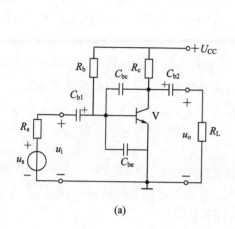

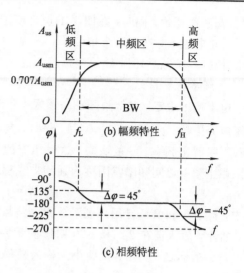

图 3.1.5　阻容耦合放大电路的频率特性

（1）中频区。在中频区范围内，C_{b1}、C_{b2} 的容抗较小，可看做短路；C_{be}、C_{bc} 的容抗较大，可看做断路。因此，中频区的电压放大倍数 A_{us} 和相位差 φ 不受影响，特性曲线呈现平坦水平线。这与前面讨论的共射放大电路的分析情况相同。

（2）低频区（约小于几十赫）。对于低频信号，C_{be}、C_{bc} 的容抗仍很大，看做断路，对信号影响不大。但 C_{b1}、C_{b2} 的容抗 $\left(X_C = \dfrac{1}{2\pi fC}\right)$ 随信号频率的下降而增大，它们与输入电阻（或负载）串接，对信号起分压作用，如图 3.1.6（a）所示。这样，使三极管 b、e 之间获得的净输入电压（或负载上的电压）变小，导致当输入信号幅值不变，而频率下降时，输出幅值随之减小，即电压放大倍数 A_{us} 随信号频率下降而下降，如图 3.1.5（b）的低频段所示；另外，在图 3.1.6（a）所示的容性 RC 串联等效电路中，R 上的低频信号电压 $\dot{U}_2$ 要超前电压 $\dot{U}_1$，如图 3.1.6（b）所示，即 $\dot{U}_2$ 与 $\dot{U}_1$ 不再是同相或反相，而是产生一个相位差 $\Delta\varphi$，导致当输入信号相位不变，而频率下降（容抗增大）时，输出超前输入的相位差 $\Delta\varphi$ 增大，如图 3.1.5（c）的低频段所示。

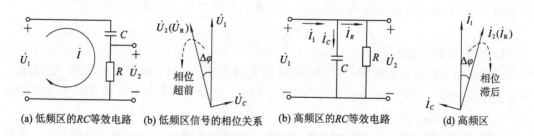

图 3.1.6　考虑容抗对高、低频信号影响的 RC 等效电路

（3）高频区（约大于几十千赫到几百千赫）。对于高频信号，C_{b1}、C_{b2} 容抗很小，可看做短路，对信号无影响。而 C_{be}、C_{bc} 的容抗随频率升高而减小，对信号电流起分流作用，如图 3.1.6（c）所示。使三极管 b、e 之间获得的净输入电流变小，导致当输入信号幅值不变，而频率升高时，输出幅值随之减小，即电压放大倍数 A_{us} 随信号频率升高而下降，如图 3.1.5

(b)的高频段所示；同时，在图 3.1.6(c)所示的等效 RC 并联容性电路中，高频信号电流 $\dot{I}_2$ 要滞后总电流 $\dot{I}_1$，产生一个相位差 $\Delta\varphi$，如图 3.1.6(d)所示，导致当输入信号相位不变，而频率升高(容抗减小)时，输出滞后输入的相位差 $\Delta\varphi$ 增大，如图 3.1.5(c)的高频段所示。

3）频率特性指标

电子技术规定，在低频区和高频区中，当放大电路的电压放大倍数分别下降到中频区电压放大倍数 A_{usm} 的 $1/\sqrt{2}=0.707$ 倍时，其对应的两个频率 f_H 和 f_L 分别称为上限截止频率和下限截止频率。一般认为，这时相应的附加相位差 $\Delta\varphi$ 也分别为 $+45°$ 和 $-45°$，其上、下限截止频率之间频率范围称为通频带或称带宽 BW，一般都有 $f_H \gg f_L$，故

$$\mathrm{BW} = f_H - f_L \approx f_L$$

式中，f_H、f_L 和 BW 是用来表示放大电路频率特性的技术指标，不同的电子设备有不同要求，如音频放大器在 20 Hz~20 kHz 的频率范围内，其幅频和相频特性要求恒定。这是音响设备的指标之一，在其说明书上称为频率响应，即为通频带。

二、负反馈放大电路

在电子技术中，反馈放大电路应用相当广泛。在电路中引入适当的反馈，可以显著地改善放大电路的工作性能。

1. 反馈的基本概念

1）反馈

将放大电路输出量(电压或电流)的一部分或全部，通过一定的方式返回到输入端，与输入量相叠加，以改善放大电路性能的方法称为反馈。在放大电路中引入反馈后，电路中增加了反馈网络，使电路构成一个闭环系统，称为反馈放大器。无反馈的放大电路为开环系统，称为基本放大器。反馈放大器的方框图如图 3.1.7 所示。

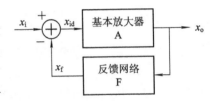

图 3.1.7　反馈放大器方框图

图中 x_i、x_o 和 x_f 分别表示放大电路的输入量、输出量和反馈量，x_{id} 表示基本放大器实际得到的信号，称为净输入信号，它等于输入量 x_i 与反馈量 x_f 的叠加，即

$$x_{id} = x_i + x_f$$

2）正反馈与负反馈

若反馈信号削弱原来的输入信号，使净输入信号减小，则为负反馈；反之，若反馈信号加强原来的输入信号，使净输入信号增加，则为正反馈。一般地，在担任放大任务的电路中所引入的都是负反馈。

反馈极性的判别通常采用瞬时极性法。先假设放大电路中某点的瞬时电位升高，即瞬时极性为正，在图中用 ⊕ 表示，然后按照信号的传递途径，逐级标出有关点的瞬时电位变化。升高用 ⊕ 表示，降低用 ⊖ 表示，最后推出反馈信号的瞬时极性，若反馈信号是使净输入信号减弱的是负反馈，否则是正反馈。

例如在图 3.1.8（a）所示电路中，假设输入端 u_i 瞬时极性为 ⊕，则 V_1 管的基极瞬时极性也为 ⊕，经反相放大，集电极瞬时极性为 ⊖，V_2 的基极为 ⊖，发射极为 ⊖。从图中可以

看出，输出电压 u_o 的一部分通过 R_f 反馈到输入端与 V_1 基极的瞬时极性相反，表明反馈信号使净输入信号减少，所以是负反馈。

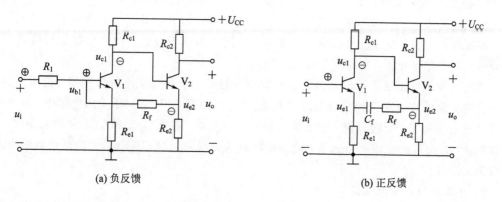

图 3.1.8 用瞬时极性法判断反馈极性

反馈极性的判别也可以用箭头标出有关点的瞬时电位变化，例如，在图 3.1.8(b)所示电路中，按照信号的传递途径，用箭头逐级标出有关点的瞬时电位变化的情形如下：

$$u_i \uparrow \rightarrow u_{c1} \downarrow \rightarrow u_{e2} \downarrow \rightarrow u_{e1} \downarrow \rightarrow u_{be1} \uparrow$$

由此可见，反馈信号使净输入信号增加，所以是正反馈。

3) 负反馈的一般关系式

在图 3.1.7 所示的反馈电路方框图中，设基本放大器的放大倍数为 A，$A = \dfrac{x_o}{x_{id}}$。反馈系数是 F，$F = \dfrac{x_f}{x_o}$，负反馈时，$x_{id} = x_i - x_f$，则 $x_i = x_{id} + x_f$，$x_o = A x_{id}$，由此可以得到反馈放大器的放大倍数为

$$A_f = \frac{x_o}{x_i} = \frac{x_o}{x_{id} + x_f} = \frac{x_o}{\dfrac{x_o}{A} + F x_o} = \frac{A}{1 + AF}$$

其中，$1 + AF$ 叫做反馈深度，是描述反馈强弱的物理量。如果 $1 + AF \gg 1$ 则称为深度负反馈。可见，引入负反馈后，放大器的放大倍数下降。反馈深度越大，放大倍数下降越多。

例 3.1.2 已知某负反馈放大电路在中频区的反馈系数 $F = 0.01$，输入信号 $u_i = 10 \text{ mV}$，开环电压增益 $A_u = 10^4$，试求该电路的闭环电压增益 A_{uf}、反馈电压 u_f 和净输入电压 u_{id}。

解 该电路的闭环电压增益为

$$A_{uf} = \frac{A_u}{1 + A_u F} = \frac{10^4}{1 + 10^4 \times 0.01} \approx 99.01$$

反馈电压为

$$u_f = F u_o = F A_{uf} u_i = 0.01 \times 99.01 \times 10 \approx 9.9 \text{ mV}$$

输入电压为

$$u_{id} = u_i - u_f = 10 - 9.9 = 0.1 \text{ mV}$$

本例中，$1 + AF = 1 + 10^4 \times 0.01 = 101 \gg 1$，满足深度负反馈 $(1 + AF) \gg 1$ 的条件，由此可见，深度负反馈时，反馈信号与输入信号的大小相差甚微，净输入信号则远小于输入信号。

2. 负反馈的类型及其判断

1) 直流反馈与交流反馈

放大电路中，一般都存在着直流分量和交流分量，如果反馈信号只含有直流成分，则称为直流反馈；如果反馈信号只含有交流成分，则称为交流反馈。如果反馈信号既含有直流分量，又有交流分量，则称为交直流反馈。

直流反馈和交流反馈可以通过观察反馈信号是直流量还是交流量来判断，也可以通过画出反馈电路的直流通道和交流通道来判断。例如，在图 3.1.8(a)所示的电路中，从 R_F 组成的反馈通路来看，既通直流又通交流，是交直流反馈；在图 3.1.8(b)所示的电路中，从电容 C_F 和 R_F 组成的反馈通路来看，输出端的直流分量被电容 C 隔离，无法反送到输入端，所以为交流反馈。

2) 电压反馈与电流反馈

反馈网络中每一个元件两端的电压都随放大器输出端负载两端电压的变化而变化时，这些元件上的电压称为取样电压。反馈信号属电压量，称为电压反馈，如图 3.1.9(a)所示。电压负反馈在输入电压不变时，如果输出电压变化，可以通过反馈使净输入电压相反变化，具有稳定输出电压的特性。反馈网络中每一个元件上的电流都随流过负载的输出电流的变化而变化时，这些元件上的电流称为取样电流。反馈信号是其中一部分元件上的电流，则形成电流反馈，如图 3.1.9(b)所示。电流负反馈在输入电流不变时，如果输出电流变化，可以通过反馈使净输入电流相反变化，具有稳定输出电流的特性。

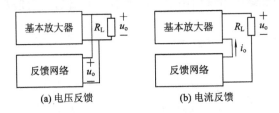

(a) 电压反馈　　　　　(b) 电流反馈

图 3.1.9　从输出端提取信号的两种类型

判断是电压反馈还是电流反馈，有以下两种方法：

方法一：假设输出端的负载短路，这时如果反馈量依然存在(不为 0)，则是电流反馈；如果反馈量消失(为 0)，则是电压反馈。

方法二：根据反馈取样元件与负载的连接关系来判断。反馈取样元件与负载串联时为电流反馈；反馈取样元件与负载并联时则是电压反馈。

例 3.1.3 分析图 3.2.10 所示放大电路中 R_f 与 C_f 网络引入的是电压反馈还是电流反馈？R_3 引入的是电压反馈还是电流反馈？

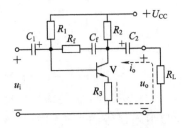

图 3.1.10　例 3.1.3 电路

解　用方法一判断：

R_f 与 C_f 网络引入的反馈：假设输出端的负载 R_L 短路，这时反馈量消失（为0），所以是电压反馈。

R_3 引入的反馈：发射极电阻 R_3 跨接在输出回路与输入回路之间，输出电流在 R_3 上产生的电压与输入电压相叠加，因此 R_3 是反馈元件。假设输出端的负载 R_L 短路，这时 R_3 上的电压仍然与输入电压相叠加，反馈量还存在，所以是电流反馈。

用方法二判断：

R_f 与 C_f 网络引入的反馈：R_f 与 C_f 网络的反馈信号取样于 R_2 产生的交流信号，在交流通路中，R_2 与负载 R_L 并联，所以 R_f 与 C_f 网络引入的是电压反馈。

R_3 引入的反馈：R_3 是交、直流反馈的取样元件。在输出回路中，R_3 与负载 R_L 串联，所以 R_3 引入的是电流反馈。

3）并联反馈与串联反馈

在反馈放大器输入端，如果信号源、基本放大器和反馈网络三者构成串联回路，形成的反馈为串联反馈；在反馈放大器输入端，如果基本放大器和反馈网络相对信号源构成并联形式，形成的反馈为并联反馈。

判断是串联反馈还是并联反馈，可以根据反馈信号与输入信号在输入端引入的节点不同来判断。如果反馈信号与输入信号是在输入端（三极管的基极和发射极可以看做放大电路的两个输入端）同一个节点引入，反馈信号与输入信号为电流相加减，则为并联反馈，如图 3.1.11(b)所示；如果它们不在同一个节点引入时，则为串联反馈，如图 3.1.11(a)所示。

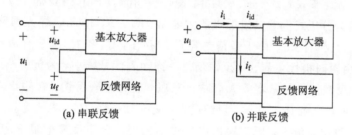

图 3.1.11　在输入端叠加信号的两种类型

3. 负反馈放大电路的四种组态

下面通过例题介绍负反馈放大电路的几种常用组态，以及放大电路反馈类型的基本分析方法。

1）电压串联负反馈

例 3.1.4　分析图 3.1.12 所示放大电路中的反馈。

解　电阻 R_e 跨接在输出回路与输入回路之间，输出电压 u_o 通过 R_e 反馈到输入回路，因此 R_e 构成交、直流反馈网络。在输入端，反馈网络与基本放大电路相串联，故为串联反馈；在输出端（对于交流信号来说，耦合电容短路），如果三极管的发射极接地，反馈支路 R_e 受到影响而消失，自然反馈信号也消失，因此为电压反馈。从图中所标的瞬时极性可见，当输入信号增大时三极管基极的瞬时极性记为 ⊕，射极电位与基极电位极性同相，也为 ⊕。三极管的发射极既是信号的输出端，又是反馈信号输入端，根据基尔霍夫回路定律有 $u_i = u_{be} + u_f$，即三极管的净输入为 $u_{id} = u_i - u_f$，反馈使净输入信号减小，为负反馈。

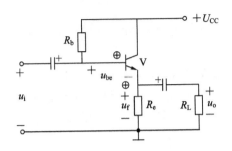

图 3.1.12　电压串联负反馈(共集电极)放大电路

综上所述,图 3.1.12 所示电路为电压串联交、直流负反馈放大电路。

2) 电流串联负反馈

例 3.1.5　分析图 3.1.13 所示放大电路中的反馈。

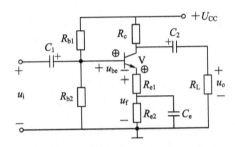

图 3.1.13　分压式共射极偏置电流串联负反馈放大电路

解　该电路为分压式偏置共发射极放大电路。R_{e1}、R_{e2} 和 C_e 是输入回路与输出回路的公共电阻部分,为反馈网络。由于旁路电容 C_e 的存在,R_{e1} 和 R_{e2} 构成直流反馈,交流反馈仅由 R_{e1} 构成。由瞬时极性可看出,反馈信号使净输入信号减小,为负反馈。

在输入端,反馈网络与基本放大电路相串联,故为串联反馈;在输出端,反馈网络与基本放大电路、负载电阻 R_L 相串联。反馈信号:交流为 $u_f = i_o R_{e1}$;直流为 $U_f = I_o(R_{e1} + R_{e2})$,因此反馈取样于输出电流 i_o,假定输出电压被短路时,交流反馈电阻 R_e 仍然传递反馈信号,所以为电流反馈。

综上所述,图 3.1.13 所示电路为电流串联交、直流负反馈放大电路。

只在一级放大器内部的反馈叫做本级反馈。如果是多级放大器,级与级间的反馈称做越级反馈。实际应用时,多级放大电路中可能既有本级反馈又有越级反馈,由于级间反馈强度比本级反馈大得多,通常多级放大电路中主要研究级间反馈。

3) 电流并联负反馈

例 3.1.6　试分析图 3.1.14(a)所示放大电路中的反馈。

解　由图 3.1.14(a)可见,R_f、C_f 跨接在输入回路与输出回路之间,R_f、C_f、R_{e2} 共同构成了越级反馈网络。

在输入端,反馈网络与基本放大电路相并联,故为并联反馈。在输出端,反馈网络的 R_{e2} 与基本放大电路的负载电阻 R_L 串接,反馈信号 i_f 取样于输出电流 i_o,故为电流反馈。u_o 端的瞬时⊖通过 R_f、C_f 与 u_{id} 的⊕端相接,反馈信号使净输入信号减小,所以引入的应是负反馈。此外,其中 R_{e2} 还构成了第二级的本级电流串联负反馈,如图 3.1.14(b)所示。

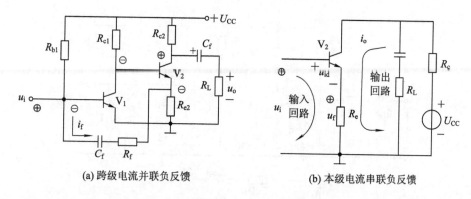

(a) 跨级电流并联负反馈　　　　　　　　(b) 本级电流串联负反馈

图 3.1.14　电流并联负反馈放大电路

综上所述，图 3.1.14(a)所示电路是在第二级的本级电流串联负反馈的基础上再引入了越级电流并联负反馈的放大电路。

4）电压并联负反馈

例 3.1.7　分析图 3.1.15(a)所示放大电路中的反馈。

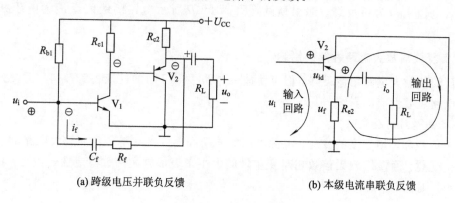

(a) 跨级电压并联负反馈　　　　　　　　(b) 本级电流串联负反馈

图 3.1.15　电压并联负反馈放大电路

解　由图 3.1.15 可见，R_f、C_f 跨接在 V_1、V_2 组成的两级放大器之间构成反馈网络。

在输入端，反馈网络与基本放大电路相并联，故为并联反馈；在输出端，反馈网络与基本放大电路的负载电阻 R_L 相并联，反馈信号 i_f 取样于输出电压 u_o，故为电压反馈。u_f 的瞬时⊖与 u_{id} 的瞬时⊕端相接，反馈信号使净输入信号减小，所以引入的应是负反馈。此外，V_2 管的发射极电阻 R_{e2} 还构成了本级电流串联负反馈，如图 3.1.15(b)所示。

综上所述，图 3.1.15 (a)所示电路存在第二级本级电流串联负反馈，又引入了越级电压并联负反馈的放大电路。

例 3.1.8　分析技能训练中图 3.1.1 所示的放大电路中的反馈(要求指出反馈元件，在图中标出反馈信号，判断反馈类型和正、负反馈)。

解　为分析方便，把图 3.1.1 重新画如图 3.1.16(a)所示，这是一个两级放大电路构成的反馈放大电路，空载时 V_2 发射极接 R_6 入地，带载时耳机与 R_6 并联，未按 SB 时，两级放大电路均接有发射极电阻 R_e。其中 V_1 发射极电阻 R_4 两端并联了电容 C_3，所以第一级只有直流电流串联负反馈。而 V_2 发射极电阻 R_6 引入的是电压串联负反馈。

由图 3.1.16 可见，当按下 SB 时，R_6 还与 R_f、C_f 共同构成两级放大电路之间的反馈，

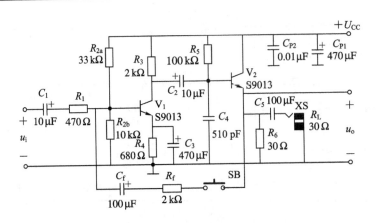

图 3.1.16　两级反馈放大电路

级间反馈网络在输入端与基本放大电路相并联，故为并联反馈，反馈信号为 i_f。在输出端令 $u_o=0$ 时，反馈不再存在，为电压反馈。假设输入电压 u_i 的瞬时极性对地为 ⊕，则输入电压上升时，V_1 集电极电压下降，导致 V_2 发射极电压也下降，通过 R_f、C_f 反馈回输入端削弱了净输入电流 i_{id}，为负反馈。综上所述，图 3.1.16 所示电路的级间反馈为电压并联负反馈。

4. 负反馈对放大电路性能的影响

负反馈使放大电路增益下降，但可使放大电路很多方面的性能得到改善，下面分析负反馈对电路主要性能的影响。

1) 提高增益的稳定性

由于负载和环境温度的变化、电源电压的波动和器件老化等因素，放大电路的放大倍数会发生变化。通常用放大倍数相对变化量的大小来表示放大倍数稳定性的优劣，相对变化量越小，则稳定性越好。

设信号频率为中频，则 $A_f=\dfrac{A}{1+AF}$ 中各量均为实数。对 A_f 求微分，可得

$$\frac{\mathrm{d}A_f}{A_f}=\frac{1}{1+AF}\frac{\mathrm{d}A}{A}$$

可见，引入负反馈后放大倍数的相对变化量 $\mathrm{d}A_f/A_f$，为其基本放大电路放大倍数相对变化量 $\mathrm{d}A/A$ 的 $1/(1+AF)$ 倍。

当满足深度负反馈的条件 $(1+AF)\gg1$ 时，$A_f\approx1/F$，说明深度负反馈时，放大倍数基本上由反馈网络决定，而反馈网络一般由电阻等性能稳定的无源线性元件组成，基本不受外界因素变化的影响，因此放大倍数比较稳定。

2) 减小失真和扩展通频带

（1）减小放大电路引起的非线性失真。三极管、场效应管等有源器件伏安特性的非线性会造成输出信号非线性失真，引入负反馈后可以减小这种失真，其原理可用图 3.1.17 加以说明。

设输入信号 x_i 为正弦波，无反馈时放大电路的输出信号 x_o 为前半周幅度大、后半周幅度小的失真正弦波，如图 3.1.17(a) 所示。引入负反馈后，如图 3.1.17(b) 所示，这种失真被引回到输入端，x_f 也为前半周幅度大而后半周幅度小的波形，由于 $x_{id}=x_i-x_f$，因此 x_{id}

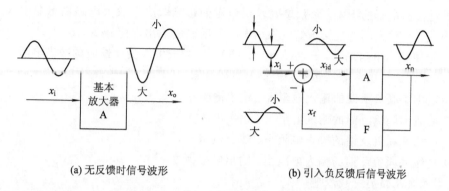

(a) 无反馈时信号波形　　　　　　　　(b) 引入负反馈后信号波形

图 3.1.17　负反馈减小非线性失真

波形变为前半周幅度小而后半周幅度大的波形，即通过反馈使净输入信号产生预失真，这种预失真正好补偿了放大电路非线性引起的失真，使输出波形 x_o 接近正弦波。根据分析，加反馈后非线性失真减小为无反馈时的 $1/(1+AF)$。

　　必须指出，负反馈只能减小放大电路内部引起的非线性失真，对于信号本身固有的失真则无能为力。此外，负反馈只能减小而不能消除非线性失真。

　　(2) 扩展通频带。图 3.1.18 所示为基本放大电路和负反馈放大电路的幅频特性 $A(f)$ 和 $A_f(f)$ 比较，由图可见，加负反馈后的通频带宽度 $BW_f=f_{Hf}-f_{Lf}$ 比无负反馈时的 $BW=f_H-f_L$ 大。扩展通频带的原理如下：当输入等幅不同频率的信号时，高频段和低频段的输出信号比中频段的小，因此反馈信号也小，对净输入信号的削弱作用小，所以高、低频段的放大倍数减小程度比中频段的小，从而扩展了通频带。通常，引入负反馈后其通频带将展宽为 $BW_f=(1+AF)BW$，即电压放大倍数下降为几倍，通频带就扩展几倍。可见，引入负反馈能扩展通频带。通频带的展宽，意味着频率失真的减少，因此负反馈还能减少频率失真。

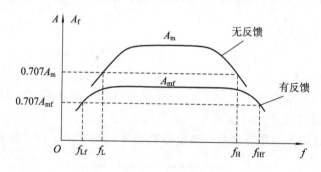

图 3.1.18　负反馈扩展通频带

3）改变输入电阻和输出电阻

放大电路引入负反馈，对电路的输入电阻和输出电阻都会产生影响。

　　(1) 对输入电阻的影响。负反馈对输入电阻的影响取决于放大电路输入端引入负反馈的连接方式，与输出端的连接方式无关。串联负反馈使输入电阻增大，引入负反馈后的输入电阻为未引入负反馈电路输入电阻的 $(1+AF)$ 倍，即 $R_{if}=R_i(1+AF)$；并联负反馈使输入电阻减少，引入负反馈后的输入电阻为 $R_{if}=R_i/(1+AF)$，R_i 为未引入反馈时的输入电阻。

(2) 对输出电阻的影响。负反馈对输出电阻的影响取决于放大电路输出端引入负反馈的连接方式，与输入端的连接方式无关。电压负反馈使输出电阻减少，$R_{of}=R_o/(1+AF)$；电流负反馈使输出电阻增大，$R_{of}=R_o(1+AF)$，R_o为未引入负反馈时的输出电阻。

4) 各种负反馈组态输入电阻和输出电阻的特点

(1) 电压串联负反馈的输入电阻大、输出电阻小。

(2) 电流串联负反馈的输入电阻大、输出电阻大。

(3) 电压并联负反馈的输入电阻小、输出电阻小。

(4) 电流并联负反馈的输入电阻小、输出电阻大。

5) 引入负反馈的一般原则

综合上述不同类型负反馈具有的不同特点，可以得出针对电路性能的不同要求引入负反馈的一般原则为：

(1) 要稳定直流量(如静态工作点)，应引入直流负反馈。

(2) 要改善交流性能(如放大倍数、通频带、失真和输入/输出电阻等)，应引入交流负反馈。

(3) 要稳定输出电压，应引入电压负反馈；要稳定输出电流，应引入电流负反馈。

(4) 要增大输入电阻，应引入串联负反馈；要减小输入电阻，应引入并联负反馈。

(5) 要增大输出电阻，应引入电流负反馈；要减小输出电阻，应引入电压负反馈。

(6) 要反馈效果好，信号源具有电压源特性时，应引入串联负反馈；信号源具有电流源特性时，应引入并联负反馈。

(7) 要明显改善性能，应增大反馈深度$(1+AF)$。(但反馈深度过大，有可能引起自振荡)。

5. 深度负反馈电路的分析计算

在深度负反馈$(1+AF)\gg1$条件下，可以有如下结论：

(1) $A_f=\dfrac{A}{1+AF}\approx\dfrac{A}{AF}=\dfrac{1}{F}$；

(2) $x_f\approx x_i$；

(3) $x_{id}=x_i-x_f\approx0$。

另外，在深度负反馈条件下，还可得出：深度串联负反馈R_{if}很大；深度并联负反馈R_{if}很小；深度电压负反馈R_{of}很小；深度电流负反馈R_{of}很大。

例 3.1.9　已知电压串联深度负反馈电路如图 3.1.19 所示，试计算其 A_{uf}。

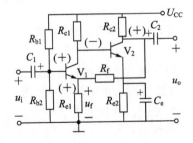

图 3.1.19　例 3.1.9 电路

解　由于深度负反馈时，有

$$A_f=\frac{A}{1+AF}\approx\frac{A}{AF}=\frac{1}{F}$$

图 3.1.19 中，反馈系数

$$F_u=\frac{u_f}{u_o}=\frac{R_{e1}}{R_{e1}+R_f}$$

所以

$$A_{uf}\approx\frac{1}{F_u}=\frac{R_{e1}+R_f}{R_{e1}}$$

由此可见，掌握和利用好深度负反馈条件下的结论，可以使分析计算得以简化。然而实际应用中需要确认电路能否满足深度负反馈。一般来讲，多级放大电路由于其开环增益 A 足够大，能满足深度负反馈条件；而单级放大电路不一定能满足深度负反馈条件。

例 3.1.10　分压式偏置电路如图 3.1.20 所示，试分析计算其电压放大倍数 A_{uf}。

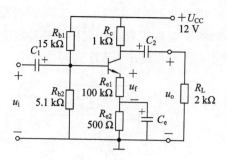

图 3.1.20　例 3.1.10 电路

解　电路由 R_{e1} 引入了电流串联负反馈，反馈系数为

$$F=\frac{u_f}{u_o}=\frac{i_e R_{e1}}{-i_c R_L'}\approx\frac{R_{e1}}{-R_L'}=-\frac{100\ \text{k}\Omega}{(1/\!/2)\text{k}\Omega}=-150$$

在共发射极电路中一般都有 $A_u>1$，因此能满足 $|1+AF|\gg1$ 的条件，所以

$$A_{uf}=\frac{1}{F}=-\frac{1}{150}$$

从本例分析还可以看出，衡量图 3.1.20 中电路是否满足深度负反馈条件，关键看 R_{e1} 是否足够大，若 R_{e1} 足够大，则满足条件；若 R_{e1} 不够大，则不满足条件。

6. 放大电路的自激及其消除方法

当放大电路未外加输入信号时，输出端就有一定频率和幅度的信号输出的现象称为自激振荡。产生自激振荡的根本原因是电路形成了正反馈，正反馈形成的条件可用下式表示

$$\dot A\dot F=-1$$

上式又可分解为自激振荡的幅值条件和相位条件，其中

幅值条件：

$$|\dot A\dot F|=-1$$

相位条件：

$$\varphi_A+\varphi_F=\pm(2n+1)\pi\quad(n=0,1,2,\cdots)$$

负反馈放大电路中用于引入反馈信号的电路是假定在全频域中呈现理想线性的网络，然而这只有纯电阻电路才具有这种特性，而在多级放大电路中，级与级间的越级反馈为了使前后级放大电路的静态工作点相互独立，互不影响，采用的是 RC 网络，由前面阻容耦合放大电路的频率特性分析可知，RC 网络的幅频和相频变化往往在高频和低频区产生，因此，自激振荡也多见于高频自激振荡和低频自激振荡。自激振荡是有害的，将使电路无法处于放大工作状态。

1）高频自激及其消除方法

在负反馈放大电路中，基本放大电路和反馈网络在高频段会产生较大的附加相移，在某些频率上，附加相移达到 180°，与原负反馈 180°的反馈信号叠加后，就变成了 360°，即正反馈。由于深度负反馈电路中基本放大电路的开环增益很大，当正反馈量足够大时就产生自激振荡。

消除高频自激的方法是破坏其自激振荡的条件，在基本放大电路中插入相位补偿网络，图 3.1.21(a)为电容滞后补偿，图 3.1.21(b)为 RC 滞后补偿，图 3.1.21(c)为密勒电容补偿(其中的电容 C 也叫做消振电容)。前两种电路中的补偿电容一般较大，在几千皮法左右；密勒补偿电容一般较小，在十几至几十皮法之间。

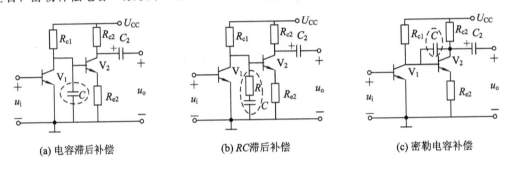

(a) 电容滞后补偿　　　　　　　(b) RC 滞后补偿　　　　　　　(c) 密勒电容补偿

图 3.1.21　相位补偿网络

2）低频自激及其消除方法

(1) 由直流电源内阻引起的低频自激。由于直流电源是多级放大电路的公共电源，各级信号电流在电源内阻上产生的压降会互相交叉耦合形成正反馈，这种自激振荡的频率往往较低，当电路带有扬声器时，可听到自激的"卜卜"声。如收音机使用电池，当电池电压降低、内阻增大时就会产生这种自激。消除的方法，一是采用低内阻稳压电路；二是在电源接入处加入 RC 去耦电路，如图 3.1.22 所示。一般来讲，RC 时间常数越大，去耦效果越好。欲增大 RC 时间常数，可增大 R 阻值，也可增大 C 容量。从性价比出发，增大 R 值减小 C 值能降低电路成本，但 R 值过大，电源电压在 R 上的压降损耗将变大，并不合算。一般选取 R 为几十至几百欧，C 为几十至几百微法。需要指出的是，为了加强高频去耦，常在电解电容 C 的两端同时并联非电解无感电容 C'，C' 一般取 $0.01 \sim 0.47 \ \mu F$。

(2) 由地线电阻引起的低频自激。地线电阻虽然很小，但多级放大器各级信号电流在地线电阻上产生压降互相交耦形成正反馈也能引起自激振荡，这种现象通常发生在低频大信号电路中。消除的方法，一是合理接地，通常采用一点接地的方法，即每级放大器集中一点接地，然后分别接至电源接地端，如图 3.1.23 所示；二是加粗地线。

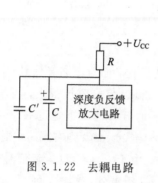

图 3.1.22　去耦电路

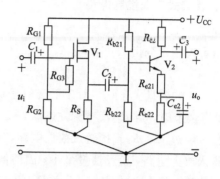

图 3.1.23　一点接地示意图

三、音响系统中的音调控制电路简介

音调控制电路的作用是为了满足听音者的听音爱好，通过对声音某部分频率信号进行提升或者衰减，使音色更加符合听音者对听觉的要求。一般音响系统中通常都设有低音调节和高音调节两个旋钮，用来对音频信号中的低频成分和高频成分进行提升或衰减。比较高档的音响设备中多采用多频段频率调节(也叫做均衡)方式，以达到更细致地校正频响的效果。

高低音调节的音调电路，可分为衰减式、负反馈式以及衰减负反馈混合式音调控制电路三种，一般使用高音、低音两个调节电位器。

1. 衰减式音调控制电路

在不少普及机型中，采用的是如图 3.1.24(a)所示的衰减式高低音音调控制。电路中电容 C_1、C_2 的容量小于电容 C_3、C_4；对于高音信号 C_1 与 C_2 可视为短路，而对于低音信号则可视为开路；C_3 与 C_4 对于高音信号可视为短路，而对于中低音信号则可视为开路，很显然，R_{P1} 越往下调高音衰减越大，R_{P2} 越往下调低音衰减越大。这种电路结构简单、调节范围

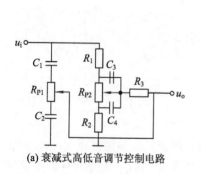

(a) 衰减式高低音调节控制电路

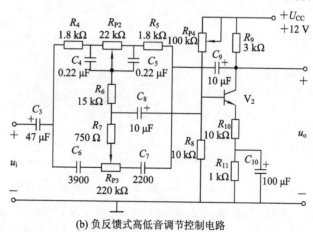

(b) 负反馈式高低音调节控制电路

图 3.1.24　音调控制电路

宽、成本低，但当电位器磨损后，调节时会发出令人讨厌的摩擦噪声。

2. 反馈式音调控制电路

如图 3.1.24(b)所示为负反馈式高低音调节控制电路。该电路调试方便、信噪比高。图中低音控制部分由 R_4、R_{P2}、R_5、C_4、C_5、R_6 构成，高音控制部分由 C_6、R_{P3}、C_7 和 R_7 构成。

C_4、C_5 的容量大于 C_6，对于低音信号 C_4、C_5 可视为开路，而对于高音信号 C_6 可视为短路。低音调节时，当 R_{P2} 滑臂到左端时，C_4 被短路，C_5 对低音信号容抗很大，可视为开路；低音信号经过 R_4、R_6 直接送入放大电路，输入量最大；而低音输出则经过 R_5、R_{P2}、R_6 负反馈送入放大电路，负反馈量最小，因而低音提升最大；当 R_{P2} 滑臂到右端时，则恰好与上述情形相反，低音衰减最大。不论 R_{P2} 的滑臂怎样滑动，由于 C_4、C_5 对高音信号可视为短路，所以此时对高音信号几乎无影响。高音调节时，当 R_{P3} 滑臂到左端时，因 C_6 对高音信号可视为短路，高音信号经过 R_7、C_6 直接送入放大电路，输入量最大；而高音输出则经过 C_7、R_{P3}、R_7 负反馈送入放大电路，负反馈量最小，因而高音提升最大；当 R_{P3} 滑臂到右端时，则刚好相反，高音衰减最大。不论 R_{P3} 的滑臂怎样滑动，由于 C_6 对中低音信号可视为开路，所以此时对中低音信号也几乎无影响。普及型功放一般都使用这种音调处理电路。使用时必须注意的是，为避免前级电路对音调调节的影响，接入的前级电路的输出阻抗必需尽可能地小，应与本级电路输入阻抗互相匹配。

3. 衰减负反馈混合式高低音调节控制电路

衰减式和负反馈式相比，衰减式高低音调节的音调控制电路的调节范围可以做得较宽，但中音信号要作很大衰减，并且在调节过程中整个电路的阻抗也在变化，所以噪声和失真大一些。负反馈式高低音调节的音调控制电路噪声和失真较小，信噪比高，但调节范围受最大反馈量的限制，所以实际应用中常把负反馈式和输入衰减式混合使用，成为衰减负反馈混合式，其电路结构如图 3.1.25 所示。

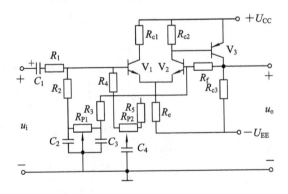

图 3.1.25 衰减负反馈混合式音调电路

图中，低音输入衰减网络由 R_1、R_2、R_{P1} 左臂、C_2 组成，低音负反馈网络由 R_f、R_3、R_{P1} 右臂、C_3 组成，R_{P1} 向左移时低音输入衰减增加，同时负反馈量也增大，获得衰减和负反馈的双重效果。R_{P1} 向右移时，则正好相反；高音输入衰减网络由 R_1、R_4、R_{P2} 左臂、C_4 组成，高音负反馈网络由 R_f、R_5、R_{P2} 右臂、C_4 组成，R_{P2} 左、右移时，改变的是高音输入衰减和负反馈量。

任务实施　分立音调电路的制作与测试

一、实训目的

（1）熟悉三极管、场效应管放大电路的性能特点和级连方法。

（2）掌握多级放大电路的静态和动态测试方法。

（3）熟悉双踪示波器的使用方法。

二、实训仪器与材料

实训仪器	设备规格名称	实验量料	规格	数量
信号发生器		电阻		若干
示波器		电容		若干
直流电压表		电解电容		若干
稳压电源		三极管	NPN	1
		场效应管	结型	1
		电位器		4

三、实训内容与步骤

（1）按图 3.1.26 所示电路分选检测元件，在万能板上排布，并连线焊接，制作分立负反馈式音调放大电路。

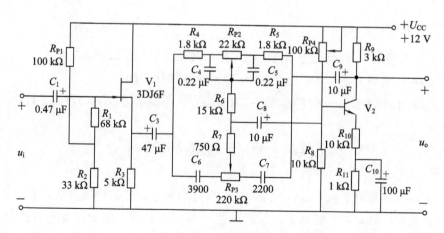

图 3.1.26　分立负反馈式音调放大电路

（2）检查无误后，将 R_{P1}、R_{P4} 调到最上端，u_i 端接地，接入电源电压 $U_{CC}=12$ V。

① 监测场效应管 V_1 的 S 极直流电压，调节电位器 R_{P1}，使 V_1 的源极直流电压接近 6 V。

② 监测三极管 V_2 的集电极直流电压，调节电位器 R_{P4}，使 V_2 的集电极直流电压接近 6 V。

（3）将 R_{P2}、R_{P3} 旋至中点，用信号发生器调至 1000 Hz 的中频接入输入端，用示波器在放大器输出端监测输出信号，细调 R_{P4} 和 u_i 的幅度，使输出的信号最大并恰好无明显失真。

（4）保持步骤（3）的输入信号，左右旋转 R_{P2}，观察输出信号幅度是否有变化，如有变化，记下 R_{P2} 从最左端旋至最右端的幅度变化值。

（5）保持步骤（3）的输入信号，R_{P2} 调回至中点，左右旋转 R_{P3}，观察输出信号幅度是否有变化，如有变化，记下 R_{P3} 从最左端旋至最右端的幅度变化值。

（6）将 R_{P2}、R_{P3} 旋回至中点，信号发生器的频率调至 500 Hz。

① 左右旋转 R_{P2}，观察输出信号幅度是否有变化，如有变化，记下 R_{P2} 从最左端旋至最右端的幅度变化值。

② 左右旋转 R_{P3}，观察输出信号幅度是否有变化，如有变化，记下 R_{P3} 从最左端旋至最右端的幅度变化值。

（7）将 R_{P2}、R_{P3} 旋回至中点，信号发生器的频率调至 10 kHz。

① 左右旋转 R_{P2}，观察输出信号幅度是否有变化，如有变化，记下 R_{P2} 从最左端旋至最右端的幅度变化值。

② 左右旋转 R_{P3}，观察输出信号幅度是否有变化，如有变化，记下 R_{P3} 从最左端旋至最右端的幅度变化值。

结论：左右旋转 R_{P2}，主要改变了____Hz 信号的输出幅度；左右旋转 R_{P3}，主要改变了____Hz 信号的输出幅度。

四、实训评价

按附录一（A）"电路制作实训评分表"操作。

五、分析与思考

（1）实训电路中 V_2 集电极与基极之间连接的反馈网络有什么特点？

（2）接在 V_2 基极与电源正极之间的 R_{P4} 是用来调节什么的？

（3）步骤（2）中调节电位器 R_{P1}，使 V_1 的 S 极直流电压接近 6 V 的目的是什么？

常识链接　电子电路的识图方法

电子电路识图是电子技术的一项基本功，只有掌握了正确的识图方法，才能了解电子产品和设备的基本原理，才能对它进行组装生产调试或检修。电子设备中有各种各样的图，用于说明它们工作原理的是电原理图，简称电路图。电路图有两种，一种是用各种图形符号表示电阻器、电容器、晶体管等实物，用线条把元器件和单元电路按工作原理的关系连接起来说明电子电路工作原理的，这种图长期以来一直称做电路图。另一种是用各种图形符号表示各种逻辑部件,用线条把它们按逻辑关系连接起来,说明各个逻辑单元之间的逻辑关系和整机的逻辑功能工作原理的,叫做逻辑电路图,简称逻辑图。除了这两种图外,常用的还有方框图。它用一个框表示电路的一部分,能简洁明了地说明电路各部分的关系和整机的工作原理。再复杂的电路,经过分析就可发现,它也是由少数几个元件组成多个单元电路组成的。因此初学者只要先熟悉常用的基本单元电路,再学会分析和分解电路的本领,看懂一般的电路图应该是不难的。下面以图 3.1.27 所示的一款分立助听器电路为例来阐述电路原理图的识图方法。

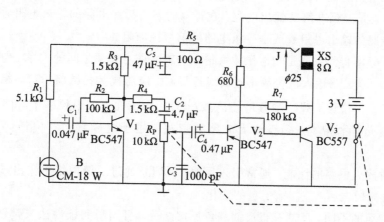

图 3.1.27　分立助听器电路

助听器里的关键部件就是放大器。它实质上是由晶体三极管 $V_1 \sim V_3$ 构成的多级音频放大器。V_1 与外围阻容元件组成了典型的阻容耦合共射放大电路,担任前置音频电压放大,该电路与基本共射放大电路相比,不同的是 V_1 的基极偏置由 R_2 取自集电极,同时实现了偏置电流和电压并联负反馈的引入;V_2、V_3 组成了两级直接耦合式放大电路,由 R_7 引入跨级反馈。其中 V_3 接成发射极输出形式,它的输出阻抗较低,以便与 8 Ω 低阻耳塞式耳机相匹配。

驻极体话筒 B 接收到声波信号后,输出相应的微弱电信号。该信号经电容器 C_1 耦合到 V_1 的基极进行放大,放大后的信号由其集电极输出,再经 C_2 耦合到 V_2 进行第二级放大,最后信号由 V_3 发射极输出,并通过插孔 XS 送至耳塞机还原声音。电路中,C_3 为旁路电容,其主要作用是旁路掉输出信号中形成噪音的各种谐波成分,以改善耳塞机的音质。C_4 为滤波电容,主要用来减小电池的交流内阻(实际上为整机音频电流提供良好通路),可有效防止电池快报废时电路产生的自激振荡,并使耳塞机发出的声音更加清晰响亮。

从上述分析可以看出,读放大电路图时是按照“逐级分解、抓住关键、细致分析、全面综合”的原则和步骤进行的。首先把整个放大电路按输入、输出逐级分开,然后逐级抓住关键进行分析,弄通原理。放大电路有它本身的特点:一是有静态和动态两种工作状态,所以往往要画出它的直流通路和交流通路才能进行分析;二是电路往往加有负反馈,这种反馈有时在本级内,有时是从后级反馈到前级,所以在分析某一级时还要能“瞻前顾后”。在弄通每一级的原理之后就可以把整个电路串通起来进行全面综合分析。

小　　结

多级放大电路常用的耦合方式有阻容耦合、直接耦合、变压器耦合和光电耦合等。在选用耦合方式时，主要是考虑整个放大电路的电压放大倍数（会随信号频率的变化而变化）、频率响应和通频带等重要性能指标。

多级放大电路的电压放大倍数是各级放大倍数的乘积，输入电阻是第一级的输入电阻，输出电阻就是最后一级的输出电阻。在计算时要将后级电路的输入电阻看做前级的负载或将前级电路的输出电阻看成是后级电路的信号源内阻。

放大器的频率特性主要是指电压放大倍数与输入信号频率之间的关系，包括幅频特性和相频特性两部分。当输入信号频率过高或过低时，电压放大倍数将下降，相移也要发生改变，将电压放大倍数下降到中频增益的 $\sqrt{2}/2$ 时的频率称为上限频率 f_H 和下限频率 f_L，其差值称为放大器的带宽。多级放大电路的带宽要小于组成它的其中任何单级电路的带宽。

为了改善放大电路的性能，通常引入反馈。反馈是通过反馈网络将输出量回送到输入端，和输入量比较之后，控制输出量的变化。

按反馈性质的不同，反馈有正反馈和负反馈之分，可用瞬间极性法来判别；按输出端取样的不同，反馈分为电压反馈和电流反馈；按输入端比较对象的不同，反馈分为串联反馈和并联反馈。在放大电路中广泛采用的是负反馈放大电路。

负反馈有四种基本组态：电压串联、电压并联、电流并联、电流串联。电压负反馈可以稳定输出电压，降低输出电阻；电流负反馈可以稳定输出电流，增大输出电阻；串联负反馈可以提高输入电阻；并联负反馈可以降低输入电阻。负反馈放大器还对稳定电路的放大倍数、扩展通频带、减小非线性失真等起积极作用。由于各种组态的负反馈对放大器性能的改善是不同的，因此可根据不同情况选择合适的负反馈电路组态。

实际运用时，常用到的是深度负反馈放大电路。对于深度负反馈放大电路，可利用 $A_f \approx 1/F$ 或 $x_i \approx x_f$ 进行估算。

负反馈改善放大电路的性能是以牺牲放大倍数为代价的。反馈越深，性能改善的效果越显著，但是也可能产生自激振荡。对于负反馈放大电路的自激振荡，可采用相位补偿的方法加以消除。

习　　题

一、是非判断题

1. 直流负反馈只存在于直接耦合电路中，交流负反馈只存在于阻容耦合电路中。

（　　　）

2. 接入负反馈后，A_f 一定是负值，接入正反馈后，A_f 一定是正值。　　　（　　　）

3. 若放大电路的 $A > 0$，则接入的反馈一定是正反馈；若 $A < 0$，则接入的反馈一定是

负反馈。 （　　）

4. 共集（或共漏）放大电路，由于 $A_u \leqslant 1$，故该电路无负反馈。 （　　）

5. 电流负反馈一定可以稳定输出电流，电压负反馈一定可以稳定输出电压。 （　　）

6. 基本放大电路的放大倍数越大，加入负反馈后闭环放大倍数就越稳定。 （　　）

7. 当输入信号是一个失真的正弦波时，加入负反馈后能使失真得到改善。 （　　）

8. 负反馈只能改善反馈环路以内电路的放大性能，对反馈环路之外电路无效。

（　　）

9. 在深度负反馈条件下，$A_f \approx 1/F$，因此无需选择稳定的电路参数，就可使 A_f 稳定。

（　　）

10. 负反馈放大器只要有某些频率，负反馈变成正反馈就将产生自激振荡。 （　　）

二、简答题

11. 一个放大电路的理想频率响应是一条水平线，而实际放大电路的频率响应一般只有在中频区是平坦的，而在低频区或高频区，其频率响应则是衰减的，这是由哪些因素引起的？

12. 放大电路的频带宽度是怎样定义的？

13. 什么叫放大电路中的反馈？放大电路为什么要引入反馈？

14. 电压反馈和电流反馈怎么判断？并联反馈和串联反馈又怎么判断？

15. 为什么并联反馈电路输入端必须用电流分析，串联反馈电路输入端必须用电压分析？

三、填空题

16. 多级放大器级间耦合的方式主要有____耦合、____耦合和____耦合。前后级静态工作点相互独立的有____耦合和____耦合。直接耦合多级放大器既能放大____信号，也能放大____。

17. 计算前级放大器的电压放大倍数时，后级放大器的____电阻应看做前级放大器的____电阻；计算后级放大器的电压放大倍数时，前级放大器的____电阻应看做前后放大器的____电阻。

18. 多级放大器总的电压放大倍数等于____，多级放大器总的输出电阻等于____，多级放大器总的输入电阻等于____。

19. 在低频段和高频段，电压放大倍数下降到中频段 A_{um} 的____时，所对应的频率称为_____。其中高频段所对应的频率称为____，低频段所对应的频率称为____。

20. 放大电路的频率失真包括____失真和____失真。放大电路对不同频率信号的电压放大倍数不同而引起的失真称为____失真，放大电路对不同频率信号的相移不同而引起的失真称为____。

21. 若引回的反馈信号使净输入信号削弱，这种反馈为____反馈；若引回的反馈信号使净输入信号增强，这种反馈称为____反馈。放大电路中的负反馈有____负反馈、____负反馈、____负反馈和____负反馈等4种组合类型。

22. 引入负反馈的一般原则为：

（1）要稳定直流量（如静态工作点），应引入____负反馈。

（2）要改善交流性能（如放大倍数、通频带、失真和输入输出电阻等），应引入____负反馈。

（3）要稳定输出电压，应引入____负反馈；要稳定输出电流，应引入____负反馈。

（4）要提高输入电阻，应引入____负反馈。

（5）要减小输出电阻，应引入____负反馈；要减小输入电阻，应引入____负反馈；要增大输出电阻，应引入____负反馈。

（6）要反馈效果好，信号源具有电压源特性时，应引入____负反馈；信号源具有电流源特性时，应引入____负反馈。

（7）要明显改善性能，应增大____。

23．深度负反馈放大电路的特点是 $A_f \approx$ ____。深度负反馈的条件是____。

24．产生自激振荡的根本原因是电路形成____反馈。

四、选择题

25．阻容耦合放大电路接入不同频率的输入信号时，低频区电压增益下降的主要原因是由于存在（　　）；高频区电压增益下降的主要原因是由于存在（　　）。

　　A．耦合电容和旁路电容　　　　　　B．三极管结电容和电路分布电容

　　C．三极管非线性特性　　　　　　　D．其他

26．单级阻容耦合放大电路加入频率为 f_H 的输入信号时，电压增益的幅度比中频时下降（　　）。

　　A．3 dB　　　　　　　　　　　　　B．1.4142

　　C．0.707　　　　　　　　　　　　D．$\sqrt{2}/2$

27．单级阻容耦合放大电路加入频率为 f_L 的输入信号时，输出电压与中频相比的附加相移为（　　）。

　　A．90°　　　　　　　　　　　　　B．−45°

　　C．45°　　　　　　　　　　　　　D．60°

28．在输入量不变的情况下，若引入反馈后，（　　），则说明引入的反馈是负反馈；若引入反馈后，（　　），则说明引入的反馈是正反馈。

　　A．输入电阻增大　　　　　　　　　B．输出电阻增大

　　C．净输入量增大　　　　　　　　　D．净输入量减小

29．直流负反馈是指（　　）。

　　A．直接耦合放大电路中所引入的负反馈　B．只有放大直流信号时才有的负反馈

　　C．在直流通路中的负反馈　　　　　　　D．输入端必须输入直流信号

30．交流负反馈是指（　　）。

　　A．阻容耦合放大电路中所引入的负反馈

　　B．只有放大交流信号时才有的负反馈

　　C．在交流通路中的负反馈

　　D．输入端必须输入交流信号

31. 构成反馈通路的元器件是（　　　　）。

A. 只能是电阻元件　　　　　　　　　B. 只能是三极管或场效应管等有源器件

C. 只能是无源器件　　　　　　　　　D. 可能是无源器件，也可能是有源器件

32. 为了稳定静态工作点，应引入（　　　　）；为了稳定放大倍数，应引入（　　　　）；为了提高增益，应适当引入（　　　　）；为了改变输入输出电阻，应引入（　　　　）；为了抑制温漂，应引入（　　　　）；为了展宽频带，应引入（　　　　）。

A. 直流负反馈　　　　　　　　　　　B. 交流负反馈

C. 交流正反馈　　　　　　　　　　　D. 直流正反馈

33. 希望放大电路输出电流稳定，应引入（　　　　）；信号源内阻很大，希望取得较强的反馈作用，应引入（　　　　）；希望负载变化时，输出电压稳定，应引入（　　　　）；希望带负载能力强，应引入（　　　　）；信号源内阻较小，希望取得较强的反馈作用，应引入（　　　　）；负载电阻较大，希望能得到有效的功率传输，引入（　　　　）；欲从信号源获得更大输入电流，应在放大电路中引入（　　　　）；欲减小电路从信号源索取的电流，应在放大电路中引入（　　　　）。

A. 电压负反馈　　　　　　　　　　　B. 并联负反馈

C. 电流负反馈　　　　　　　　　　　D. 串联负反馈

34. 对于串联负反馈电路，为使反馈作用强，应选择信号源内阻（　　　　）；对于并联负反馈电路，为使反馈作用强，应选择信号源内阻（　　　　）。

A. 尽可能小　　　　　　　　　　　　B. 尽可能大

C. 与输入电阻接近　　　　　　　　　D. 与输出电阻接近

35. 在负反馈电路中产生自激振荡的条件是（　　　　）。

A. 附加相移 $\Delta\varphi = \pm 2n\pi$，$|\dot{A}\dot{F}| \geqslant 1$

B. 附加相移 $\Delta\varphi = \pm 2(n+1)\pi$，$|\dot{A}\dot{F}| \geqslant 1$

C. 附加相移 $\Delta\varphi = \pm(2n+1)\pi$，$|\dot{A}\dot{F}| \geqslant 1$

D. 附加相移 $\Delta\varphi = \pm(2n+1)\pi$，$|\dot{A}\dot{F}| < 1$

五、综合分析题

36. 已知图 3.1.28 所示电路，试分析电路中每一反馈元件及其反馈类型。

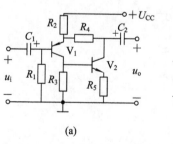　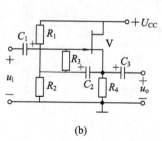　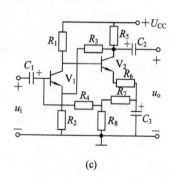

(a)　　　　　　　　　　　(b)　　　　　　　　　　　(c)

图 3.1.28　习题 36 图

37. 已知放大电路输入信号电压为 1 mV，输出电压为 1 V；加入负反馈后为使输出电压仍保持 1 V，加大输入信号至 10 mV。求该加入负反馈电路的反馈深度和反馈系数。

38. 已知电压串联负反馈电路，开环电压增益 $A_u=1000$，电压反馈系数 $F=0.02$，输出电压 $u_o=5 \sin\omega t(\text{V})$，试求输入电压 u_i、反馈电压 u_f 和净输入电压 u_{id}。

39. 某基本放大电路输入有效值为 20 mV 的正弦波信号时，输出有效值为 10 V 的正弦信号，求引入反馈系数为 0.01 的电压串联负反馈后输出正弦波电压的有效值。

40. 某电压串联负反馈电路，若输入电压 $u_i=0.1$ V，测得其输出电压为 1 V。去掉负反馈后，测得其输出电压为 10 V（u_i 保持不变），求反馈系数 F。

41. 某电压串联负反馈放大电路的开环电压增益 $A_u=2000$，电压反馈系数 $F=0.0095$，若受温度影响使 A_u 的变化达到 $\pm10\%$，求闭环电压增益 A_{uf} 的变化范围。

42. 图 3.1.29 所示电路中，为了实现下述性能要求，问各应引入何种负反馈？将结果画在电路上。

(1) 希望输入电阻较大。

(2) 希望输出电阻较小。

(3) 希望接上负载后，电压放大倍数基本不变。

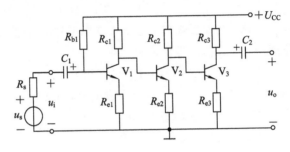

图 3.1.29　习题 42 图

43. 如图 3.1.30 所示电路，它的最大跨级反馈可从 V_3 的集电极或发射极引出，接到 V_1 的基极或发射极，共有 4 种接法（1 和 3、1 和 4、2 和 3、2 和 4 相连）。试判断这 4 种接法各为何种组态的反馈？是正反馈还是负反馈？设各电容可视为交流短路。

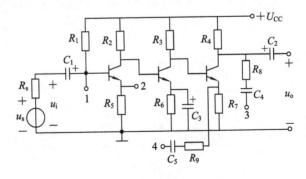

图 3.1.30　习题 43、44 图

44. 在图 3.1.30 所示电路中，为了实现下述要求，各应采用何种形式的负反馈？如何连接？

（1）要求负载变化时输出电压基本不变。

（2）要求输入端向信号源所取的电流尽可能小。

（3）要求输入电阻大，且输出电流变化尽可能小。

任务二　集成反馈式音调电路的仿真测试

能力目标：

1. 能根据技术资料识别集成运放的引脚功能，正确使用集成运放。
2. 能按工艺要求焊接集成放大电路，并选用仪器对其进行调试。
3. 能检测并排除电路故障。

知识目标：

1. 熟悉集成运放的结构、符号，了解其使用中应注意的问题。
2. 掌握集成运放的主要参数及传输特性。
3. 掌握集成运放工作在线性区的条件、分析方法。

技能训练　集成运放的识别检测与基本性能测试

1. 实训目的

（1）了解集成运放的性能特点。

（2）熟悉集成运放引脚的查找方法。

2. 实训仪器与材料

实训设备	参考型号	实训材料	规格	数量	实训材料	规格	数量
正负稳压电源	HG63303	电阻	1 kΩ	2	万能板	5 cm×8 cm	1
信号发生器	SP1641B				集成运放	各种规格	若干
双踪示波器	UT2062C	电位器	100 kΩ	2	集成管座	8 脚双列直插	1
数字万用表	DE－960TR	开关	常规	1			

3. 实训内容与步骤

（1）观察、辨认集成运算放大器的外形，以及电路中的符号，如图 3.2.1 所示。

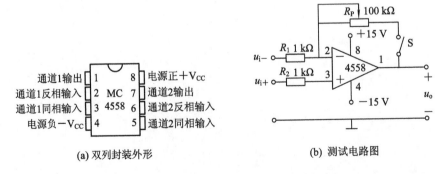

(a) 双列封装外形　　　　　　　　(b) 测试电路图

图 3.2.1　MC4558 的管脚排列及测试电路图

(2) 用万用表粗测集成运放的好坏：把万用表调至 R×100 挡，红表笔接 4 脚，黑表笔依次接 1、2、3、5、6、7、8 脚，测出其阻值并记录（无短路现象时可粗略判断为好的）。

(3) 按图 3.2.1(b) 在万能板上连线、焊接管座，经检查无误后插入集成运放（注意引脚对应），将两输入端接地，接上正、负 15 V 电源。

① 断开 S，使 R_P 悬空，测量集成运放的输出端（1 脚）对地的电压是否为零。

② 合上 S，使 R_P 接入 MC4558 的 1、2 引脚之间，再测量集成运放的输出端（1 脚）对地的电压是否为零。

(4) 按图 3.2.2 所示，将另一正、负可调稳压电源 B 设置为 ±3 V 串联输出，再用电位器 R'_P 接成 −3～+3 V 可调节输出，重新断开 S，把 u_{i+} 端接地，u_{i-} 端接 −3～+3 V 可调节输出端，调节 R'_P，使 u_{i-} 分别为 −3 V、−1 V、−0.5 V、−0.1 V、+0.1 V、+0.5 V、+1 V、+3 V 时，测出对应的输出端电压，并在图(b)中描出 u_o 随 $(u_{i-} - u_{i+})$ 变化的曲线。

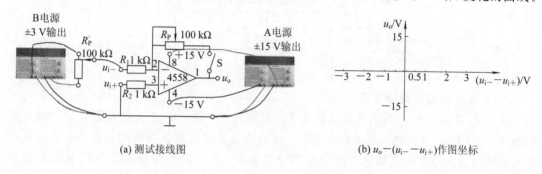

(a) 测试接线图　　　　　　　　　　(b) $u_o - (u_{i-} - u_{i+})$ 作图坐标

图 3.2.2　测试接线及特性作图坐标

(5) 断电，调节 R_P 的触头至中点，合上 S，使 R_P 接入 1、2 脚之间。把信号发生器调至 1 kHz，$U_{P-P} = 5$ mV 接入 u_{i-} 端，接上电源，用示波器同时观察比较 u_{i-} 输入端、输出端 u_o 的波形（频率、幅度、相位）。

① u_{i-} 输入端与输出端 u_o 的波形 _____（是/否）同相。

② 向左调节 R_P 的触头，输出端 u_o 的波形幅度 _____（增大/减小）。

③ 向右调节 R_P 的触头，输出端 u_o 的波形幅度 _____（增大/减小）。

(6) 断开电源后，把 u_{i-} 接地，把信号发生器接入 u_{i+} 端，接上电源，重复步骤(5)的测试。

(7) 撰写实训报告。

4. 分析与思考

(1) 测试电路中的 MC4558 为什么叫做集成运算放大器？其中的运算体现在哪里？

(2) 测试过程中，调节电路中的 R_P 起什么作用？

知识学习　集成运算放大器

集成运算放大器实质上是一个多级直接耦合的高电压放大倍数的放大器，具有输入电阻大、输出电阻小的特点，各项性能指标很高，使用十分方便。由于在发展的初期主要用于各种数学运算（如加、减、乘、除、积分、微分等），至今仍保留这个名称。随着电子技术的发展，集成运放已成为当前模拟电子技术领域中的核心器件。几乎所有应用低频放大器的场合均可用集成运放来取代。

一、集成运算放大器的组成与电路设计上的特点

1. 集成运放的电路组成及电路符号

1) 集成运放的电路组成

各种集成运算放大器的基本结构相似，都是由输入级、中间级和输出级以及电流源偏置电路组成，如图 3.2.3 所示。输入级一般由可以抑制零点漂移的差动放大电路组成；中间级的作用是获得较大的电压放大倍数，多由我们熟悉的共射极电路承担；输出级要求有较强的带负载能力，可采用射极跟随器；偏置电路的作用是供给各级电路稳定的偏置电流。

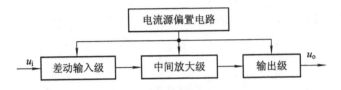

图 3.2.3　集成运算放大器的结构框图

2) 集成运算放大器的符号

图 3.2.4(a)、(b)均为集成运算放大器的电路符号。符号中的 A 代表集成运算放大器的电压放大倍数，▷代表信号的传输方向，∞表示该集成运放具有理想特性。由于集成运算放大器的输入级是差动输入，因此有两个输入端：其中有一个输入端是信号由此输入时，输出信号会与输入信号同相的，称为同相输入端，用"＋"表示；而从另一个输入端输入信号时，输出信号将与输入信号反相，称为反相输入端，用"－"表示。因此，集成运放有同相输入、反相输入及差动输入三种输入方式，输出电压表示为 u_o。当信号从两个输入端差动输入时，则等效于两个输入端信号幅度之差 $u_{id} = u_{i+} - u_{i-}$ 在一个输入端获得净输入，输出信号的相位由获得净输入的输入端决定。

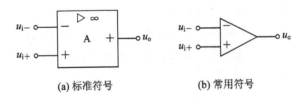

(a) 标准符号   (b) 常用符号

图 3.2.4　集成运算放大器的电路符号

2. 集成运放的电路设计特点

(1) 电路结构与元件参数具有对称性。由于集成电路芯片上的所有元件是在同一块硅片上用相同工艺过程制造的，因此参数具有同向偏差，温度特性一致，特别适用于制造对称性较高的电路，比如制造两个特性一致的晶体管和两个阻值相同的电阻。

(2) 采用有源电阻代替无源电阻。由于集成度的要求，由硅半导体体电阻构成的电阻阻值范围受到限制，一般只能在几十到几十千欧姆之间，不易制造过高或过低阻值的电阻，且阻值误差较大。所以，集成电路中一般采用晶体管恒流源来代替所需的高阻值电阻，即采用有源电阻形式。

（3）采用直接耦合的级间连接方式。集成电路工艺不适于制造几十皮法以上的电容，制造电感器件就更加困难。因此，集成电路大都采用直接耦合方式，而不采用阻容耦合或变压器耦合。

（4）利用二极管进行温度补偿。集成电路中，一般把二极管的集电极和基极短接，利用三极管的发射结作为二极管使用。这样构成的二极管其正向压降的温度系数与同类型三极管发射结压降的温度系数一致，作温度补偿效果较好。

（5）采用复合管的结构。因为复合管（见本书功率放大电路）的制造十分方便，性能又好，所以集成电路中经常使用复合管的电路形式。

二、集成运算放大器的分析方法

1. 理想集成运放模型

由于集成电路制造技术的发展，集成运算放大器性能越来越好，在一般场合，使用时完全可以将集成运放当作理想器件来处理，而不会造成不可允许的误差。一般地，认为理想运放具有如下特点：

（1）开环差模电压放大倍数趋近于无穷大，即 $A_{ud} = u_o/(u_{i+} - u_{i-}) \to \infty$。

（2）差模输入电阻趋近于无穷大，即 $r_{id} \to \infty$。

（3）输出电阻趋近于零，即 $r_o \to 0$。

（4）共模抑制比趋近于无穷大，即 $K_{CMRR} \to \infty$。

（5）输入失调电压 U_{io}、输入失调电流 I_{io} 及它们的漂移均为零。此外，还认为器件的频带为无限宽，没有失调现象等。

因为集成运算放大器本身就具有高输入电阻、低输出电阻、差模电压放大倍数大以及能够抑制零点漂移等特点，所以，所谓理想化只是强化了本来就具有的特点。如集成运放CF741 的差模电压放大倍数可以达到 100 dB，差模输入电阻达到 1 MΩ 以上。把运算放大器理想化后得出的结论，对实际工程应用来讲，已十分精确，本书出现的集成运算放大器如不特殊注明，均作为理想模型处理。

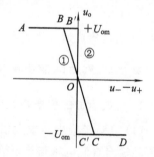

2. 集成运放的传输特性

集成运放的传输特性如图 3.2.5 中的 $ABCD$，即曲线①。其中 BC 段为集成运放工作的线性区，AB 和 CD 段为集成运放工作的非线性区（即饱和区）。由于集成运的电压放大倍数极高，BC 段十分接近纵轴。在理想情况下，认为 BC 段与纵轴重合，所以它的理想传输特性可以由图中

图 3.2.5　集成运放的传输特性

$AB'C'D$（曲线②）表示，其中 $B'C'$ 段表示集成运放工作在线性区，AB' 和 $C'D$ 段表示运放工作在非线性区。

3. 工作在线性区的集成运放

当集成运放电路的反相输入端和输出端存在负反馈通路时，如图 3.2.6（a）所示，一般可以认为集成运放工作在线性区。这种情况下，理想集成运放具有两个重要特点。

（1）由于理想集成运放 $A_{ud} \to \infty$，故可以认为两个输入端之间的差模电压近似为零，即

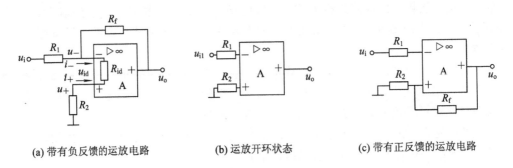

图 3.2.6　集成运放的工作状态

$u_{id} = u_{i-} - u_{i+} \approx 0$，即 $u_{i-} = u_{i+}$，而 u_o 具有一定值。由于两个输入端间的电压近似为零，而又不是短路，故称为"虚短"。

（2）由于理想集成运放的输入电阻 $R_{id} \to \infty$，故可以认为两个输入端不取电流，即 $i_{-} = i_{+} \approx 0$，这样，输入端相当于断路，而又不是断开，称为"虚断"。

利用集成运放工作在线性区时的两个特点，分析各种运算与处理电路的线性工作情况将十分简便。另外，由于理想集成运放输出阻抗 $R_o \to 0$，一般可以不考虑负载或级联时后级运放的输入电阻对输出电压 u_o 的影响，但受运放输出电流限制，负载电阻不能太小，更不能短路。

4. 工作在非线性区的集成运放

集成运放处于开环状态或运放的同相输入端和输出端存在正反馈通路时，如图 3.2.6 (b)和(c)所示，这时集成运放工作在非线性区。它具有如下特点：

对于理想集成运放而言，当反相输入端 u_{i-} 与同相输入端 u_{i+} 不等时，输出电压是一个恒定值，极性可正或负，即

$$u_{i-} > u_{i+}, \qquad u_o = -U_{om}$$
$$u_{i-} < u_{i+}, \qquad u_o = +U_{om}$$

其中，U_{om} 是集成运放输出电压最大值，其工作特性如图 3.2.5 中的 AB' 和 $C'D$ 段所示。

三、集成运放的主要参数及其类型

1. 集成运放的主要参数

（1）开环差模电压放大倍数 A_{ud}，指集成运放在开环情况下的直流差模电压放大倍数，即开环输出直流电压与差模输入电压之比。通常 A_{ud} 很大，可达 10^5 以上的数量级。

（2）输入失调电压 U_{io}，集成运放在输入电压为 0 时，存在着或多或少的输出电压。为了使集成运放的输出电压为 0，在室温 25℃ 及标准电源电压下输入端所加的补偿电压叫做输入失调电压，记为 U_{io}。U_{io} 越小，表示集成运放的对称程度和电位匹配情况越好。

（3）共模抑制比 K_{CMRR}，集成运放工作于线性区时，其差模电压放大倍数与共模电压放大倍数之比称为共模抑制比，即 $K_{CMRR} = \left| \dfrac{A_{ud}}{A_{uc}} \right|$。高质量的运放的共模抑制比目前可达 160 dB。

（4）差模输入电阻 r_{id}。运算放大器开环时从两个差动输入端之间看进去的等效交流电

阻,称为差模输入电阻,表示为 r_{id}。高质量的运放的差模输入电阻可达几兆欧姆。

(5)输出电阻 r_{od}。从集成运放的输出端和地之间看进去的等效交流电阻,称为运放的输出电阻,记为 r_{od}。

(6)最大差模输入电压 $U_{id\,max}$。集成运放两输入端之间能承受的最大电压差值叫做最大差模输入电压 $U_{id\,max}$。超过这个电压,运放输入级某侧的三极管将会出现发射结的反向击穿,而使运放性能恶化或损坏,一般约为±5 V。

(7)转换速率 SR,指运放在额定输出电压下,输出电压的最大变化率,即 $SR = \left| \dfrac{du_o}{dt} \right|_{max}$。它反映了运算放大器对于高速变化输入信号响应的快慢,也叫压摆率。

此外,还有前面介绍过的带宽以及其他参数,在具体使用时可查阅相关的手册、说明等,以获得正确和最佳的使用方法。

2. 集成运放的类型

按照集成运算放大器的技术指标,可将集成运放分为通用型和高阻抗、低漂移、高精度、高速度、宽带、低功耗、高压、大功率等专用型集成运放,如图 3.2.7 所示。

(a) 高阻抗　　　(b) 高精度　　　(c) 低功耗　　　(d) 高速度　　　(e) 金属封装

图 3.2.7　几种集成运放的外形结构图

虽然通用型集成运算放大器(如 CF741)已经具有较理想的电路性能,但在实际应用中,有时会对集成运放某一性能或某些性能提出特殊的要求。如,测量放大器常遇到输入信号很微弱的情况,第一级就应该选用高输入电阻、高共模抑制比、高开环电压放大倍数、低失调和低温漂的集成运放。现将常见的专用集成运算放大器简要介绍如下。

(1)高输入阻抗型集成运算放大器。这种集成运放的差模输入电阻 r_{id} 可大于 $(10^9 \sim 10^{12})\Omega$,输入偏置电流 I_{IB} 为几皮安到几十皮安,又称为低输入偏置电流型集成运放。主要用于测量放大器,也广泛应用于有源滤波器、采样-保持电路、对数和反对数运算及模数、数模转换器、模拟调节器等方面。

(2)高速宽带型集成运算放大器。这种集成运放的转换速率 SR 高于 30 V/μs,单位增益带宽大于 10 MHz,一般用于快速 A/D 和 D/A 转换器、有源滤波器、高速取样—保持电路、锁相环等电路中。目前较好的高速型集成运放,转换速率 SR 可达几 kV/μs。

(3)高精度、低漂移型集成运算放大器。目前,高精度集成运放已经能做到失调电压小于 10 μV、温漂小于 0.1 μV/℃、失调电流小于 10 nA。一般用于毫伏级以下微弱信号的精密检测、精密模拟计算、高精度稳压电源及自动控制仪表中。还有一种在电路中采用了自动校零技术的自动校零运算放大器,能周期性地对失调电压进行自动补偿,使失调电压进一步减小,温度系数更低,如 AD508 等。

(4)低功耗型集成运算放大器。如 CF3078,在±6 V 电源下,功耗为 240 μW,工作电流为 20 μA，工作电压可低至 1.5 V，而 ICL7600 在 ±1.5 V 电源下，功耗仅为 10 μW，一般用于对能源有严格限制的遥测、遥感、生物医学和空间技术研究的设备中。

（5）高压型集成运算放大器。普通运放中晶体三极管的集电极与发射极之间的击穿电压仅为 40 V 左右。而某些负载（如一些显示设备）要求集成运算放大器有 100 V 以上的输出电压，可选用超高压型集成运放。如 3583 的电源最高允许电压为 ±150 V，此时可输出 ±140 V 的输出电压。

还有一些专用集成运算放大器，比如电流型 LM1900 及仪表用放大器 LH0036、AD522 等。表 3-2-1 为一些典型集成运算放大器的主要参数，仅供比较、参考。

表 3-2-1　几种典型集成运算放大器的主要参数

类型与参考型号	参数	电源电压 $U_{CC}(U_{EE})$ /V	开环差模电压增益 A_{ud}/dB	共模抑制比 K_{CMRR} /dB	差模输入电阻 r_{id}/kΩ	最大差模输入电压 $U_{id\,max}$/V	最大共模输入电压 $U_{ic\,max}$/V	最大输出电压 U_{omax}/V
通用型	μA741 (F007)	±9~±18	100	80	1000	±30	±12	±12
高阻型	LF356 (TL081)	±15	106	100	10^9	±30	±15、−12	±13
高速型	F715 (μA715)	±15	90	92	1000	±15	±12	±13
高精度	OP-27	8~44	110	<126	—	—	—	±3~±40
低功耗	F3078 (CA3078)	±6	100	115	870	±6	±5.5	±5.3
高压型	HA2645	20~80	100	74	—	37	—	—
MOS型	5G14573	±7.5	80	76	10^7	−0.5~ ($U_{CC}|0.5$)	12	12

四、集成运放的线性应用

集成运算放大器在电子技术中可以说是无处不在。实际应用中，如果运放工作在开环或正反馈状态，称为非线性应用；如果运放工作在闭环负反馈状态，则称为线性应用。其中非线性应用将在后续的章节中介绍。在线性应用电路中，集成运放工作在线性状态。在分析这些电路的输出与输入运算关系或电压放大倍数时，可将集成运放看成理想运放，运用"虚短"和"虚断"的特点来进行分析，较为简便。

1. 比例运算电路

1）反相比例运算

如图 3.2.8(a)所示电路，信号从反相输入端输入，同相输入端通过电阻 R_2 接地，R_f 引入电压并联负反馈，是反相比例运算电路。图中有

$$i_i = \frac{u_i}{R_1}, \quad i_f = \frac{u_- - u_o}{R_f} = \frac{-u_o}{R_f}$$

根据"虚短"和"虚断"的特点，即 $u_{i-} - u_{i+} \approx 0$，$i_- = i_+ \approx 0$，由于 $u_+ = i_+ R_2 = 0$，故

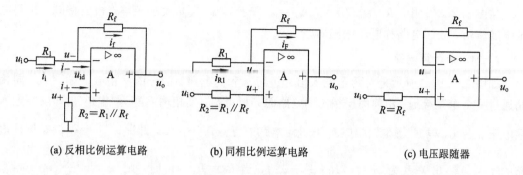

(a) 反相比例运算电路　　　　　(b) 同相比例运算电路　　　　　(c) 电压跟随器

图 3.2.8　比例运算电路

$u_- = 0$。这表明，运放反相输入端与地端等电位但又不是真正接地，称为"虚地"。

因此

$$i_i = i_f + i_- = i_f + 0 = i_f$$

即

$$\frac{u_i}{R_1} = \frac{-u_o}{R_f}$$

由此可得

$$u_o = -\frac{R_f}{R_1} u_i$$

这表明，u_o 与 u_i 符合比例运算关系，式中负号表示输出电压与输入电压的相位（或极性）相反。若将它看成放大电路，则电压放大倍数为 $A_{uf} = \frac{u_o}{u_i} = -\frac{R_f}{R_1}$，改变 R_f 和 R_1 的比值，即可改变其放大倍数。

图中运放的同相输入端接有电阻 R_2，参数选择应使两输入端外接直流通路等效电阻值平衡，即 $R_1 = R_2 // R_f$，静态时使输入级偏置电流平衡并让输入级的偏置电流在运算放大器两个输入端的外接电阻上产生相等的压降，以便消除放大器的偏置电流及其漂移的影响，故 R_2 又称为平衡电阻。

2）同相比例运算

图 3.2.8(b) 的信号从同相输入端输入，而反相输入端通过电阻接地，并引入负反馈，是同相比例运算电路。

根据"虚短"和"虚断"的特点，运放两个输入端电流为 0，则 $i_{R1} = i_f$，且 $u_+ = u_- = u_i$，则有

$$\frac{0 - u_i}{R_1} = \frac{u_i - u_o}{R_f}$$

由此可得

$$u_o = \left(1 + \frac{R_f}{R_1}\right) u_i$$

u_o 与 u_i 也符合比例关系，但输出电压与输入电压相位（或极性）相同。看做放大电路时，其放大倍数为

$$A_{uf} = \frac{u_o}{u_i} = 1 + \frac{R_f}{R_1}$$

在图 3.2.8(c)中，R_1 为无穷大，$A_{uf}=u_o/u_i=1$，u_o 与 u_i 大小相等，相位相同，起到电压跟随作用，故该电路称电压跟随器。

2. 加、减运算电路

如图 3.2.9(a)所示是对两个输入信号进行求和的电路，信号由反相输入端引入，同相端通过一个电阻接地。由前面反相比例电路的分析可知，反相输入端为"虚地"，即反相输入端电压 $u_-=0$，根据"虚地"和"虚断"概念，电路中可得 $i_1+i_2=i_f$，即 $\dfrac{u_{i1}}{R_1}+\dfrac{u_{i2}}{R_2}=\dfrac{0-u_o}{R_f}$，因此电路的输入与输出关系为 $u_o=-R_f\left(\dfrac{u_{i1}}{R_1}+\dfrac{u_{i2}}{R_2}\right)$，当 $R_1=R_2=R$ 时，则 $u_o=-\dfrac{R_f}{R}(u_{i1}+u_{i2})$。也就是说，适当选择电阻参数，使输出电压与两个输入电压之和成比例。

运放电路的反相输入端和同相输入端分别加入信号，如图 3.2.9(b)所示，这种输入方式的电路称为"差分运算电路"。

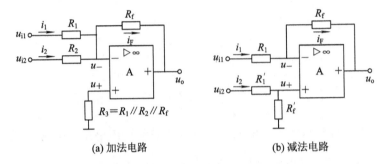

(a) 加法电路　　　　　　　　(b) 减法电路

图 3.2.9　加、减运算电路

可以证明，在"差分运算电路"中，适当选择电阻参数，可以使 $u_o=\dfrac{R_f}{R}(u_{i2}-u_{i1})$，即输出电压与两个输入电压的差值成比例，故差分运算电路也称为减法运算电路。

3. 微、积分运算电路

1) 积分运算电路

图 3.2.10 是采用运放构成的积分电路，反相输入端近似与地同电位(虚地)，输入电流

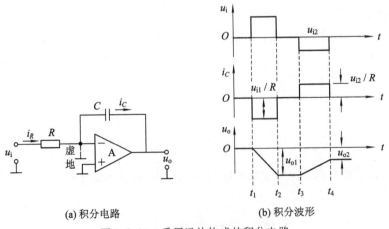

(a) 积分电路　　　　　　　　(b) 积分波形

图 3.2.10　采用运放构成的积分电路

$i_R = u_i/R$ 从反相输入端经 R 流入。然而反相输入端实际上不接地，电容 C 以充电电流 i_C 形式吸收输出电流，因此，运放输出电压 u_o 下降。由于 $u_C = \dfrac{1}{C}\int i_C\,dt$，$i_R = i_C = \dfrac{u_i}{R}$，所以

$$u_o = -u_C = -\frac{1}{RC}\int u_i\,dt$$

这就是 i_R 对时间积分的电压。输入电压 u_i 与输出电压 u_o 之间的关系为理想积分特性。

由图中的波形可见，如果 u_i 为负电压，i_C 当然要改变方向，u_o 上升(一般把图中的 R 称为积分电阻，C 称为积分电容)。

实际应用的积分电路如图 3.2.11(a)所示。与图 3.2.10(a)所示电路不同的是，它接有电阻 R_2、R_C 和 R_P，R_P 是调整失调电压的电位器，R_C 为补偿电阻，用于防止偏置电流在输入侧产生的不期望的电压。如果不接 R_2，则在超低频范围电路增益过大，因此接电阻 R_2 进行限制，图示参数 $A_u \leqslant 10$。图 3.2.11(b)、(c)分别示出输入波形为方波及正弦波时积分的输出电压波形。就是说利用积分电路可以把方波变为三角波，正弦波变为余弦波。

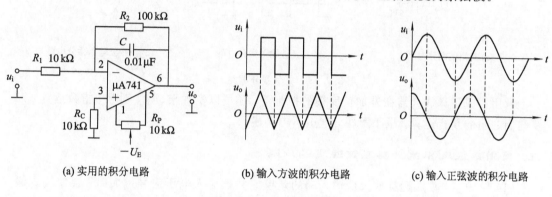

(a) 实用的积分电路   (b) 输入方波的积分电路   (c) 输入正弦波的积分电路

图 3.2.11　积分电路实例

2) 微分电路

图 3.2.12(a)是采用集成运放构成的微分电路。

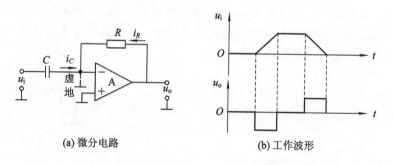

(a) 微分电路   (b) 工作波形

图 3.2.12　基本微分电路

电路中的 R、C 与图 3.2.10(a)所示电路的 R、C 互换位置，由"虚地"和"虚断"，有 $u_- = 0$，$i_- = 0$，则 $i_C = -i_R$。设 $t = 0$ 时，电容 C 的初始电压为 0，当信号电压 u_i 接入后，便有

$$i_C = C\frac{du_i}{dt}, \quad i_R = \frac{u_o}{R}$$

从而可得

$$u_o = -RC\frac{\mathrm{d}u_i}{\mathrm{d}t}$$

上式表明，输出电压 u_o 正比于输入电压 u_i 对时间的微商，负号表示它们的相位相反。

图 3.2.13(a) 是实用微分电路一例。为使电路稳定工作，接入了限制电路的放大倍数的 R_1。C_2 也是用于同样目的，如果满足 $R_1 < R_2$，$C_1 R_1 > C_2 R_2$ 的条件，C_2 也可不接。图 3.2.13(b)、(c) 分别给出了输入电压为三角波及正弦波的微分电路输出电压波形。

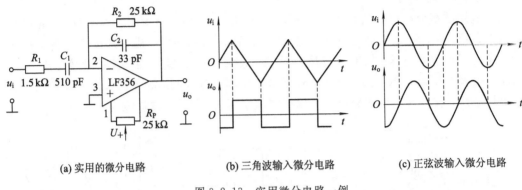

(a) 实用的微分电路　　　　　(b) 三角波输入微分电路　　　　(c) 正弦波输入微分电路

图 3.2.13　实用微分电路一例

利用集成运算放大器在外加负反馈的控制下，还可以实现乘、除、对数、指数运算，以及它们之间的复合运算。限于篇幅，这里不再赘述。

五、使用集成运算放大器应该注意的问题

（1）保护。当集成运算放大器输入端的差模或共模输入电压信号过大时，会使输入级晶体管的 PN 结击穿，所以可在集成运放的两个输入端之间接入反向并联的二极管，如图 3.2.14 所示。将输入电压的最大值限制在二极管的正向压降以下，若想提高输入电压等级，在安全的情况下也可使用反向串联的稳压管。为防止将集成运算放大器的正负电源极性接反，使集成运放损坏，可利用图 3.2.15 所示的电路来保护。将两只二极管分别串于集成运算放大器的正负电源电路中，如果电源极性接错，二极管将处于截止状态将电源电压隔断，从而起到保护集成运放的作用。

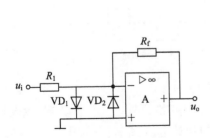

图 3.2.14　集成运放输入端的保护

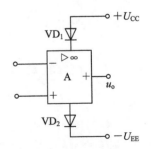

图 3.2.15　对电源极性接错时的保护

（2）集成运放采用阻容耦合方式时，必须满足两个条件：一是集成运放的同相输入端必须有提供偏置的直流通路；二是集成运放必须有直流负反馈。集成运放本身是一个高增

益的直流放大器，工作在线性放大状态时，必须加负反馈，构成闭环，否则两个输入端之间很小的漂移也会使输出级饱和。例如图 3.2.16 所示的集成运放反相输入时的阻容耦合放大电路，其中 3.2.16(b)、(c)都是错误的连接。

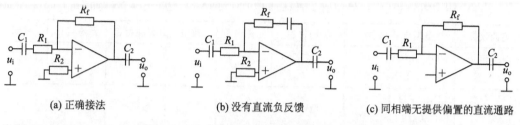

图 3.2.16　反相输入时的阻容耦合放大电路

（3）集成运放单电源运用时，若采用阻容耦合方式，不存在零输入零输出的限制。但为了取得最大输出动态范围，零输入时，输出端直流电压应为单电源电压的一半。因此，一般输入端直流偏置常用两个相同的电阻分压。如图 3.2.17 所示，此时，不管是反相输入还是同相输入都不再有"虚地"的情况了。

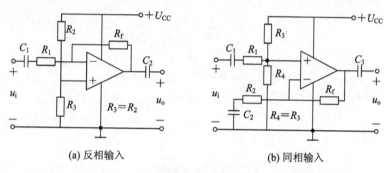

图 3.2.17　单电源集成运放阻容耦合放大电路

（4）由于晶体管内部极间电容和其他分布参数的影响，容易使放大电路在没有输入信号时，输出端就已经存在着近似正弦波的高频电压信号，尤其在人体或金属物体接近时更为明显，这种现象称为自激振荡。这将使集成运算放大器的有用输出信号淹没在高频的自激振荡中，使放大器不能正常工作。因此，在使用集成运算放大器中要注意消振，一般的方法是外接消振电容以破坏自激振荡的产生条件。例如图 2.3.13(a)所示的实用微分电路中 R_2 两端还并接 33 pF 的电容 C_2 就是起消振作用的。

综上所述，正确的选择和使用集成运放对电子工作者来说是一个十分重要的问题。在具体的使用中，应根据实际的具体要求，合理地选择集成运算放大器，在尽量降低成本的同时获得高性能的输出，并注意查阅手册和说明，正确地使用集成运放，避免损坏器件。

任务实施　集成反馈式音调电路的仿真测试

一、实训目的

（1）熟悉集成运放引脚功能的查找、分辨方法。

（2）掌握集成运放的静态和动态测试方法。

（3）熟悉 PROTEUS 仿真软件中双踪示波器的使用方法。

二、实训仪器与材料

实训应用 PROTUES 软件仿真，具体应用到的虚拟仪器及元件名称如下。

实训仪器	虚拟设备名称	实训材料	元件名称	数量	实训材料	元件名称	数量
虚拟信号发生器	GENERATORS – SINE	电阻	Res	若干	电位器		2
虚拟示波器	INSTRUMENTS – OSCILLOSCOPE	电容	CAP	2	地端子	GROUND	
直流电压表	INSTRUMENTS – DC VOLTAGE	电解电容	Cap – elec	4	电源端子		

三、实训内容与步骤

实训仿真测试电路如图 3.2.18 所示。

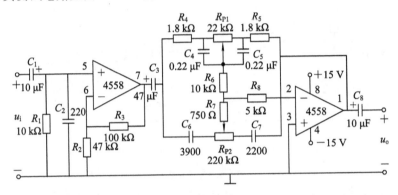

图 3.2.18　仿真测试电路

（1）按图 3.2.18 在 PROTEUS 仿真界面中逐一找到相对应的虚拟元器件，并进行布局排列、连接，画好电路。

（2）在 PROTEUS 仿真界面中找到虚拟电源端子、虚拟示波器和虚拟信号源，接入仿真电路对应的端子中。

① 虚拟信号源调整为 1000 Hz、5 mV 输出。

• 调节 R_{P1} 从最左到最右端，观察输出波形的变化幅度。

• 调节 R_{P2} 从最左到最右端，观察输出波形的变化幅度。

② 虚拟信号源调整为 12 kHz、5 mV 输出，调节 R_{P2} 从最左到最右端，观察输出波形的变化幅度值。把 R_{P2} 改为 50 kΩ，观察 R_{P2} 从最左到最右端时输出波形的变化幅度值。

③ 虚拟信号源调整为 300 Hz、5 mV 输出，调节 R_{P1} 从最左到最右端，观察输出波形的变化幅度值。把 R_{P1} 改为 300 kΩ，观察 R_{P2} 从最左到最右端时输出波形的变化幅度值。

（3）把所得的测试结果与分立负反馈音调电路作对比。

四、实训评价

按附录一（B）"电路仿真实训评分表"操作。

五、分析与思考

（1）负反馈式音调电路的调节范围取决于什么因素？

（2）与分立负反馈音调电路相比，反馈网络有什么不同要求？

常识链接　印制电路板图的识图方法

印制电路板图表示的是电路中所有元器件在印制电路板上的具体位置及连接关系。印制电路板是用腐蚀法在敷铜板上制作的印制电路。一般印制电路板图给出的都是敷铜板有印制电路（即有铜箔）一面的图，元器件应安放在无铜箔的一面，将元器件的引脚穿过焊孔，焊接在有铜箔面的焊盘上。下面以单管放大电路为例，简要介绍印制电路板图的画法及识图方法。

一、印制电路板图的基本画法

单管放大电路的印制电路板图，如图 3.2.19 所示。将单管放大电路的全部元器件实物按电路的基本走向摆放在一张大小适当的坐标纸上，为了节省电路板的空间，元器件摆放时，相对位置应尽量紧凑些，但相邻元器件的引脚不能接触，以免形成短路。在每个元器件的引脚处，各画一个焊孔标记（直径约 1 mm 的小圆圈，焊孔的实际大小应以元器件引脚的粗细为准），在焊孔的外面再画一个与焊孔同心的焊盘标记（直径约 3 mm 的圆圈，焊盘的实际大小应以元器件的质量大小为准），最后，将需要连接的焊盘用平直线条（线条宽度约 2 mm）连接起来，接地线的宽度应适当加大。在印制电路板上，电阻器应水平放置，引脚保留长度 3～5 mm；电容器应竖直放置，引脚保留长度 8～10 mm，三极管应竖直放置，引脚保留长度 10～15 mm。

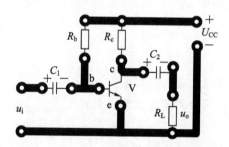

图 3.2.19　单管放大电路的印制电路板图

二、印制电路板图的识图

印制电路板图的识图是电子设备安装及维修工作必须具备的一项基本功。印制电路板图的识图，应对照原理图进行。对于一个简单的印制电路板图，首先应找到三极管，然后再找三极管各引脚上的元器件；对于一个由多级电路组成的整机印制电路板图，首先应对照原理图看清总电路的走向，找到要查找的级，然后再找各级电路的放大管或集成电路，最后找放大管或集成电路各引脚上的元器件。

上述识图方法是印制电路板图识图的一般方法，可概括为以下几点：

（1）参照原理图对印制电路板图进行识图；

（2）对由多级电路组成的整机印制电路板图，必须先看清总电路的走向，从而看清各级之间的关系；

（3）在各级电路中，应首先找到该级的放大管或集成电路，然后才能方便地找到各引脚上的元器件。

小　　结

集成运算放大器是一种多级直接耦合的高电压放大倍数的集成放大电路，具有输入电阻高、输出电阻小等特点，同时还有可靠性高、性能优良、重量轻、造价低廉、使用方便等集成电路的优点，其内部由输入级、中间级、输出级以及偏置电路组成。

集成运算放大器中大量地使用了电流源结构。电流源在集成电路中主要起两方面的作用：一是给各级电路提供偏置电流，使各级的静态工作点稳定；二是利用电流源较大的交流等效电阻作为有源负载，以提高电路的电压放大倍数。电流源的类型有镜像电流源、微电流源等。

除通用型集成运放外，集成运算放大器还有高输入阻抗、低漂移、高精度、高速度、宽带、低功耗、高压、大功率等专用型集成运放。在使用时可以根据不同的需要选择不同类型的集成运放，以获得最佳的使用效果，并要注意集成运放参数范围，以免造成损坏。在线性电路中有比例、加减、积分、微分、对数、指数等运算电路。分析问题的关键是正确应用"虚短"、"虚地"、"虚断"这三个概念。

习　　题

一、填空题

1. 集成运放第一级采用差动放大电路主要是为了减小_____。

2. 理想化集成运放主要参数的理想化要求是：A_{ud}_____；K_{CMRR}_____；R_{id}_____；R_o_____。

理想集成运放有两个特点："虚短"，即_____，其条件是集成运放工作在_____状态；"虚断"，即_____。

3. 反相输入时，同相输入端接地，反相输入端处于_____状态，"虚地"情况只有在_____输入时产生，_____输入时无"虚地"情况。

4. 集成运放两个输入端的等效电阻一般要求_____，主要是为了减小集成运放输入偏置电流在反相和同相输入端等效电阻上产生不平衡压降而引起_____。

5. 集成运放_____输入时，输入端存在共模输入电压。

6. 集成运放采用阻容耦合时必须满足两个条件：一是集成运放的同相输入端必须有_____；二是集成运放必须有_____。

二、选择题

7. 集成运放电路采用直接耦合方式的原因是（　　　　）。

A. 便于设计　　　　B. 放大交流信号　　　　C. 不易制作大容量电容　　　D. 省电

8. 为了减小温漂，通用型运放的输入级大多采用（　　　　）。

A. 共射电路　　　　B. 共集电路　　　　C. 差动放大电路　　　　D. 共基电路

9. 为了减小输出电阻并提高效率，通用型运放的输出级大多数采用（　　　　）。

A. 共射电路　　　　B. 共集电路　　　　C. 差动放大电路　　　　D. 互补对称电路

10. 集成运放第一级采用差动放大电路的原因是（　　　　）。

A. 减小温漂　　　　B. 提高输入电阻　　　　C. 稳定放大倍数　　　　D. 减小功耗

11. 集成运放输出级采用互补对称电路是为了（　　　　）。

A. 电压放大倍数大　　　　　　　　B. 不失真输出电压大

C. 带负载能力强　　　　　　　　　D. 提高共模抑制比

12. 集成运放反相比例运算时，反相输入端电压为（　　　　）；同相比例运算时，同相输入端电压为（　　　　），反相输入端电压为（　　　　）。

A. 0　　　　　B. $(R_f/R_1)u_i$　　　　C. u_i　　　　D. $(R_1/R_2)u_i$

三、综合分析题

13. 理想集成运算放大器组成的电路如图 3.2.20 所示。

（1）试判断各电路的反馈类别。

（2）求输出电压 u_o 与输入电压 u_i 的关系式。

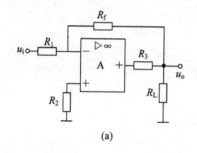 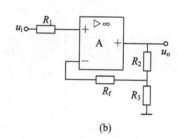

（a）　　　　　　　　　　　　　　　（b）

图 3.2.20　习题 13 图

14. 在图 3.2.21 中，$R_1 = R_2 = R_3 = R_4$，试求 u_o 与 u_{i1}、u_{i2} 的关系式。

15. 在图 3.2.22 中，$u_i > U_z$，试写出 u_o 与 U_z 的关系式，并说明此电路的功能。

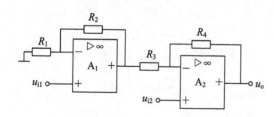 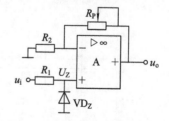

图 3.2.21　习题 14 图　　　　　　　　　图 3.2.22　习题 15 图

16. 求出图 3.2.23 中 u_o 与 u_{i1}、u_{i2}、u_{i3} 的关系式。

17. 求出图 3.2.24 中输出电压的可调范围，$R_1 = R_2 = R_P = 100$ kΩ。

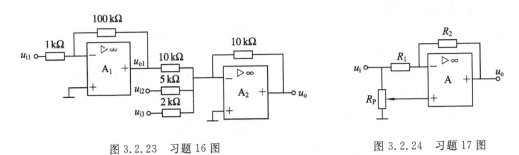

图 3.2.23　习题 16 图　　　　　　　　　　图 3.2.24　习题 17 图

18. 在图 3.2.25 中，A 为理想运算放大器，$R_1 = R_2$，求出 i_o 与 u_i 的关系式，i_o 有何特点？

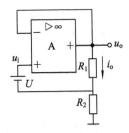

图 3.2.25　习题 18 图

19. 求出图 3.2.26 中 u_o 与 u_{i1}、u_{i2} 的关系式。

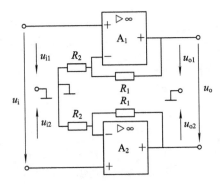

图 3.2.26　习题 19 图

20. 画出图 3.2.27 的输出波形，$R = 10$ kΩ，$C = 1$ μF。

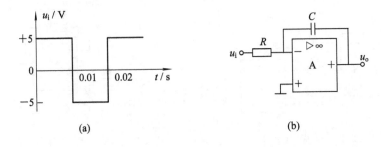

(a)　　　　　　　　　　　　　　(b)

图 3.2.27　习题 20 图

21. 在图 3.2.28 中，$u_{i1} = -1$ V，$u_{i2} = 2$ V，$u_{i3} = -3$ V，$R_1 = 10$ kΩ，$R_2 = 20$ kΩ，$R_3 = 30$ kΩ，$C = 0.1$ μF。试写出 u_o 的表达式，并计算 u_o 从 0 上升到 10 V 所需的时间（设初始电压为零）。

22. 在图 3.2.29 中，$R_1 = R_2 = R_3 = 10$ kΩ，$R_4 = R_5 = 20$ kΩ，$C = 1$ μF，$u_{i1} = 1.1$ V，$u_{i2} = 1$ V。求 u_o 从 0 上升到 10 V 所需的时间。当运算放大器所用电源为 15 V 时，接通电源 1 秒后，输出电压 u_o 为何值。

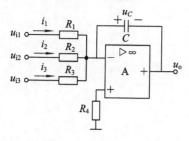

图 3.2.28 习题 21 图

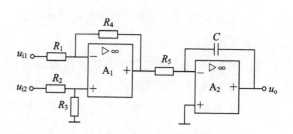

图 3.2.29 习题 22 图

任务三　LED 电平显示器的制作与测试

能力目标：

1. 能正确分析、使用电压比较器。
2. 能正确分析并测试 LED 电平显示器。

知识目标：

1. 掌握集成运放工作在非线性区的条件。
2. 掌握集成运放构成的电压比较器的原理。
3. 了解非正弦波信号发生器电路的结构及原理。

技能训练　集成运放电压比较器的制作与测试

1. 实训目的

（1）掌握迟滞电压比较器的电路构成及特点。

（2）学会测试比较器的方法。

2. 实训仪器与材料

实训仪器	设备参考型号	实训材料	规格	数量
万用表	DT9205A	电阻	1 kΩ	1
信号发生器	SPF20A	电阻	3.3 kΩ	1
示波器	UR2102CE	电阻	330 Ω	1
正负可调的 直流稳压电源	HG63303	稳压二极管	1N4740	1
		集成运放	CF741	1
焊接工具	常规	万能板	5 cm×5 cm	1

3. 实训内容与步骤

（1）检测实训所用的元器件。

（2）按图 3.3.1 在万能板上焊接电路。

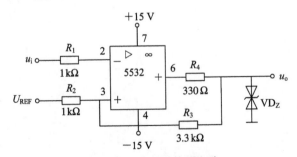

图 3.3.1　电压比较器电路

（3）检查电路无误后，接入正负电源（±15 V），并测试运放引脚的直流电压。

（4）测试电路。

① 接入 $u_i = U_{REF} = 0$（直接接地），用万用表测量输出端的直流电压大小，并记录 $U_o = $ ___V，为_____（高电平/低电平）。

② 使 $U_{REF} = 0$ V，u_i 接入并微调 u_i 在 ±1 V 之间变化，用万用表监测输出直流电压的大小变化情况，并记录 U_o 的变化，是_____（无变化/产生翻转）。

③ 使 $u_i = 1$ V，用万用表测量输出电压的大小，并记录 $U_o = $ __V，是_____（高电平/低电平）。将 U_{REF} 接入，并微调 U_{REF} 使电压在 0～2 V 之间变化，用万用表监测输出直流电压的大小变化情况，并记录 U_o 的变化，是_____（无变化/产生翻转）。

④ 使 $U_{REF} = 2$ V，微调 u_i 在 1～3 V 之间变化，用万用表测量并观察输出电压的变化情况，并记录：恰好出现高电平向低电平翻转或低电平向高电平翻转时 $u_i = $ ____V（精确测量），此值与 $U_{REF} = 2$ V 值_____（很接近/有较大差距）。

4. 分析与思考

（1）说明此实训中的集成运放所组成的电路是否有反馈，如有，是什么反馈？

（2）输入电压和参考电压的大小对输出电压有怎样的影响？

知识学习　集成运放的非线性应用

一、电压比较器

在上述技能训练项目中，当两个输入端电压发生变化时，可以测得它的输出只有两种状态：正向饱和电压和负向饱和电压（高电平或低电平），根据输出结果可以判断两个输入端电压 u_i 和 U_{REF} 的相对大小。像这样能从输出端的高、低电平来判断两个输入端模拟电压大小的电路，称为电压比较器。其中，U_{REF} 通常是设定给未知电压 u_i 比较的基准，称为基准电压。电压比较器分为单限电压比较器和迟滞电压比较器，实训中的电路即为迟滞电压比较器。集成运放组成电压比较器时，工作在非线性区。

1. 单限电压比较器

图 3.3.2(a)、(c) 所示为单限电压比较器电路。集成运放工作在开环状态，并工作在非线性区。在图 3.3.2(a) 中，当 $u_i > U_{REF}$ 时，$u_o = -U_{om}$；当 $u_i < U_{REF}$ 时，$u_o = +U_{om}$；当 $u_i = U_{REF}$ 时，输出电压发生翻转（称此时的输入电压为单限电压或阈值电压，用 U_{TH} 表示）。图

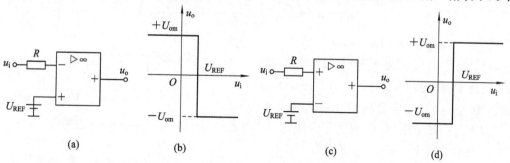

(a)　　　　　　　(b)　　　　　　　(c)　　　　　　　(d)

图 3.3.2　单限电压比较器电路及传输特性

3.3.2(b)为它的传输特性。

在图 3.3.2(c)中，当 $u_i > U_{REF}$ 时，$u_o = +U_{om}$；当 $u_i < U_{REF}$ 时，$u_o = -U_{om}$；当 $u_i = U_{REF}$ 时输出电压发生翻转。图 3.3.2(d)为它的传输特性。

当 $U_{REF} = 0$ 时，即输入电压和零电平进行比较，称为过零电压比较器。

有时为了将输出电压限制在某一特定值，在比较器的输出端与"地"之间跨接一个双向稳压二极管（称为限幅稳压管），如图 3.3.3(a)所示，图中 R 为限流电阻。如忽略稳压管的正向导通压降，如果 $|+U_{CC}| = |-U_{EE}| > U_Z$，当 $u_i > U_R$ 时，$u_o = -U_Z$；当 $u_i < U_R$ 时，$u_o = +U_Z$（U_Z 为稳压管的稳定电压值）。当输入为正弦波时，输出为矩形波，如图 3.3.3(b)所示。

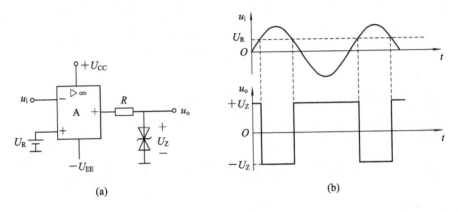

图 3.3.3　带稳压二极管的单限电压比较器及工作波形

2. 迟滞电压比较器

在前述的单限电压比较器电路中，如果输入信号的值恰好在转换电压附近，则会由于一些干扰使输出电压不断地跳变，而迟滞电压比较器能够克服这个缺陷。图 3.3.1 所示电路为迟滞电压比较器。图中，输入电压从反向端输入，由于输出端接入了限幅稳压管，所以输出值为 $\pm U_Z$。从输出端通过电阻 R_3 连接到同相输入端实现正反馈。这时，运放同相输入端的转折电压值有两个，分别用 U_{TH1} 和 U_{TH2} 表示。

当输出电压为 $+U_Z$ 时

$$U_{TH1} = u_+ = U_{REF}\frac{R_3}{R_2 + R_3} + U_Z\frac{R_2}{R_2 + R_3}$$

当输出电压为 $-U_Z$ 时，

$$U_{TH2} = u_+ = U_{REF}\frac{R_3}{R_2 + R_3} - U_Z\frac{R_2}{R_2 + R_3}$$

设某一瞬时 $u_o = +U_Z$，当输入电压 u_i 增大到 U_{TH1} 时，输出电压 u_o 发生翻转，转变为 $-U_Z$，当输入电压 u_i 减少到 U_{TH2} 时，输出电压 u_o 再次发生翻转，转变为 $+U_Z$，其传输特性如图 3.3.4 所示。U_{TH1} 称为上门限电压，U_{TH2} 称为下门限电压，两者之差称为回差电压，用 ΔU_{TH} 表示为

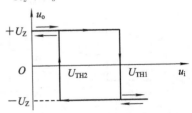

图 3.3.4　迟滞电压比较器的传输特性

$$\Delta U_{TH}=U_{TH1}-U_{TH2}=U_z\frac{2R_2}{R_2+R_3}$$

与单限电压比较器相比，迟滞电压比较器存在回差，回差提高了电路的抗干扰能力。只要干扰信号的峰值小于半个回差电压，比较器就不会因为干扰而误动作。

由集成运放组成的电压比较器，其传输特性中的线性一般不陡峭，尚不理想。在要求较高的场合，可以采用具有高精度和高灵敏度特点的集成电压比较器，如 LM311（单电压比较器）LM339（双电压比较器）和 LM393（四电压比较器）等。

注意：集成电压比较器输出端一般为 OC 门，即集电极开路，需外接上拉电阻（参见《数字电路》—OC 门电路）。

例 3.3.1　某同学用光敏电阻 LDR 制作了如图 3.3.5 所示的光控电路来控制负载 R_L 工作。调试时发现 R_P 正好调整到一半时，负载 R_L 就开始获得电压工作，求此时的光照环境下，光敏电阻 LDR 的等效电阻。

解　图 3.3.5 中，集成运放接成了单限电压比较器电路。

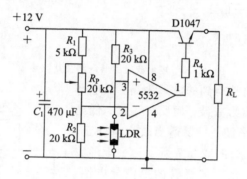

图 3.3.5　例 3.3.1 电路

基准电压：

$$U_{REF}=U_{R2}=\frac{R_2 U_{CC}}{R_1+0.5R_P+R_2}=\frac{20\times12}{5+0.5\times20+20}=\frac{48}{7}\ \text{V}$$

负载 R_L 得电工作时，阈值电压等于基准电压，即

$$U_{TH}=\frac{U_{CC}R_{LDR}}{R_3+R_{LDR}}=\frac{12\times R_{LDR}}{20+R_{LDR}}=\frac{48}{7}\ \text{V}$$

由此可得 $R_{LDR}\approx26.67\ \text{k}\Omega$。

二、非正弦信号发生器

1. 矩形波发生器

不需要外加输入信号就能输出波形电压的电路称为信号发生器。用集成运放构成的矩形波发生器电路如图 3.3.6(a) 所示。从图中可以看出，它是在迟滞电压比较器的基础上，增加了一个由 R_f 和 C 构成的负反馈电路，集成运放用作迟滞电压比较器。电路没有外加输入电压，其参考电压加在同相输入端，为 R_2 上的反馈电压 U_R，它是输出电压 u_o（输出电压 u_o 被稳压管 D_z 限幅，只可能是 $\pm U_z$）的一部分，即

$$U_R=\pm\frac{R_2}{R_1+R_2}U_z$$

加在反相输入端和 U_R 进行比较的信号为电容 C 上的电压 u_C。

刚接通电源时，假设 $u_o=+U_Z$，此时 $U_R=+\dfrac{R_2}{R_1+R_2}U_Z$ 为正值，$u_C<U_R$，u_o 经 R_f 向电容 C 充电，电容上的电压 u_C 按指数规律增加。当 u_C 增加到 $u_C=U_R$ 时，u_o 跳变到 $-U_Z$，于是 $U_R=-\dfrac{R_2}{R_1+R_2}U_Z$，这时 $u_C>U_R$，电容 C 开始通过 R_f 放电，而后又反向充电，当充电到 $u_C=-U_R$ 时，u_o 又跳变到 $+U_Z$，如此周而复始，在输出端就得到了矩形波，如图 3.3.6(b) 所示。

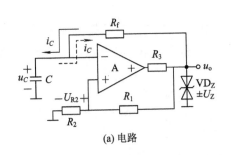

(a) 电路

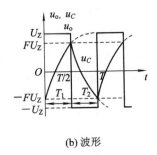

(b) 波形

图 3.3.6　矩形波发生器电路及其波形

　　以上分析的电路输出端得到的波形为高、低电平所占时间相等的波形，称为方波。而要得到高、低电平所占时间不相等的矩形波，只要适当改变电容正、反向充电时间常数即可。如图 3.3.7 所示为一矩形波发生器电路，该电路中，由于二极管的单向导电性，使电容的充放电阻分别为 R_5+R_4 和 R_6+R_4，只要选择 $R_6\neq R_5$，使电容充放电时间常数不相等，即可得到矩形波输出。

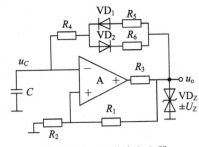

图 3.3.7　矩形波发生器

2. 三角波发生器

　　应用集成运放还可构成三角波发生器，如图 3.3.8(a) 所示，该电路由 A_1 构成的迟滞比较器和 A_2 构成的反相积分器组成。

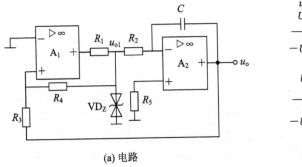

(a) 电路

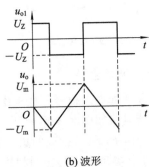

(b) 波形

图 3.3.8　三角波发生器电路及其工作波形

运放 A_1 的反相输入端电压 $u_{A1-}=0$，其同相输入端电压由叠加定理可得

$$u_{A1+} = \frac{R_3}{R_3+R_4}u_{o1} + \frac{R_4}{R_3+R_4}u_o$$

设 $t=0$ 时，$u_{o1}=+U_Z$，$u_C=0$，$u_o=0$，则电容 C 通过 R_2 开始充电，输出电压 u_o 开始减小，u_{A1+} 也开始减小。当 $u_{A1+}=u_{A1-}=0$ 时，得

$$u_{A1+} = \frac{R_3}{R_3+R_4}u_{o1} + \frac{R_4}{R_3+R_4}u_o = \frac{R_3}{R_3+R_4}U_Z + \frac{R_4}{R_3+R_4}u_o = 0$$

即

$$u_o = -\frac{R_3}{R_4}U_Z$$

此时，u_{o1} 发生跳变，$u_{o1}=-U_Z$，u_{A1+} 也跳变为负值，这时 $u_o<0$，$u_{o1}<0$，电容 C 通过 R_2 向 u_{o1} 端放电，使 u_o 随时间线性增加，u_{A1+} 也随之增加。当 $u_{A1+}=u_{A1-}=0$ 时，输出电压 u_o 增加到 $\frac{R_3}{R_4}U_Z$，u_{o1} 再次发生跳变，$u_{o1}=+U_Z$，u_{A1+} 也跳变为正值。如此周期性地变化，A_1 输出的是方波电压 u_{o1}，A_2 输出的是三角波电压 u_o，其波形如图 3.3.8(b)所示，图中 $U_m=\frac{R_3}{R_4}U_Z$。

3. 锯齿波发生器

锯齿波发生器电路与三角波发生器电路基本相同，只是把积分电路反相输入端的电阻分为两路，使积分器的正向积分和反向积分的速率不相同，从而形成锯齿波。如图 3.3.9 所示。图(a)中 R_P 为可调电位器，VD_1、R_{P1}、C 组成充电回路，VD_2、R_{P2}、C 组成放电回路，调节 R_P 使 $R_{P1}>R_{P2}$，则负向积分时间小于正向积分时间，相对应的输出电压 u_o 线性上升段比下降段长，其波形如图 3.3.9(b)所示，A_1 输出的是矩形波电压 u_{o1}，A_2 输出的是锯齿波电压 u_o。

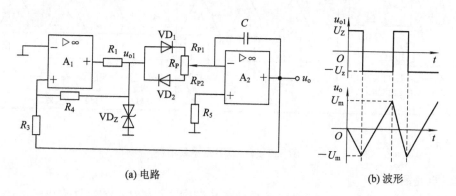

(a) 电路   (b) 波形

图 3.3.9 锯齿波发生器及其工作波形

任务实施 LED 电平显示器的制作与测试

一、实训目的

（1）掌握单限电压比较器的结构及特点。

（2）学会使用电压比较器。

（3）进一步熟练掌握集成运放的线性应用及非线性应用及其调试方法。

二、实训仪器与材料

实训仪器	参考型号	实训材料	规格	数量	实训材料	规格	数量
万用表	DT9205A	电阻	$1\ k\mu$、$220\ \Omega$ 等	若干	拨动开关	常规	1
信号发生器	SPF20A	电容	$0.1\ \mu F$	2	发光二极管	常规	7
示波器	UR2102CE	万能板	$7\ cm \times 9\ cm$	1	驻极体话筒	常规	1
焊接工具	常规	电位器	$220\ k\Omega$	1	集成运放	LM324	2
直流电源	HG63303						

三、实训内容与步骤

（1）检测实训所用元器件。

（2）按图 3.3.10 所示在万能板上焊接电路。

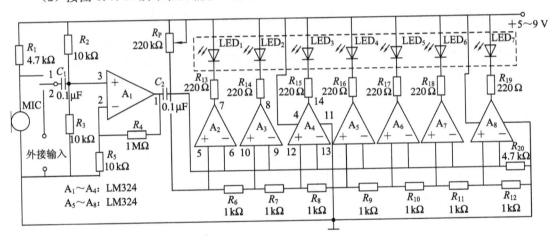

图 3.3.10　LED 电平显示器

（3）电路测试。

① 检查电路无误后，接通电源，将电源电压调到 8 V 左右，测试各集成运放的 4 脚和 11 脚电压是否合适。如不符合要求，重新检测电路。

② 将电源调到 8 V 左右，将拨动开关拨到 1 位置，将音频信号送入话筒，调节电位器使发光二极管全部发光。

③ 将音乐信号送入话筒，观察并记录发光二极管的变化，同时将示波器接入 $A_2 \sim A_8$ 任一输出端，观察并记录其波形。

④ 将拨动开关拨到 2 位置，用函数发生器调节出合适的正弦波，记录输入信号幅值与频率，将其送入到外接输入端，用示波器测试集成运放 A_8 的反相输入端波形和输出端波

形，读出其幅值，并记录；同时测试运放 A_8 同相输入端的电压，并记录。调节电压和频率的大小，观察发光二极管的变化。

四、实训评价

按附录一(A)电路制作实训评分表操作。

五、分析与思考

(1) 本项目制作与测试电路中集成运放 A_1 与其他运放的外电路元件有什么不同？它们的功能又有什么不同？

(2) 输入正弦波后，通过示波器观察到 A_8 的输出波形还是正弦波吗？为什么？

小 结

电压比较器是集成运放工作在非线性区的典型应用，输出只有高电平和低电平两种状态，在门限电压处翻转。单限电压比较器中运放通常工作在开环状态，只有一个门限电压。加有正反馈的比较器称为迟滞比较器，又称为施密特触发器，它有上、下两个门限电压，两者之差称为回差电压。电压比较器可用来对两个输入电压进行比较，并根据比较结果输出高电平或低电平，广泛应用于信号产生、信号处理和检测电路中。

没有外加输入信号就能产生输出信号的电路称为信号发生器。非正弦波产生电路通常由比较器、积分电路和反馈电路等组成，其状态的翻转依靠电路中定时电容能量的变化。

习 题

一、填空题

1. 单限电压比较器中的集成运放工作在＿＿＿＿＿，当 $u_i > U_{REF}$ 时，$U_o = $＿＿＿＿＿；当 $u_i < U_{REF}$ 时，$U_o = $＿＿＿＿；当 $u_i = U_{REF}$ 时，u_i 的值称为＿＿＿＿，输出电压发生＿＿＿＿。

2. 过零比较器，若希望 $u_i > 0$ 时，输出负极性电压，则应将 u_i 接集成运放的＿＿＿＿相输入端；若希望 $u_i > 0$ 时，输出正极性电压，则应将 u_i 接集成运放的＿＿＿＿相输入端。

3. 迟滞电压比较器中，转折电压值有＿＿＿＿和＿＿＿＿两个，它们的差称为＿＿＿＿。

4. 集成运放构成的矩形波发生器是在迟滞电压比较器的基础上，增加了由 R 和 C 构成的＿＿＿＿反馈电路。

二、选择题

5. 由集成运放组成的电压比较器的工作状态主要是(　　　　)。
A. 开环或正反馈状态　　　　　　B. 深度负反馈状态
C. 放大状态　　　　　　　　　　D. 线性工作状态

6. 迟滞电压比较器的抗干扰能力取决于(　　　　)。
A. U_{TH} 的大小　　　　　　　　B. U_{REF} 的大小
C. ΔU_{TH} 的大小　　　　　　　D. u_i 的大小

7. 由集成运放组成的矩形波发生电路产生的脉冲宽度由(　　　　)决定。

A. 负反馈电路的充电时间　　　　B. 负反馈电路的放电时间

C. ΔU_{TH} 的大小　　　　　　　D. 负反馈电路的时间常数

三、综合分析题

8. 在图 3.3.11(a)的电路中输入(b)所示的交流电压，绘出电路的输出电压波形(集成运算放大器的 $U_{OH}=6$ V，$U_{OL}=-3$ V)。

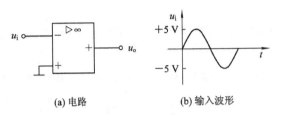

(a) 电路　　　　　　　　　(b) 输入波形

图 3.3.11　习题 8 图

9. 如图 3.3.12 所示电路中，集成运算放大器的最大输出电压 $U_{Om}=\pm12$ V，双向稳压管的值 $U_z=\pm6$ V，输入信号 $u_i=12\sin t$(V)，在参考电压 U_{REF} 为 3 V 和 -3 V 两种情况下，试分别画出输出电压波形。

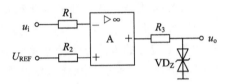

图 3.3.12　习题 9 图

10. 如图 3.3.13 所示电路为监控报警装置，U_{REF} 为参考电压，u_i 为被监控量的传感器送来的监控信号，当 u_i 超过正常值时，指示灯亮报警。试说明其工作原理及图中稳压二极管和电阻 R_3 的作用。

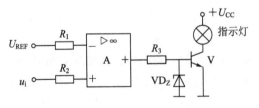

图 3.3.13　习题 10 图

11. 已知双运放电压比较器电路如图 3.3.14 所示，$U_{REFH}>U_{REFL}$，试分析其工作原理，画出电压传输特性。

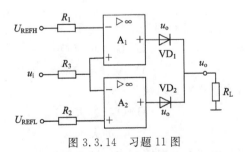

图 3.3.14　习题 11 图

12. 已知迟滞电压比较器如图 3.3.15(a) 所示，$U_{REF} = 4$ V，$U_Z = 4$ V，$R_1 = R_2 = 10$ kΩ，$R_3 = 30$ kΩ，$R_4 = 1$ kΩ。

（1）计算其门限电压；

（2）若输入电压波形如图(b)所示，试定性画出输出电压 u_o 波形。

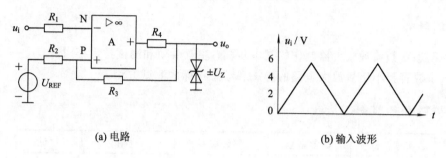

(a) 电路　　　　　　　　(b) 输入波形

图 3.3.15　习题 12 图

项目训练　音调前置放大器的制作与测试

一、实训目的

（1）熟悉音频前置放大器制作的基本步骤、注意事项和测试技术要求。

（2）掌握音频小信号放大电路的静态和动态指标的测试方法。

二、实训仪器与材料

实训设备	参考型号	实训材料	规格	数量
稳压电源	HG63303	集成运放	NE4558	1块
信号发生器	SP1641B	电解电容	10 μF	3只
双踪示波器	UT2062C	电阻	见图 3.4.1	若干
万用表	DE－960TR	电位器	50 kΩ	3
交流毫伏表	YX2194	耳机	30 Ω	1
		AV 输入插座	单	1
		万能板	5 cm×8 cm	1
		涤纶电容	见图 3.4.1	若干
		耳机插	单	1
		CD 唱机	常规	1

三、实训内容与步骤

（1）按图 3.4.1 所示电路在万能板中进行元件布局排列、连接好电路。经反复检查无误后接通电源，输入端接地，用万用表检测集成 IC 的 1、2、3、5、6、7 各脚的静态工作电压，并判断是否正常。

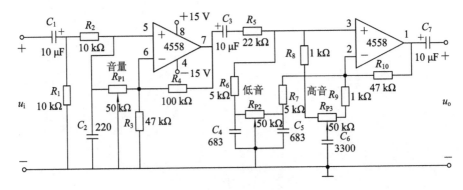

图 3.4.1　音调前置放大器电路

（2）将信号源调整为 1000 Hz 接输入端，再用双踪示波器同时监测输入端与输出端各自的波形，慢慢调节音量电位器 R_{P1}。

① R_{P1} 调至最左端(衰减最大，负反馈最大)时，读出输入信号幅度为＿＿mV，输出信号幅度为＿＿mV。

② R_{P1} 调至最右端(衰减最小，负反馈最小)时，读出输入信号幅度为＿＿mV，输出信号幅度为＿＿mV(此时若输出信号有失真，可适当减小 R_4 的值)。输出信号的幅度调节范围为＿＿＿＿＿＿＿。

(3) 保持音量电位器在最右端。

① 把信号源调整为 300 Hz 输出，调节 R_{P2} 从最左到最右端，观察输出波形的变化幅度值。

② 把信号源调整为 12 kHz 输出，调节 R_{P3} 从最左到最右端，观察输出波形的变化幅度值。

③ 把所得的测试结果与分立负反馈音调电路对比。

(4) 将输出幅度调节在一个合适的值，往下调整信号输出频率，在低频段找出使输出信号幅度为 1000 Hz 输出的 0.707 倍时的频点为＿＿＿＿，再往上调整信号输出频率，在高频段找出使输出信号幅度为 1000 Hz 输出的 0.707 倍时的频点为＿＿＿＿，算出本放大电路的通频带为＿＿＿＿＿＿。

(5) 音乐试听。用 CD 唱机的输出接输入端，播放频带较宽的乐曲节目，再用耳机接输出端监听。调节 R_{P1} 改变声音的大小，调节 R_{P2} 改变低音的幅度，调节 R_{P3} 改变高音的幅度，仔细聆听有无失真现象，并判断是否是因放大器性能不良而产生，并提出改进方案。

(6) 撰写实训报告。

准确描述电路的功能，以及调试过程中的波形、数据分析等。

四、实训评价

按附录一(A)电路制作实训评分表操作。

五、分析与思考

(1) 分析本项目电路中 A_1 的反馈。

(2) 本项目电路中的音调电路结构与图 3.2.18 所示的负反馈音调电路比较有什么区别？

常识链接　放大电路的调整与测试

新设计制作的放大电路，往往难以一次达到预期的效果。因为在设计时，不可能全面考虑到元器件参数的分散性、寄生参数等各种复杂的因素，并且安装过程中仍可能存在没有发现的错误。通过对电路板的测试和调整，可发现和纠正设计方案的不足，并查出电路安装中的错误，然后采取措施加以改进，使之达到预定的技术要求。

一、通电前的检查

电路安装完毕后，必须在不通电的情况下，对电路板进行认真细致的检查，以便纠正安装错误。检查过程中可借助指针式万用表"R×1"挡或数字式万用表"Ω"挡的蜂鸣器来测量。测量时应直接测量元器件引脚，这样可以同时发现接触不良的地方，同时应特别注意：

（1）元器件引脚之间有无短路；

（2）电源的正、负极性有没有接反，有没有短路，电源线、地线是否接触可靠；

（3）二极管与电解电容极性有没有接反，三极管、集成电路引脚接线有没有接错，集成电路的型号及安插方向对不对，引脚连接处有无接触不良等。

二、通电调试

调试包括测试和调整，测试是对安装完成的电路板的参数及工作状态进行测量，为调整电路提供依据，经过反复的测量和调整，就可使电路性能达到要求。最后还应通过测试获得电路的各项主要性能指标，以作为撰写调试报告的依据。

调试前，应在电路原理图上标明元器件参数、主要测试点的电位值及相应的波形图。具体调试步骤如下。

（1）通电静态观察、测试与调整方法。

把经过测量的电源（最好接电压表和电流表）接入电路时，按动开关的手不应急于离开，而应先观察有无异常现象，包括电路中有无冒烟、有无异常气味、元器件是否发烫，以及电源输出有无短路现象等。如出现异常现象，则应立即断电，检查电路，排除故障，待故障排除后方可重新通电，然后再测各测试点电压是否满足要求。

（2）静态调试。

调整测量放大电路静态工作状态的目的，是为了保证放大器能工作在线性状态，同时，通过直流电位的测量，可发现电路设计、电路安装以及电路元器件损坏等故障。方法如下：

接通直流电源，并令放大电路输入端对"地"交流短路，测量电路有关点的直流电位，并与理论估算值相比较。若偏差不大，则可调整电路有关电阻，使电位值达到所需值；若偏差太大或不正常，则应检查电路有没有故障，测量有没有错误，以及读数是否看错等。进行静态调试时，若要测量电路中的电流，一般不采用断开电路串入电流表的方法，而是用电压表测量已知电阻上的压降，然后通过换算得到电流。

（3）动态调试。

放大器的动态调试应在静态调试已完成的基础上进行。动态调试的目的是为了使放大电路的增益、输出电压动态范围、波形失真、输入和输出电阻等性能达到要求。

在电路的输入端接入适当频率和幅度的信号，并循着信号的流向，逐级检测各有关点的波形，估算电路性能指标，然后进行适当调整，使指标达到要求。经调整初测符合要求后，则可进行电路性能指标的全面测量。

测试过程中，要通过仪器仔细观察，做到边测量，边记录，边分析，边解决问题。

① 增益的测量。测量放大电路的电压增益需要采用信号发生器、电子交流毫伏表、电子示波器以及直流稳电源等仪器设备，其接线如图 3.4.2 所示。测量时应注意合理选择输入信号的幅度和频率。输入信号过小，则不便于观察，且容易串入干扰；输入信号过大，会造成失真。输入信号的频率应在电路工作频带中频区域内。另外还应注意，由于信号源都有一定的内阻，所以测量 u_i 时，必须在被测电路与信号源连接后进行测量。

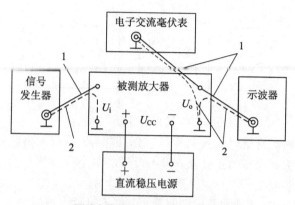

1—测试电缆芯线；2—测试电缆屏蔽层

图 3.4.2　放大电路增益测量电路接线图

先用示波器观察输出电压 u_o 的波形，在波形不失真的情况下，用电子交流毫伏表分别测输入电压 u_i 和输出电压 u_o，于是求得电压放大倍数为 $A_u = \dfrac{u_o}{u_i}$。

② 输入电阻的测量。测量输入电阻的方法很多，图 3.4.3 所示为常用的电流电压法测量输入电阻的电路，图中，R 为外接测试辅助电阻，R_L 为放大器输出端所接实际负载电阻。用一个合适的 U_i（频率在频带内中频区域）接入，即可测得 U_{id}（此时的输出电压 u_o 应为不失真的正弦波）。由测得的 U_i 和 U_{id}，即可求得电路的输入电阻 R_i 为

$$R_i = \frac{u_{id}}{i_{id}} = \frac{u_{id}}{(u_i - u_{id})/R} = \frac{U_{id}}{(U_i - U_{id})/R}$$

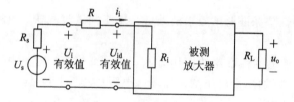

图 3.4.3　输入电阻测量电路

测量辅助电阻 R 的数值应选择适当，不宜太大或太小。R 太大，将使 U_{id} 的数值很小，从而加大 R_i 的测量误差；R 太小，则 U_i 与 U_{id} 读数又十分接近，导致 $U_i - U_{id}$ 的误差增大，故也使 R_i 的测量误差加大。一般选取 R 与 R_i 为同数量级的电阻。

当被测电路输入电阻很高时，上述测量法将因 R 和电压表的接入而在输入端引起较大的干扰误差。特别是电压表内阻不是很高时，将会使 u_i、u_{id} 的测量值偏小。

③ 输出电阻的测量。测量电路如图 3.4.4 所示。把放大器输出端口等效为电压源 U_{ot} 与 R_o 串联（戴维宁定理）。断开 R_L 时可测得输出电压为 U_{ot}，接入 R_L 后又可测得输出电压为 U_o，则

$$\frac{U_{ot}}{R_o + R_L} = \frac{U_o}{R_L}$$

由此可求得输出电阻 R_o 为

$$R_o = \left(\frac{U_{ot}}{U_o} - 1 \right) R_L$$

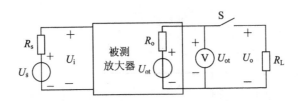

图 3.4.4　输出电阻的测量电路

测量时应注意：两次测量时输入电压 U_i 应保持相等；U_i 的大小应适当，以保证 R_L 接入和断开时，输出电压为不失真的正弦波；输入信号的频率应在频带内中频区域；一般选取 R_L 与 R_o 为同数量级的电阻。

④ 输出电压波形失真及动态范围的测量。一般不对放大器的失真作定量测量时，可采用示波器来观察，测试电路如图 3.4.2 所示。在工作频带内任选一频率信号输入，调节输入信号的幅度，观察示波器中输出电压波形的幅度，并使之达到指标要求值，然后观察波形的顶部有没有因限幅或截止而变平，最后检查正、负半周期时间间隔是否相等。如果波形顶部变平，正、负半周期时间间隔相差较多，则说明电路产生了较严重的失真。此时，应先检查所产生的失真现象是否正常。若属不正常，则应找出故障原因，并加以消除；若属正常，则应适当调整电路工作点、增加负反馈量或调整其他电路有关参数，直至波形失真消除且幅度达到指标要求为止。

测量动态范围的方法是：调节输入信号幅度，使输出电压刚出现平顶而又不产生明显失真为止，此时，示波器中所显示波形的峰—峰值就是该放大电路的动态范围。

三、调试注意事项

测试结果的正确性是保证调试效果的条件，要使调试过程快、效果好，则在调试时应注意以下几点：

（1）调试前先要熟悉各种仪器的使用方法，并仔细检查，避免由于仪器使用不当，或仪器的性能达不到要求（如测量电压的仪器输入电阻比较低、频带过窄等）而造成测量结果不准，以致作出错误的判断。

（2）测量仪器的地线和被测电路的地线应连接在一起，并形成系统的参考地电位，这样才能保证测量结果的正确性。

（3）接线要用屏蔽线，屏蔽线的外屏蔽层要接到系统的地线上。在频率比较高时，要使用带探头的测量线，以减小分布电容的影响。

（4）要正确选择测量点和测量方法。

（5）调试过程自始至终要有严谨的科学作风，切勿急于求成。调试过程中，不但要认真观察测量，还要记录并善于进行分析、判断。切不可一遇问题，就无目的地乱调、乱测和乱改接线，甚至把电路拆掉重新安装。这样，不但不能解决问题，还会发生更大的故障，甚至损坏元器件及测量仪器。

学习情境四　功率放大器的制作与测试

　　功率放大器是音响设备的音频信号终端，它要推动扬声器，因此要求获得足够的不失真输出功率。功率放大器的优劣决定了整个系统的品质，是系统的核心部件之一。下面介绍功率放大电路的结构和工作原理，然后再制作性能、指标优良的功率放大器。

※学习目标

　　1. 熟悉功率放大器与一般电压放大器的区别，了解甲类、乙类和甲乙类功放的特点。

　　2. 掌握 OTL、OCL 和 BTL 功率放大器的组成、工作状态和特点，以及主要元件的功能。

　　3. 能分析常见的功放电路，并能对功放电路进行安装和调试。

　　4. 能熟练查阅半导体手册，并能根据电路需要选用功放管和集成功放。

任务一　分立喊话器的仿真与测试

能力目标：

1. 能熟练使用 PROTEUS 软件查找元器件，合理设定器件参数。
2. 能熟练使用音频信号发生器调整所需波形，并用示波器测试波形。

知识目标：

1. 掌握 OCL 功放电路的组成及其输出功率、管耗、效率等参数的计算方法。
2. 掌握 OTL、BTL 功放电路的组成及其分析方法。

技能训练　双共集互补对称电路的仿真测试

1. 实训目的

(1) 能利用 PROTEUS 仿真软件查找相关元件，并能合理设定各元件参数。

(2) 能根据电路图应用仿真软件正确连接线路。

(3) 能利用软件对电路进行仿真并实现其功能。

2. 实训仪器与材料

实训用 PROTUES 软件进行仿真，具体用到的虚拟仪器及器件如下。

实训仪器	参考型号	实训材料	规格	数量
虚拟示波器	INSTRUMENTS‒OSCILLOSCOPE	三极管	C2073(NPN)	1
电流探针	Current PROBE MODE	三极管	A940(PNP)	1
电压探针	VOLTAGE PROBE MODE	电阻	Res	5
电源端子	POWER	集成运放	MC4558	1
虚拟信号发生器	GENERATORS‒SINE			

3. 实训内容与步骤

(1) 按图 4.1.1(a)所示画好仿真电路，并设置元件参数。

(2) 输入端接地，使 $u_i = 0$，接上 ±15 V 电源，测量两管集电极静态工作电流并记录，估算电路的静态功耗。

(3) 断开输入端接地线，接入信号源，使 u_i 为 1 kHz，$U_{im} = 1.5$ V。

① 用虚拟示波器测试集成运放的输出波形，读出输出信号的幅度并记录。

② 保持步骤①的信号输入，用虚拟示波器(双踪)同时监测 u_{o1}、u_{o2} 两个输出端的波形，观察、比较并记录两个输出波形的幅度、相位情况。

结论：晶体管 V_1 基本工作在＿＿＿＿＿＿；晶体管 V_2 基本工作在＿＿＿＿＿＿。

(4) 去掉一个负载电阻，将 V_1、V_2 的发射极并接在一个负载上，如图 4.1.1(b)所示，

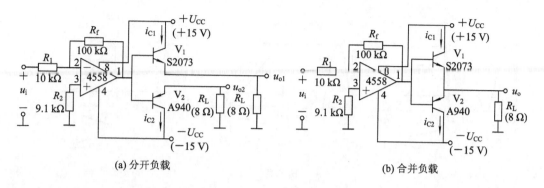

(a) 分开负载　　　　　　　　　　　　(b) 合并负载

图 4.1.1　互补对称测试电路

保持步骤③的输入，用示波器同时观察运放输出端（V_1、V_2的共同输入）和 V_1、V_2共同输出端的波形，并比较它们之间的幅度、相位关系。

结论：互补对称电路的输出波形是_____。

（5）读出 u_o 的幅值 U_{om}，计算输出功率 $P_o = \dfrac{1}{2}\dfrac{U_{om}^2}{R_L}$，并记录。

（6）用电流探针测量电源提供的平均直流电流 I_o 值，并记录，计算电源提供功率 P_U 和效率 η：$I_o =$_____；$P_U = 2U_{CC}I_o =$_____；$\eta = \dfrac{P_o}{P_U} =$_____%。

4. 分析与思考

（1）实训电路中，为什么要使用 NPN、PNP 两种结构的三极管？合并负载时，负载上的瞬时最大功率是否增大为两倍？

（2）互补对称电路的输出波形是否理想？造成这种不理想的原因是什么？

（3）电源提供的功率与输出功率之差是否都消耗在集成运放上？

知识学习　功率放大器

功率放大电路以有效获得足够的信号功率输出为主要目的，根据 $P = U_o I_o$，通常是在末级功率放大之前通过电压驱动级把信号电压放大到足够的数值后再进行电流放大。担任电流放大的末级功放管工作于大信号状态，本身也消耗功率，因此，功率放大电路在保证足够大功率输出的同时，减小管耗和非线性失真是其要解决的主要问题。

功率放大电路中，根据三极管静态工作点 Q 在交流负载线位置的不同，有三种代表性的情形，如图 4.1.2 所示。

图 4.1.2(a) 把 Q 点选在交流负载线的中点，称为甲类功率放大。此时，三极管在输入信号的整个周期内都处于放大状态，输出信号无失真，但静态电流大，效率低。

图 4.1.2(b) 把 Q 点选在三极管的零偏置点，称为乙类功率放大。技能训练中采用的就是两个乙类共集电路组合起来交替工作的电路，每只管仅在输入信号的半个周期内导通，输出分别为正、负半波信号，在负载上合成一个完整的全波信号。三极管几乎没有静态电流，效率高，但存在交越削波。

图 4.1.2(c) 把 Q 点选在三极管处于微导通的偏置点处，称为甲乙类功率放大电路。它

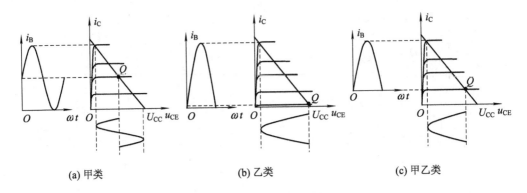

(a) 甲类　　　　　　　　(b) 乙类　　　　　　　　(c) 甲乙类

图 4.1.2　功率放大电路中三极管的三种工作状态

仍然采用两只管组合起来交替工作，三极管静态电流稍大于零，仍有较高的效率，输出波形克服了乙类功放削波的缺陷，是实用的功率放大器经常采用的方式。

一、双电源互补对称功率放大电路（OCL）

1. 电路的结构及工作原理

1）电路组成

双电源互补对称功率放大电路又称无输出电容的功放电路（简称 OCL），其电路原理如图 4.1.3(b) 所示。特性对称一致的 V_1（NPN 型）和 V_2（PNP 型）两管的基极相连作为输入端，两管射极相连共用 R_L 作为射极输出负载，两管的集电极分别接一组正电源和一组负电源。

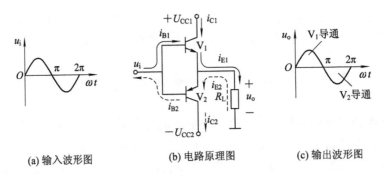

(a) 输入波形图　　　　　(b) 电路原理图　　　　　(c) 输出波形图

图 4.1.3　乙类双电源功率放大电路

2）电路分析

(1) 静态分析。从电路可知，每个管子组成共集组态的射极电压跟随放大电路，其输出电阻小，能与低阻抗负载较好地匹配。由于电路无偏置电压，故两管的静态工作点参数 U_{BE}、I_B 和 I_C 均为零，属于乙类工作状态。

(2) 动态分析。为方便分析信号波形，将 V_2 管的输出特性相对于 V_1 管输出特性旋转 180°放置，如图 4.1.4 所示。设输入信号为正弦电压 u_i，在 $0\sim\pi$ 期间，V_1 发射结承受正向电压，V_2 发射结承受反向电压，故 V_1 导通，V_2 截止。发射极电压跟随输出，在 R_L 上获得正半周信号电压 $u_o\approx u_i$；在 $\pi\sim 2\pi$（负半周）期间，V_1 发射结承受反向电压而截止，V_2 发射结承受正向电压而导通，发射极输出为负半周信号 $u_o\approx u_i$。输出的信号电流被放大为 $i_o=$

$i_e = (1+\beta)i_b$。两管在信号的两个半周期内轮流导通工作，将在负载 R_L 上获得完整的正弦波信号电压。图 4.1.4 中显示了两管信号电流 i_{C1}、i_{C2} 的波形和两管信号电压 u_{CE1}、u_{CE2} 的波形以及在 R_L 上合成后的 u_{RL} 波形。图中可见，任一个半周期内，每个管子 c、e 两端的信号电压为 $|u_{CE}| = |U_{CC}| - |u_o|$，而输出电压 $u_o = -u_{CE} = i_o R_L \approx i_C R_L$。一般情况下，输出电压幅值为 $U_{om} = -u_{CEm}$，其大小随输入信号幅度而变，而最大输出电压幅值为 $U_{om(max)} = U_{CC} - U_{CE(sat)} \approx U_{CC}$。这些参数间的关系是计算输出功率和管耗的重要依据。

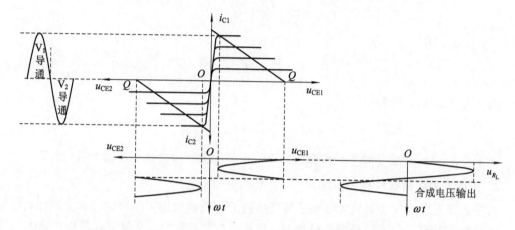

图 4.1.4　互补对称功率放大电路图解分析的波形图

3）电路的参数计算

参见图 4.1.3(b)，为分析方便起见，设 BJT 是理想的，即两管完全对称，其导通电压 $U_{BE} = 0$，饱和压降 $U_{CES} = 0$，则放大器的最大输出电压振幅为 U_{CC}，最大输出电流振幅为 U_{CC}/R_L，且在输出不失真时始终有 $u_o = u_i$。

（1）输出功率 P_o。设输出电压的幅值为 U_{om}，有效值为 U_o；输出电流的幅值为 I_{om}，有效值为 I_o，则

$$P_o = U_o I_o = \frac{U_{om}}{\sqrt{2}} \times \frac{I_{om}}{\sqrt{2}} = \frac{1}{2} I_{om}^2 R_L = \frac{1}{2} \times \frac{U_{om}^2}{R_L}$$

当输入信号足够大，使 $U_{om} = U_{im} = U_{CC} - U_{CES} \approx U_{CC}$ 时，可得最大输出功率为

$$P_o = P_{om} = \frac{1}{2} \times \frac{U_{om}^2}{R_L} = \frac{1}{2} \times \frac{U_{CC}^2}{R_L}$$

（2）管耗 P_V。由于 V_1 和 V_2 在一个信号周期内均为半个周期导通，因此有

$$P_{V1} = P_{V2} = \frac{1}{2\pi} \int_0^\pi (U_{CC} - u_o) \frac{u_o}{R_L} d(\omega t)$$
$$= \frac{1}{2\pi} \int_0^\pi \left[(U_{CC} - U_{om}\sin\omega t) \frac{U_{om}\sin\omega t}{R_L} \right] d(\omega t)$$
$$= \frac{1}{R_L} \frac{U_{CC} U_{om}}{\pi} - \frac{U_{om}^2}{4}$$

两管管耗为

$$P_V = \frac{2}{R_L} \left(\frac{U_{CC} U_{om}}{\pi} - \frac{U_{om}^2}{4} \right)$$

（3）直流电源供给的功率 P_U。直流电源供给的功率包括负载得到的功率和两放大管

的损耗功率两部分，即

$$P_{\text{U}}=P_{\text{o}}+P_{\text{V}}=\frac{2U_{\text{CC}}U_{\text{om}}}{\pi R_{\text{L}}}$$

当 $u_{\text{i}}=0$，即无信号输入时，有

$$U_{\text{om}}=0,\qquad P_{\text{o}}=P_{\text{V}}=P_{\text{U}}=0$$

当输出电压幅度达到最大，即 $U_{\text{om}}=U_{\text{CC}}$ 时，电源供给的最大功率为

$$P_{\text{Um}}=\frac{2}{\pi}\times\frac{U_{\text{CC}}^2}{R_{\text{L}}}\approx1.27P_{\text{om}}$$

（4）效率 η 为

$$\eta=\frac{P_{\text{o}}}{P_{\text{U}}}=\frac{\pi U_{\text{om}}}{4U_{\text{CC}}}$$

当 $U_{\text{om}}\approx U_{\text{CC}}$ 时，得

$$\eta=\frac{P_{\text{om}}}{P_{\text{Um}}}=\frac{\pi}{4}\approx78.5\%$$

由于 $U_{\text{om}}\approx U_{\text{CC}}$ 忽略了管子的饱和压降 U_{CES}，实际效率则比这个数值要低一些。

2. 实际应用中需要解决的问题

由于乙类互补对称功率放大电路是两管推挽工作完成对输入信号的放大，因此，它的一个显著缺点就是当输入信号幅度较小时，容易产生交越失真。交越失真是指当输入信号电压幅度较小不足以克服 V_1 和 V_2 的死区电压时，而这段区域内的输出仍然为 0，使输出信号产生失真的现象，如图 4.1.5 所示。

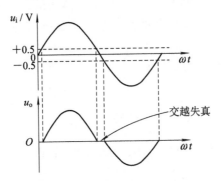

图 4.1.5 乙类互补对称功率放大电路的交越失真现象

1）交越失真的消除

为了消除交越失真，必须在两管的基极之间加偏置电压 U_{B1}、U_{B2}。在具体电路中，一般采用如图 4.1.6 所示的偏置电路来消除交越失真。

（1）利用二极管和电位器上的压降产生偏置电压，电路如图 4.1.6(a)所示。由 V_3 组成的前置激励电压放大级集电极静态电流 I_{C3}，流经 VD_1、VD_2 和 R_{P} 形成直流压降 U_{B1B2}，其值约为两管的阈值电压之和。静态时，两管处于微导通的甲乙类工作状态，产生静态工作电流 $I_{\text{B1}}=-I_{\text{B2}}$，这时虽有静态电流 $I_{\text{E1}}=-I_{\text{E2}}$ 流过负载 R_{L}，但互为等值反向，因而不产生输出信号，而在正弦信号作用下，输出一个完整不失真的正弦波信号。

一般所加偏置电压的大小，以刚好消除交越失真为宜。但这种电路的缺点是不易调节，尤其当电位器滑点接触不良时，R_{P} 上全部电阻会形成过大偏压，使功放管静态电流过

大而发热损坏，故实际电路常用调节后确定阻值的固定电阻取代。

（2）利用U_{BE}倍增电路产生偏置电压，电路如图 4.1.6(b)所示。流入 V_4 的基极电流远小于 R_3、R_4 上的电流，因此可知 $U_{CE4}=U_{BE4}(R_3+R_4)/R_4$，当 V_4 采用硅管时，$U_{BE4}=0.6\sim0.7\ V$，因此只需调节 R_3 和 R_4 的比值，即可改变 $U_{B1B2}=U_{CE4}$ 形成的偏压值。这种方法常应用于模拟集成电路中。

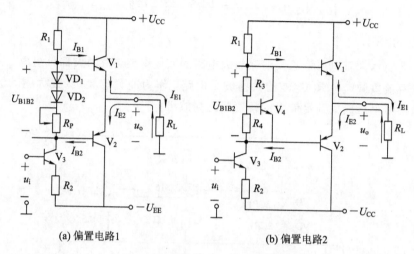

(a) 偏置电路1　　　　　　(b) 偏置电路2

图 4.1.6　消除交越失真的偏置电路

2) 功放管的复合

互补对称电路要求两只功放管的特性一致，输出信号的正、负半周才能对称，但是大功率异型管很难配对。采用复合管可以解决这一问题，还能提高电流放大倍数。如图 4.1.7(a)和(b)是前一只 V_1 管采用不同管型小功率管，后一只 V_2 管采用相同管型的大功率管复合而成的不同管型功率对管。根据图中复合管 V_1、V_2 各电极电流的流向和近似关系，可得出复合管的连接原则和等效管型判断方法如下：

（1）按 V_1、V_2 管相连的电极电流前后流向一致的规律连接。

（2）复合管的等效管型取决于前一只管子 V_1 的管型，因此，从图 4.1.7(a)和(b)中可看出等效管型为 NPN 和 PNP 型。

（3）复合后的等效管总的电流放大系数 $\beta=\beta_1\cdot\beta_2$。

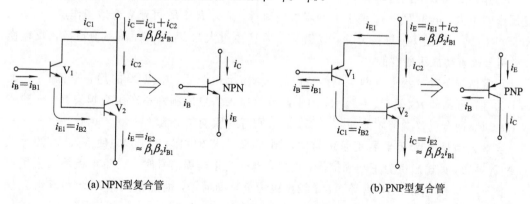

(a) NPN型复合管　　　　　　(b) PNP型复合管

图 4.1.7　复合管连接方法和等效管型

复合管还可以减小注入功放级的基极信号电流，减轻了前置放大级的负载。例如，在图 4.1.8 所示的电路中，当 $\beta_2(\beta_3)=50$，$\beta_4(\beta_5)=30$，$R_L=8\ \Omega$，若输出 $U_o=18\ V$，则流过 $V_4(V_5)$ 负载的电流峰值 $I_{om}=\sqrt{2}U_o/R_L=3.15\ A$，若忽略 $R_4(R_6)$ 的分流作用，则注入 $V_2(V_3)$ 的基极信号电流峰值仅需

$$I_{b2m}(I_{b3m})=\frac{I_{om}}{\beta_2 \cdot \beta_4}=\frac{3.15\times1000}{50\times30}=2.1\ mA$$

3. 实用的 OCL 电路

图 4.1.8 所示为双电源甲乙类功率放大电路的实用电路，由两大部分组成：一是由 V_1 管与集电极直流负载电阻 R_{C1} 组成的共射放大电路，作为前置放大级（或称驱动级），其作用是将输入信号电压放大到足够大的幅度驱动功放级。

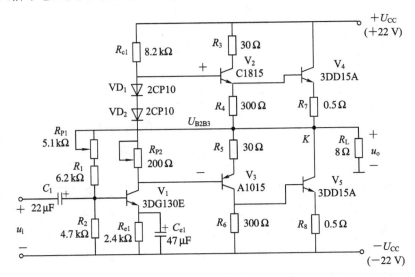

图 4.1.8　双电源甲乙类准互补对称功率放大电路

二是由两组特性一致的 V_2、V_4 和 V_3、V_5 复合管组成的功放级，由于 V_4、V_5 为同管型的大功率管，故称为准互补对称功率放大电路，前置级 V_1 管集电极的 VD_1、VD_2 和 R_{P2} 上静态压降作为功放级偏置电压 $U_{BE2+BE3}$，用于消除交越失真，加上其动态电阻较小，对信号电压影响不大。电阻 $R_3 \sim R_6$ 使上下两半电路对称，此外 R_4、R_5 可建立合适工作点，而 R_4、R_6 还可对 V_2、V_3 的 I_{CEO} 进行分流，避免 V_4、V_5 产生过大的 I_{CEO}。R_7、R_8 具有电流负反馈作用，用于改善功放级的性能。

正常情况下功放级上下两半电路特性对称，接上电源后，中点 K 的静态电位 $U_K=0$。如不为零，可调节 R_{P1} 使 $U_K=0$。R_{P2} 用于调节使加入信号后刚好不产生交越失真。一般要求 R_{P1}、R_{P2} 两者反复调节才能使 $U_K=0$，而又刚好克服交越失真。

当输入信号 u_i 为负半周正弦信号时，则 V_1 集电极输出为正半周，使 V_2、V_4 的等效 NPN 管导通，u_o 输出也为正半周信号；反之，当 u_i 为正半周信号时，V_1 集电极输出为负半周，使 V_3、V_5 的等效 PNP 管导通，u_o 输出也为负半周信号，因此在负载 R_L 上可获得完整正弦信号。当 $U_{om}=18\ V$ 时，输出功率可达 20 W。

例 4.1.1　依据图 4.1.8 所示双电源甲乙类准互补对称功率放大电路中的参数，若不

计 V_1、V_2 和 V_3 管组成电路的影响，试求：

(1) 若考虑输出回路中 R_7、R_8 电阻的影响，V_4、V_5 的饱和压降 $U_{CES}=3$ V 情况下，在负载 R_L 上可获得的最大输出功率为多大？负载上电压幅值及电流有效值为多大？

(2) 在上述情况下，试计算电源消耗的功率、功率管的管耗和效率。

解　(1) 考虑功率管 U_{CES} 的影响，在 R_L 和 R_7 或 R_8 上总的最大功率为

$$P'_{omax}=\frac{1}{2}\cdot\frac{(U_{CC}-U_{CES})^2}{R_L+R_7}=\frac{1}{2}\times\frac{(22-3)^2}{8+0.5}=21.24(\text{W})$$

负载 R_L 上获得的最大功率为

$$P_{omax}=p'_{omax}\frac{R_L}{R_L+R_7}=21.4\times\frac{8}{8+0.5}\approx20(\text{W})$$

负载上电压幅值和电流有效值为

$$U_{om}=(U_{CC}-U_{CES})\frac{R_L}{R_L+R_7}=(22-3)\times\frac{8}{8+0.5}=17.9\text{ V}$$

$$I_o=\frac{U_{om}}{R_L}/\sqrt{2}=\frac{17.9}{8}/\sqrt{2}=1.58\text{ A}$$

(2) 电源消耗功率、功率管管耗和效率为

$$P_U=\frac{2}{\pi}\cdot\frac{U_{CC}-U_{CES}}{R_L+R_7}U_{CC}=\frac{2}{\pi}\times\frac{22-3}{8+0.5}\times22=31.3\text{ W}$$

$$P_V=\frac{1}{2}(P_U-P'_{omax})=\frac{1}{2}\times(31.3-21.24)=5.03\text{ W}$$

$$\eta=\frac{P_{omax}}{P_U}=\frac{20}{31.3}=0.639=63.9\%$$

OCL 电路输出采用直接耦合，所以低频响应极佳，而且便于集成。需要注意的是，由于电路采用直接耦合方式，若静态工作点失调或某些元器件虚焊，功放管便会有很大的集电极直流电流，所以一般要在输出回路中接入熔断器以保护功放管和负载。

二、单电源互补对称功率放大器（OTL）

1. 电路的组成

OTL（无输出变压器）功率放大器的基本结构如图 4.1.9 所示。V_1 和 V_2 为配对管，同样接成射极输出形式，两管的集电极分别接在一组电源的正极和负极。电容 C 用作输出信号耦合的同时还充当 V_2 回路等效电源，电容容量常选用几千微法的电解电容。

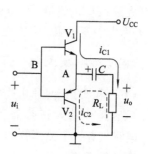

2. 电路分析

静态时，前级电路应使基极电位 U_B 为 $U_{CC}/2$，由于 V_1　图 4.1.9　OTL 功放电路原理图
和 V_2 的特性对称，所以也称 U_A 为中点电压。

输入信号 u_i 为正半周时，V_1 导通，V_2 截止，电源 U_{CC} 通过 V_1、R_L 向电容 C 充电，电流如图 4.1.9 中的实线所示。

输入信号 u_i 为负半周时，V_2 导通，V_1 截止，电容 C（代替电源）通过 V_2、R_L 放电，电流如图 4.1.9 中的虚线所示。

功放管 V_1 和 V_2 交替工作，在负载上获得正负半周完整的输出波形。每只功放管的实际工作电压为电源电压的一半，所以负载可获得的最大功率为 $P_{omax}=\dfrac{1}{2}\cdot\dfrac{(U_{CC}/2)^2}{R_L}=\dfrac{U_{CC}^2}{8R_L}$。

3. 实用的 OTL 电路

图 4.1.10 是由激励放大级和功率放大输出级组成的 OTL 功放电路。

（1）激励放大级：由三极管 V_1 组成工作点稳定的分压式偏置放大器工作于甲类状态。输入信号 u_i 经放大后由集电极输出，加到 V_2、V_3 的基极。R_{P1} 引入电压并联负反馈，可以稳定静态工作点和提高输出信号电压的稳定度。

（2）功率放大输出级：三极管 V_2、V_3 组成互补对称功放电路，R_{P2} 和二极管 VD_1 为

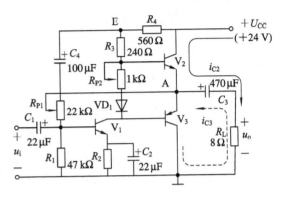

图 4.1.10 实用的 OTL 功放电路

V_2、V_3 提供适当的发射结电压，使两管在静态时处于微导通状态，以消除交越失真。调节 R_{P2}（配合 R_{P1}）可调整输出管静态工作点。二极管 VD_1 的正向压降随温度升高而降低，因此对功放管能起到一定的温度补偿作用。

设输入信号 u_i 为负半周，经 V_1 放大并反相后，加到 V_2 和 V_3 基极的是正半周信号，功放管 V_2 导通，V_3 截止，负载 R_L 上可获得正半周信号；当输入信号 u_i 为正半周时，R_L 获得负半周信号。如此两管轮流工作，在负载 R_L 上可得到完整的信号波形。

如果 V_2 和 V_3 在导通时都能接近饱和状态，则输出信号的最大幅度 U_{om} 可接近 $U_{CC}/2$。但是，当输出为正半周时，如果 U_{om} 接近 $U_{CC}/2$，U_A 将会接近 U_{CC}，而 V_2 管会因基极电流增大使 R_3 上的压降增大，基极电压比 U_{CC} 低，从而限制了电流的继续增大，导致输出信号正半周幅度也无法接近 $U_{CC}/2$，出现平顶失真。为了解决这个问题，电路中接入了 R_4、C_4 组成的自举电路。静态时自举电容 C_4 充有约 $U_{CC}/2$ 上正下负的电压，当 U_A 接近 U_{CC} 时，U_E 可升高到接近 $U_{CC}+U_{CC}/2$，这样 V_2 管便可接近饱和导通，从而解决顶部失真问题。图3.1.10 中 R_4 称为隔离电阻，它将电源 U_{CC} 与电容 C_4 隔开，使 E 点获得高于 U_{CC} 的自举电压。

三、桥式功率放大器(BTL)

OCL 和 OTL 两种功放电路的效率很高，但是它们的缺点是电源的利用率都不高，其主要原因是在输入正弦信号时，在每半个信号周期中，电路只有一个晶体管和一个电源在工作。为了提高电源的利用率，即在较低电源电压的作用下，使负载获得较大的输出功率，可以采用平衡式(桥式)无输出变压器电路，又称为 BTL 电路，如图 4.1.11 所示。

1. 电路结构及其工作原理

由图 4.1.11 可见，输入信号 u_i 接在两组互补对称电路的输入端，负载 R_L 接在这两组互补对称电路

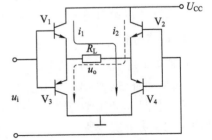

图 4.1.11 分立元件 BTL 电路

的输出端，酷似差动放大电路的双端输入、双端输出连接。

在输入信号 u_i 为正半周时，V_1、V_4 导通，V_2、V_3 截止，负载电流由 U_{CC} 经 V_1、R_L、V_4 流到虚地端，如图 4.1.11 中的实线所示。

在输入信号 u_i 为负半周时，V_1、V_4 载止，V_2、V_3 导通，负载电流由 U_{CC} 经 V_2、R_L、V_3 流到虚地端，如图 4.1.11 中的虚线所示。

2. BTL 功放电路的特点

（1）BTL 功放电路仍然为乙类推挽放大电路，利用对称互补的两个电路完成对信号的放大。

（2）输入信号和输出信号均未接地，俗称为"浮地"。

（3）使用单电源供电时，与 OTL 电路相比，在 U_{CC}、R_L 相同的条件下，BTL 电路输出功率为 OTL 电路输出功率的 4 倍，即 BTL 电路电源的利用率高。

（4）BTL 电路的效率在理想情况下近似为 78.5%。

四、变压器耦合功率放大器

图 4.1.12 所示为甲类单管变压器耦合功率放大器，图中 T_2 为输出变压器。

在输出端设置输出变压器，一方面实现了信号的隔直耦合，使功放电路静态直流工作点独立，负载（喇叭）中无直流电流；另一方面具有阻抗变换作用，通常负载 R_L 的阻抗小于功放管集电极所需最佳阻抗 R_L'。经变压器 T_2 变换后，有

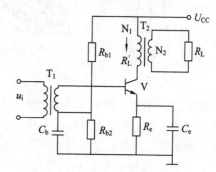

$$R_L' = n^2 R_L$$

式中，$n = \dfrac{N_1}{N_2}$ 是变压器的匝数比。合理选择匝数比 n 可实现阻抗匹配，使负载 R_L 获得最大的功率输出。

图 4.1.12　甲类单管变压器耦合功率放大器

理想情况下，最大输出功率为

$$P_{omax} = \frac{I_{cm}}{\sqrt{2}} \cdot \frac{U_{om}}{\sqrt{2}} = \frac{I_{CQ}}{\sqrt{2}} \cdot \frac{U_{CC}}{\sqrt{2}} = \frac{1}{2} I_{CQ} U_{CC}$$

在不失真的情况下，集电极电流平均值为 I_{CQ}，所以直流电源提供功率为

$$P_{DC} = I_{CQ} U_{CC}$$

可见电路的最大效率为

$$\eta_m = \frac{P_{omax}}{P_{DC}} = 50\%$$

这种电路虽然效率不高，但输出信号无失真，在高频电路中仍很常见。

五、功放管的散热和安全使用

1. 功放管的散热

功率管中流过的信号电流较大，管子又存在一定压降，因此消耗在功率管上的功率较

大，其中大多被处于较高反偏电压的集电结承受继而转化为热量，使集电结温度升高。当温度超过最高允许结温时，将使管子损坏。如果采用散热措施，将集电结产生的热量及时散出去，可有效提高管子的最大允许管耗，使功率放大电路有较大功率输出而不损坏管子。如大功率管 3AD50，手册规定 $T_{JM}=90℃$，不加散热器时，极限功耗 $P_{CM}=1$ W，如果采用手册中规定尺寸为 $120×120×4$ mm^3 的散热板进行散热，极限功耗可提高到 $P_{CM}=10$ W。为了在相同散热面积下减小散热器所占空间，采用了如图 4.1.13（a）～（c）所示的几种常用散热器，其外形分别为齿轮形、指状形和板条形，所加散热器面积大小的要求可参考大功率管产品手册上规定的尺寸。

　　另外，在散热器上安装大功率管时应注意管脚、紧固螺丝均应加绝缘套，管壳加垫云母片，以免电极间短路。

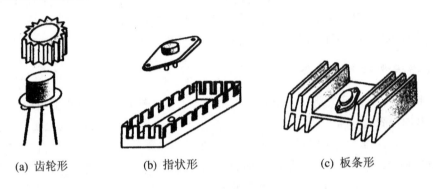

(a) 齿轮形　　　　　　　(b) 指状形　　　　　　　(c) 板条形

图 4.1.13　几种常用散热器

　　功率放大电路工作时，功率管的散热器（或无热器时的管壳）上的温度较高，手感烫手时，易引起功率管的损坏，这时应立即分析检查。如果属于原功放电路中的功率管突然发热，应检查和排除电路中的故障；如果属于新设计功放电路，而在调试时功率管有发热现象，这时除了需要调整电路参数或排除故障之外，还应检查设计是否合理，管子选型和散热条件是否存在问题等。

　　但有时存在功率管并未发热，而出现损坏和性能显著下降现象，大多数是由于功率管的二次击穿

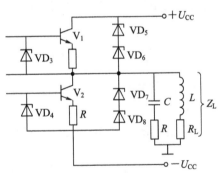

图 4.1.14　功放管的保护

所造成的。关于大功率管的二次击穿现象、产生原因和避免措施可参阅有关资料。

2. 功放管的保护

（1）限制输入、输出幅度。

功放管的输入、输出并联二极管或稳压管，如图 4.1.14 所示，其中 VD_3、VD_4 可限制输入信号幅度，VD_5～VD_8 可限制输出信号幅度。

（2）对感性负载进行相应补偿。

为了防止由于接入感性负载而使功放管出现过电压或过电流现象，可在感性负载（扬声器）两端并接 RC 串联电路，称为相位补偿网络，它由小电阻 R 和大电容构成，这样，一旦功放管的输出信号发生突变，感性负载产生的感应电动势加到补偿网络两端，可起到缓

解作用,避免了对功放管的冲击。

任务实施 分立喊话器的仿真测试

一、实训目的

(1)能利用 PROTEUS 仿真软件查找相关元器件,并能合理设定各元器件参数。
(2)能根据电路图应用仿真软件正确连接线路。
(3)能利用软件对电路进行仿真并实现其功能。

二、实训仪器与材料

实训用 PROTUES 软件仿真,具体用到的虚拟设备及元件库的元件名称如下。

实训仪器	虚拟设备名称	实训材料	元件名称	实训材料	元件名称
虚拟信号发生器	GENERATORS – SINE	电阻	RES	三极管	PNP
虚拟示波器	INSTRUMENTS – OSCILLOSCOPE	电容	CAP	扬声器	SOUNDER
直流电压表	INSTRUMENTS – DC VOLTAGE	电解电容	Cap – elec	二极管	diode
电源端子	POWER(+12 V)	电位器	Pot – lin		
地端子	TERMINALS – GROUND	三极管	NPN		

三、实训内容与步骤

(1)按图 4.1.15 所示画好仿真电路。

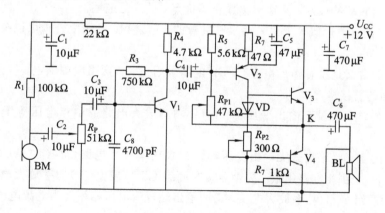

图 4.1.15 分立喊话器仿真电路

(2)在软件中找到直流电压表,选择合适量程监测 K 点电压,调节 R_{P1},观察 K 点电压是否有变化,如何变化,而后调节 R_{P1} 使 $U_K = U_{CC}/2 = 6$ V。

(3) 在软件中找到信号发生器代替 BM，给系统输入音频信号，用示波器观察输出端 BL 两端的波形是否存在交越失真，调节 R_{P2}，使输出端恰好消除交越失真。

(4) 去掉输入信号，用直流电压表再次测量 K 点电压，若有变化，再调节 R_{P1} 使 $U_K = U_{CC}/2 = 6$ V。

(5) 再次接入输入信号，用示波器观察输出端 BL 两端的波形是否存在交越失真，调节 R_{P2}，使输出端恰好消除交越失真。

(6) 重复步骤(4)、(5)，直至恰好消除交越失真时，U_K 仍然为 6 V 为止。

四、实训评价

按附录一(B)电路仿真实训评分表操作。

五、分析与思考

(1) 为什么调整好的中点电压在调节 R_{P2} 后又要重新调整？

(2) 调试过程中，为什么要强调"恰好消除交越失真"？

小　　结

1. 主要用于向负载提供功率的放大电路称为功率放大电路。按功率放大管的工作状态可分为甲类、乙类和甲乙类三种，按电路的结构形式可分为变压器耦合电路与无变压器电路两种。

2. 乙类推挽功率放大电路是选用两只极性和特性相同的晶体管，使其工作在甲乙类放大状态。一只负担正半周信号的放大任务，另一只负担负半周信号的放大任务。在负载上再将两个半周信号合在一起，组成一个完整的输出信号波形。乙类功率放大电路会产生交越失真，原因是功率放大管缺乏偏置电压。实际应用中，可以利用二极管的压降或者 U_{BE} 倍增电路来产生偏置电压，这就是甲乙类推挽功率放大电路，由于其电路简单、输出功率大、效率高、频率特性好，又适于集成化等优点，被广泛应用。

3. 复合管的 β 值近似等于原来两只三极管的 β 值之积。利用复合管可以改变大功率管的导电极性。

4. OCL 的含义是没有输出电容。OCL 电路采用正、负两组电源供电，省去输出电容，构成了全电路的直接耦合。

5. OTL 的含义是没有输出变压器。OTL 功率放大电路的中点电压等于电源电压的一半。

6. BTL 的含义是平衡式无输出变压器。BTL 功率放大电路由两组 OTL(或 OCL)功率放大电路和一个倒相电路组成。扬声器接在两组 OTL(或 OCL)功率放大电路的输出端之间。当采用两组 OTL 功率放大电路时，两输出端直流电压相等且为电源电压之半。当采用两组 OCL 功率放大电路时，两输出端的直流电压均为零。

7. 功率放大器的主要参数有输出功率、效率和管耗。在功率放大电路中提高效率是十分重要的，这不仅可以减小电源的能量消耗，同时对降低功率管管耗、提高功率放大电路工作的可靠性是十分有效的。因此，低频功率放大电路常采用乙类(或甲乙类)工作状态来降低管耗，以提高输出功率和效率。

习　题

一、填空题

1. 甲类功放电路的主要缺点是＿＿＿＿＿＿；乙类互补对称功放电路的主要缺点是两个功放管交替工作的瞬间，因信号＿＿＿＿＿＿＿三极管死区电压而产生截止失真，称为＿＿＿＿＿＿失真；甲乙类功放电路的主要特点是＿＿＿＿＿＿＿。

2. 无＿＿＿＿＿＿＿功放电路称为 OTL 电路；无＿＿＿＿＿＿＿功放电路称为 OCL 电路。

3. 确定功放电路的 U_{CC}、R_L 后，采用 OCL 电路的最大输出功率 $P_{OM}=$ ＿＿＿＿＿＿＿，采用 OTL 电路的最大输出功率 $P_{OM}=$ ＿＿＿＿＿＿＿。

4. 甲类功放电路功放管最大管耗发生在 $U_o=$ ＿＿＿＿＿＿＿处，乙类功放电路功放管最大管耗发生在 $U_o=$ ＿＿＿＿＿＿＿处。功率输出为 20 W 的扩音电路，采用乙类互补对称功放时，则每只功放管的管耗 P_{VM} 至少应有＿＿＿＿＿＿＿。

5. 变压器耦合乙类功放电路的主要优点是易于实现＿＿＿＿＿＿＿变换。

6. 甲类功放电路的最大效率是＿＿＿＿＿＿＿，乙类功放电路的最大效率是＿＿＿＿＿＿＿，OTL 电路的最大效率是＿＿＿＿＿＿＿，OCL 电路的最大效率是＿＿＿＿＿＿＿，变压器耦合乙类推挽电路的最大效率是＿＿＿＿＿＿＿。提高功放电路效率的关键因素是＿＿＿＿＿＿＿。

7. 功率管安全降格使用，一般取工作电压、工作电流不超过极限值的＿＿＿＿＿＿＿%；工作功耗不超过最大允许功耗的＿＿＿＿＿＿＿%；器件结温不超过最高结温的＿＿＿＿＿＿＿%。

二、简答题

8. 与甲类功率放大电路相比，乙类互补对称功率放大电路的主要优点是什么？

9. 为什么 OCL 电路的中点电压必须为 O？OTL 电路如何调节功放管的偏置电流和中点电压？

10. 什么叫自举电路？有什么作用？

三、选择题

11. 由于功放电路输出信号幅值大，所以常通过（　　　　）来进行分析计算。

A. 图解法　　　　B. 微变等效电路法　　　　C. 相量法　　　　D. 替代法

12. 功放电路的效率是指（　　　　）。

A. 输出功率与功放管所消耗的功率之比

B. 最大输出功率与电源提供的平均功率之比

C. 功放管所消耗的功率与电源提供的平均功率之比

D. 输出功率与电源提供的平均功率之比

13. 乙类互补对称功放电路避免交越失真的措施是（　　　　　）。

A. 选 P_{CM} 大的功放管　　　　　　　　B. 自举电路

C. 增大 U_{CC}　　　　　　　　　　　　D. 使功放管工作在甲乙类状态

14. 从放大作用来看，互补对称功率放大电路（　　　　　）。

A. 既有电压放大作用，又有电流放大作用

B. 只有电流放大作用，没有电压放大作用

C. 只有电压放大作用，没有电流放大作用

D. 有没有电压或电流放大作用需看信号类型

15. 与甲类功放电路相比，乙类 OTL 电路的主要优点是（　　）。

A. 不用输出变压器　　　　　　　　B. 输出端不用大电容

C. 效率高　　　　　　　　　　　　D. 无交越失真

16. 在输入信号为正弦波、输出不失真和忽略三极管饱和压降的情况下，OCL 功放电路功放管最大管耗出现在（　　）。

A. 输出功率最大时　　　　　　　　B. 电路没有输出时

C. 输出电压幅度为 $U_{CC}/2$ 时　　　　D. 输出电压幅度为 $2U_{CC}/\pi$ 时

17. 有关 BTL 电路电源应用的正确说法是（　　）。

A. 只能双电源应用　　　　　　　　B. 只能单电源应用

C. 单、双电源应用都可以　　　　　D. 要视负载而定

18. 在电源电压相同情况下，BTL 功放电路的输出功率是 OTL 功放电路的（　　）。

A. 2 倍　　　　B. 4 倍　　　　　　C. 8 倍　　　　D. 不定

三、综合分析题

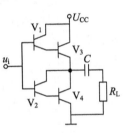

19. 已知功放电路如图 4.1.16 所示，$U_{CC}=24$ V，$R_L=8$ Ω，试求：

（1）电路名称。

（2）填上双极型三极管 $V_1 \sim V_4$ 发射极的箭头。

（3）若忽略 U_{CES}，试估算电路输出最大功率。

图 4.1.16　习题 19 图

20. 已知 OTL 功放电路如图 4.1.17 所示，$U_{CC}=12$ V，$R_L=8$ Ω，$i_L=0.5 \sin\omega t$，求：

（1）输出功率 P_o；（2）管耗 P_V；（3）效率 η。

21. 已知 OCL 电路如图 4.1.18 所示，$U_{CC}=15$ V，$R_L=8$ Ω。

（1）试说明 u_i 极性为正时，流过 V_1、V_2 管的基极电流 i_{B1}、i_{B2} 是增大还是减小？

（2）R_1、R_2、R_4 的作用是什么？

（3）若 V_1、V_2 的 $U_{CES}=1$ V，试计算 P_{om}、P_V。

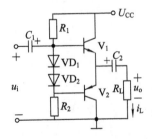

图 4.1.17　习题 20 图

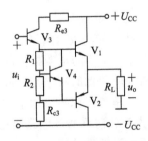

图 4.1.18　习题 21 图

22. 已知双电源互补对称功放电路，$U_{CC}=12$ V，$R_L=8$ Ω，功放管极限参数为 $I_{CM}=2$ A，$U_{BR(CEO)}=30$ V，$P_{CM}=5$ W，试求：

（1）最大输出功率 P_{om}；

（2）检验功放管能否安全工作；

（3）若 $\eta=0.6$，求此时的输出功率 P_o。

23. 已知功放电路如图 4.1.19 所示，$U_{CC}=10$ V，R_L 为 16 Ω 的扬声器，试回答下列问题：

（1）$U_A=$？若发现 U_A 偏低了，调哪个元件最为合适？增大还是减小？

（2）若需减小 V_1、V_2 的静态电流，调哪个元件最为合适？增大还是减小？

（3）VD_1、VD_2 的作用是什么？

（4）C_2 的作用是什么？R_3、C_3 的作用是什么？

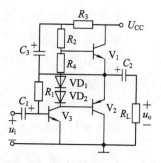

图 4.1.19　习题 23 图

24. 已知互补对称功放电路，$U_{CC}=12$ V，$R_L=8$ Ω，在理想情况下，试分别求 OCL 组态和 OTL 组态时的最大输出功率、电源功率、总管耗和最大效率。

25. 互补功放电路可能产生哪几种失真？试画出失真波形（设输入为正弦波），并分析分别采取什么措施改善？

26. 已知 BTL 电路，$U_{CC}=12$ V，$R_L=8$ Ω，在理想情况下，试分别求

（1）双电源运用时的输出最大功率、电源的功率、总管耗和最大效率；

（2）单电源运用时的输出最大功率、电源功率、总管耗和最大效率。

27. 分析如图 4.1.20 所示功率放大电路的结构特点。

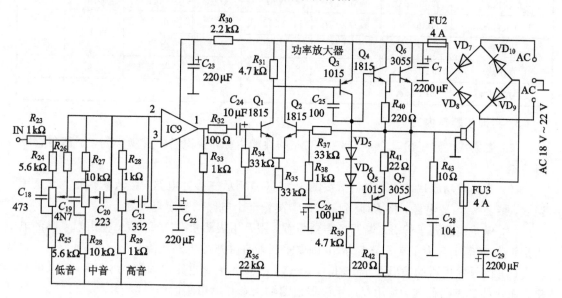

图 4.1.20　习题 27 图

任务二　集成喊话器的制作与测试

能力目标：

1. 能熟练进行电路板的布局与焊接制作。
2. 能熟练使用音频信号发生器调整所需波形，并用示波器测试波形。
3. 能通过查找手册使用集成功放。

知识目标：

1. 了解常用集成功率放大器的参数。
2. 掌握常用集成功率放大器的基本应用。

技能训练　集成功放电路的输出功率测试

1. 实训目的

(1) 了解 TDA2030A 的性能指标，认识 TDA2030A 的管脚排列，了解各管脚的功能。

(2) 能分析集成功放的典型应用电路图。

(3) 能对电路的功率参数进行测试。

2. 实训仪器与材料

实训仪器	参考型号	实训材料	规格	数量	实训材料	规格	数量
稳压电源	HG63303	集成功放	TDA2030A	1	电阻	见图 4.2.1	若干
示波器	UT2062C	二极管	1N4001	3 只	电容		若干
万用表	DT9205A	音箱	8 Ω/20 W	1 只	焊接工具	常规	
信号发生器	SPF20A						

3. 实训步骤与内容

(1) 查集成电路手册，了解 TDA2030A 的性能指标，认识它的管脚排列，了解各管脚的功能。

(2) 给集成功放块装上散热片，按图 4.2.1(b)所示连接好电路，并认真检查，确认无误后，接上 ±15 V 电源，将 R_P 调至最底端，测量整个电路的静态电流。

(3) 保持电路处于静态，断开扬声器负载，用万用表测量 TDA2030A 输出端 4 脚的电压是否为 0(等于 0 为正常，若不为 0，则要重新检查并排除电路故障)。

(4) 信号发生器的输出调至 1 kHz、5 mV，并接入测试电路输入端，用 8 Ω/20 W 的功率电阻代替扬声器负载，并用双踪示波器监测输入端和输出端的信号波形。

① 由小到大缓慢调节 R_P，直至输出波形刚好不出现削波失真时，读取输出电压的幅度(此时对应的输出电压幅度为最大输出电压)并记录，然后迅速调小输入信号。

② 把最大输出的幅值折算出有效值，按 $P_o = \frac{1}{2} U_o^2 / R_L$ 算出最大输出功率。

(5) 拆除功率电阻，接上 8 Ω/20 W 的扬声器负载，换用音乐信号源接输入端，调节

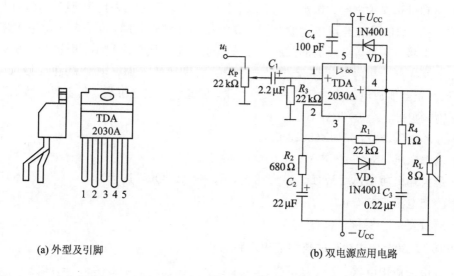

(a) 外型及引脚　　　　　　　　　　(b) 双电源应用电路

图 4.2.1　集成功放测试电路

R_P 至输出最大，体验该功率输出值的响应度。

4. 分析与思考

(1) 本实训电路中的 TDA2030A 与集成运放有什么不同？

(2) 本实训电路中，VD_1、VD_2 的主要作用是什么？

知识学习　集成功率放大器

集成功率放大器具有输出功率大、外围连接元件少、使用方便等优点，因此在收音机、电视机、收录机、开关功率电路、伺服放大电路中广泛采用各类专用集成功率放大器。集成功放是由集成运放发展而来的，在内部电路结构大多与集成运放相似，也包括前置级、中间级和功率输出级及辅助电路(如稳压电路、过流过压保护电路、静噪电路等)，因而电路原理也与集成运算放大器相似。它与集成运放的主要差别就在于集成功放输出功率大、效率高。目前生产的 20W 以下的小功率集成功放主要是由单芯片组成的集成电路，20W 以上的大功率输出的集成功放，则以厚膜集成电路为主。随着新技术的不断发展，集成功放又出现了集成功率 VMOS 器件、DMOS 器件和各种集成功率模块。性能更好的大功率器件也迅速发展起来。

按输出功率(由几百毫瓦到一百多瓦)，集成功率放大器可分为小、中、大功率放大器。如 SHM2150Ⅱ集成音频功率放大器具有左右双路通道放大电路，其内部电路输出级采用 VMOS 复合管，输出功率可达 2×150 W。

下面简单介绍几种集成功率放大器件的性能、主要参数及其使用方法。

一、TDA2030 集成功率放大器

1. TDA2030 集成功放的性能及主要参数

TDA2030 属于单芯片组成的 20 W 以下的中小功率集成功放，内部有差分电路输入级、中间电压放大级、恒流源偏置电路及甲乙类准互补对称功率放大电路的输出级，此外

还具有短路和过热保护电路。其外形及引脚如图 4.2.1(a)所示，采用 V 型 5 脚单列直插式塑料封装结构。引脚功能与集成运放相同，有同相和反相输入端，正、负电源输入端和输出端共 5 个引脚。背面金属板上的圆孔用于安装散热器。具有体积小、引脚少、输出功率大、失真小等特点，并内含短路保护、热保护、地线偶然开路、电源极性反接($U_{Smax}=$ 12 V)，以及负载泄放电压反冲等各种保护电路，因此工作安全可靠。其主要参数如下：

(1) 输入阻抗：>500 kΩ；

(2) 开环电压增益：75 dB(5623 倍)；

(3) 电源电压：$\pm 3 \sim \pm 18$ V；

(4) 最大输出功率：30 W($U_{CC}=\pm 18$ V，$R_L=4$ Ω，OCL 连接)；

(5) 静态电流：<60 mA；

(6) 频带宽：15 kHz。

2. TDA 2030A 集成功放的典型应用电路

(1) 双电源应用电路。

采用双电源时，其外围元件和连接方法如图 4.2.1(b)所示。信号 u_i 经耦合电容 C_1 由同相端输入，R_1、R_2、C_2 构成交流电压串联负反馈。

根据同相比例运算电路的结论，该电路的闭环放大倍数为

$$A_{uf}=1+\frac{R_1}{R_2}=1+\frac{22\ k\Omega}{680\ \Omega}\approx 33.4$$

电路的最大输出功率为

$$P_{omax}=\frac{1}{2}\times\frac{U_{CC}^2}{R_L}=\frac{15^2}{2\times 8}\approx 14\ W$$

R_3 的阻值与 R_1 相同，用作直流平衡电阻，使输入级偏置电流相等。R_4、C_3 为高频校正网络，用于抑制高频自激振荡。VD_1、VD_2 作外接保护电路，用于泄放 R_L 自感应电压。C_3、C_4 用于消除电源高频干扰。

(2) 单电源应用电路。

对仅有一组电源的中、小型音响电路来说，可采用单电源连接方法，其电路如图 4.2.2

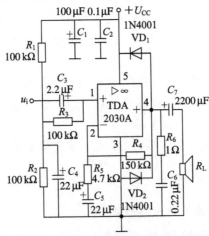

图 4.2.2　TDA2030 集成功放的单电源应用

所示。由于采用单电源，故用 R_1、R_2 和 R_3 使输入端为 $\frac{1}{2}U_{CC}$ 的中点电位，向输入级提供直流偏置。C_1 和 C_2 分别用于消除电源的低频和高频干扰，其他元件与双电源电路中的作用相同。

其闭环电压放大倍数为

$$A_{uf} = 1 + \frac{R_4}{R_5} = 32.9$$

如果仍然用 15 V 电源，则电路的最大输出功率为

$$P_{omax} = \frac{1}{2} \times \frac{(U_{CC}/2)^2}{R_L} = \frac{(15/2)^2}{2 \times 8} \approx 3.5 \text{ W}$$

二、SHM1150Ⅱ型集成功率放大器

图 4.2.3 (a) 为 SHM1150Ⅱ型集成功放内部电路图。

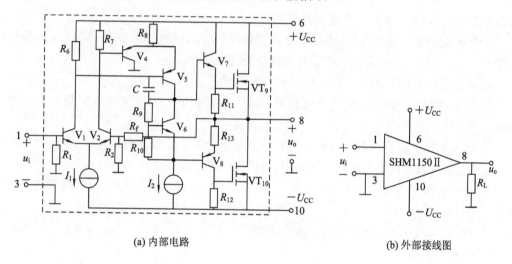

(a) 内部电路   (b) 外部接线图

图 4.2.3 SHM1150Ⅱ型集成功放

必须指出，此处介绍 SHM1150Ⅱ型集成功放的内部电路，并不是要求对集成电路的内部电路有深入的研究，而是为了与前面的功放电路作比较，从而更好地掌握集成器件的外特性，其目的是为了用好集成功放。

由图 4.2.3(a) 可见，SHM1150Ⅱ型集成功放与前面分析的甲乙类功放电路的不同之处在于：

（1）V_4 和 R_8 构成电压跟随器，这样加在 V_5 基极与发射极之间的为差分双端输出信号，V_5 的集电极以电流源 I_2 作为有源负载，构成高增益的中间放大级，将差分输入级 V_1 和 V_2 上的输出信号传递到后级。

（2）V_7 和 V_8 构成的互补对称电路用于驱动 VMOS 管 VT_9 和 VT_{10}，作为最后的输出级。其中，VMOS 场效应管与前面介绍的载流子是横向从源极到漏极的小功率 MOSFET 不同，其内部结构有一个"V"形槽，如图 4.2.4(a) 所示。

由图 4.2.4(a) 可见，VMOS 管的漏区面积大，有利于利用散热片散去器件内部耗散的功率。而自由电子沿导电沟道由源极到漏极的运动是纵向的，沟道长度（当栅极加正电压

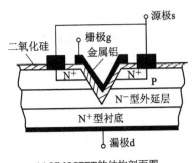

(a) VMOSFET的结构剖面图

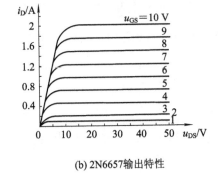

(b) 2N6657输出特性

图 4.2.4　VMOS 场效应管的结构与特性

时在 V 形槽下 P 型层部分形成)可以做得很短(例如 1.5 μm),且沟道间又呈并联关系(根据需要可多个并联),故允许流过的电流 I_D 可以做得很大。目前制成的 VMOS 产品,耐压能力达 1000 V 以上,最大连续电流值高达 200 A。

如图 4.2.4(b)所示为 VMOS 场效应管 2N6657 的输出特性。由图可以看出,其转移特性在 $i_D > 0.2$ A 时,g_m＝常数,因而其非线性失真也较小。

与双极型功率 BJT 相比,VMOS 器件有以下优点:

① 由于 VMOS 是电压控制电流器件,输入电阻极高,所需驱动电流极小,功率增益高。

② 因为漏源电阻为正温度系数,当器件温度上升时,电流受到限制,所以 VMOS 不可能有热击穿,因而也不会出现二次击穿,温度稳定性高。

③ 由于栅漏间距较大,极间电容小,加上无少子存储问题,所以工作频率很高(f_T 可达 600 MHz)。

④ 当 $i_D > 0.2$ A 时,g_m＝常数,线性度高。

⑤ 导通电阻很小。

SHM1150 Ⅱ 型集成功率放大电路输出级采用了 VMOS 管,使输出功率得到了很大提高。该集成功率放大器应用十分方便,接上电源即可作为双电源功率电路直接使用,可在 ±12 V～±50 V 电压下工作,且电路最大输出功可以达 150 W。如图 4.2.3(b)所示为 SHM1150 Ⅱ 型集成功放外部接线图。

三、4100 系列集成功率放大器

4100 系列集成功率放大器有 4100、4101、4102 三种型号,不同厂商标号有所区别。如日本三洋公司的产品为 LA4100,国内生产的产品为 SF4100,但其内部电路、技术指标、外封装、管脚排列均是一致的。它的外形为双列直插式 14 脚封装,带散热片,如图 4.2.5 (a)所示。

1. 性能特点

该芯片是典型的低电压功放集成电路,既可以用单电源供电方式,也可以采用正负双电源供电方式(⑦脚接负电源)。其工作电压低、效率高、可靠性好、组装方便。推荐单电源电压为 6 V,使用的负载阻抗为 4 Ω 时,输出功率为 1 W。

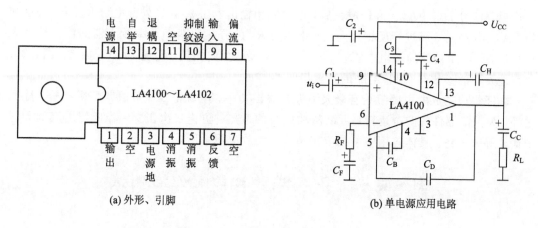

(a) 外形、引脚　　　　　　　　　(b) 单电源应用电路

图 4.2.5　400 系列集成功率放大器

2. 集成功放的典型应用

将 LA4100 集成功放接成 OTL 形式的电路，如图 4.2.5(b)所示，由于充分考虑了使用于电池供电的低电压工作特性，故其外部引脚相对较多。外接各元件的作用如下：

（1）R_F、C_F 与内部连接输出端的电阻组成交流负反馈支路，控制功放级的电压增益 A_{uf}。

（2）C_B 为相位补偿电容。C_B 减小，带宽增加，可消除高频自激。C_B 一般取几十皮法至几百皮法。

（3）C_C 为 OTL 电路的输出端电容，两端的充电电压等于 $U_{CC}/2$，一般取耐压值远大于 $U_{CC}/2$ 的几百微法的电容。

（4）C_D 为反馈电容，用于消除自激振荡，C_D 一般取几百皮法。

（5）C_H 为自举电容，可在 $100\,\mu F$ 左右选取，使功率输出复合管的导通电流不随输出电压的升高而减小。

（6）C_3、C_4 可滤除纹波，一般取几十微法至几百微法。

（7）C_2 为电源退耦滤波，用于消除低频自激。

由两片 LA4100 接成的 BTL 功率放大电路如图 4.2.6 所示。

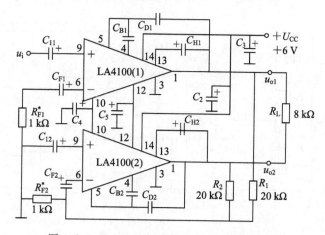

图 4.2.6　LA4100 组成的 BTL 功率放大电路

输入信号 u_i 经 LA4100(1) 放大后，获得同相输出电压 u_{o1}，经外部电阻 R_1、R_{F2} 分压加到 LA4100(2) 的 6 脚进行反相放大，如果 R_1、R_{F2} 的分压使两个功率放大器的输入信号大小相等，则两个功放的输出电压 u_{o1} 与 u_{o2} 大小相等、方向相反，实现了 BTL 放大。图4.2.6 中其他元件的参数与 OTL 电路的完全相同。

表征集成功放的主要参数有最大不失真输出功率、电源电压、负载匹配阻抗等。除此之外，为保证器件的安全运行，可以从功放管的散热、防止二次击穿、降低使用定额和保护措施等来考虑。具体应用中可参考相关集成功放应用手册。

任务实施 集成喊话器的制作与测试

一、实训目的

(1) 进一步熟悉场效应管和集成功放 TDA2030A 的性能。

(2) 掌握 BTL 电路的特点。

(3) 熟练功率放大电路主要参数的测试方法。

二、实训仪器与材料

实训仪器	参考型号	实训材料	规格	数量	实训材料	规格	数量
稳压电源	HG63303	集成功放	TDA2030A	2	电阻	见图 4.2.1	若干
示波器	UT2062C	场效应管	BF256	1 只	电容		若干
万用表	DT9205A	二极管	1N4001	3 只	拾音器	电容式	1 只
焊接工具	常规	音箱	8 Ω/20 W	1 只			

三、实训步骤与内容

(1) 检查集成功放电路 TDA2030A、场效应管等器件的好坏，分辨引脚排列。

(2) 按图 4.2.7 所示电路对器件进行布局，画出装配图。

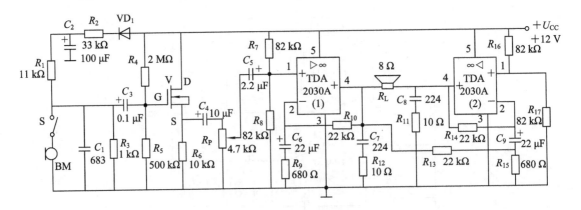

图 4.2.7 集成喊话器

(3) 按画好的装配图连接电路，并认真检查，确认无误后，接通电源，断开 S，测量整个电路的静态电流。

（4）保持 S 断开，使电路处于静态，用万用表测量两块 TDA2030A 的 4 脚电压，并判断静态工作是否正常。

（5）合上开关 S，对准拾音器 BM 喊话的同时，由小到大调节 R_P 主观测试喊话效果。

（6）断开 S，用 $8\ \Omega$，$20\ W$ 的功率电阻代替喇叭，R_P 调在最大位置上，将函数信号发生器的输出调整为 $1\ kHz$ 的纯音信号，经 $100\ k\Omega$ 电位器调节接在 R_1 与开关 S 相接的端子上，再将示波器并入功率电阻两端测量输出波形，由 0 开始慢慢调大输入信号，读出开始出现输出信号失真时的输出最大值为＿＿＿＿＿＿V，算出该集成喊话器的纯音最大功率输出为＿＿＿＿＿＿＿＿＿。

（7）撰写实训报告。

四、实训评价

按附录一（A）"电路制作实训评分"表操作。

五、分析与思考

（1）本实训电路中 R_4、R_5 的作用是什么？它们与共发射极放大电路中的上、下偏置电阻的作用有什么不同？

（2）分析本实训电路中 TDA2030A(2)如何获得输入信号。

常识链接　集成功放电路外围元件连接的一般规律

集成功放电路的品种非常多，应用时不一定能有功放电路和内部电路资料，可根据其外围元件连接电路进行分析判断。大多数芯片外围元件的连接有以下规律：

（1）因集成功放主要应用于音频（低频）信号放大，所以输入端有输入耦合电容，一般取 $1\sim 10\ \mu F$ 电解电容。

（2）集成功放需要直流偏置。对 OCL 电路，同相输入端通过一个电阻接地（使其直流电位为 0），电阻一般取几十千欧，太小将降低电路输入电阻，如图 4.2.1(b) 中的 R_3；对 OTL 电路，为了获得 $U_{CC}/2$ 的直流电位，需用电阻分压，如图 4.2.2 中 R_1、R_2、R_3、C_4，电阻一般取 $100\sim 200\ k\Omega$。OTL 电路输出需接耦合电容，电容越大，低频特性越好，一般取几十至几千微法，视输出功率和频响要求而定。

（3）集成功放是一个开环增益很大的放大器，因此必须加负反馈，且为电压串联负反馈。为便于用户灵活应用，该网络全部或部分外接。LM386 是部分外接，TDA2030A 是全部外接。该负反馈网络为交流负反馈，因此需串一个容量较大的电解电容隔直，一般取几十微法。至于两个电阻可用纯电阻，也可用 RC 网络，调节其参数可调节电路电压增益及频率响应特性。

（4）除上述电路元件外，其余元件（电路）均为辅助或改善性能电路，非必需电路。

① 电源滤波，严格来说其不属于功放电路本身，属于电源电路。一般集成功放电路电源取自于整流滤波后的脉动成分较多的直流电压，因此需加强滤波。在集成功放电源输入端，再用一个大容量电解电容与一个无极性电容并联，大容量电解取 $100\sim 200\ \mu F$，无极性

电容取 $0.01\sim0.1\ \mu$F。要求不高时，可不接。

② 输出端接与感性负载并联的 RC 网络，其主要是改善频率响应。加上该 RC 串联网络，声音就变得"醇厚和谐"一些（高音频成分少一些）。电路设计者一般根据其频率响应特性曲线和电路技术指标要求调节 RC 参数，更多的是根据经验和听觉感受调节 RC 参数。在负反馈网络中，用 RC 串联网络与负反馈电阻并联，改善电路频率响应特性更合理，效果更好。

③ 保护二极管的作用，由于负载（扬声器）为感性，在电流快速切变时，会产生较高的感性电压（反电势），理论上有可能损坏集成功放。二极管的作用是给过高的反电势提供泄放通路（也可理解为钳位削峰），这是为了增加电路的可靠性而设置的。一般来讲若电源电压不高，扬声器尺寸不大（电感量不大），或已在输出端接有 RC 网络（也具有抑制尖峰电压作用），可以不接保护二极管。

有些集成功放，如 LA4100、4440 等，外部引脚较多，除外接输出电容、电源滤波电容外，还外接去耦电容、自举电容、旁路电容、负反馈隔直电容等，其作用各不相同，初学者很难判别，一般可根据数值和连接方法分析判别：输出电容一般较大，几百至 $1000\ \mu$F，且一端接扬声器；电源滤波电容、去耦电容、自举电容数值相当，一般为 $100\sim200\ \mu$F。电源滤波电容一端接电源输入端，一端接地；自举电容一端接输出端，一端接集成功放某一引脚；去耦电容一端接集成功放某一引脚，一端接地；旁路电容、负反馈隔直电容，一般较小，为几十微法；负反馈隔直电容接在负反馈支路中。还有无极性非电解电容，主要用于改善频响特性和防止高频自激，不再一一列举。

小　结

集成功放的种类很多，其内部电路都包含有前置放大级、中间级、功率输出级以及偏置电路，有的还设有完善的保护电路，使集成功放电路有较高的可靠性，所以集成功放在使用时，只要按其典型应用电路接线无误即可以成功。

习　题

1. 集成功放 TDA2030 与集成运放 MC4558 有什么不同？

2. 如何调节集成功放电路的电压增益？

3. 已知电路如图 4.2.8 所示，$U_{cc}=15$ V，$R_L=8\ \Omega$，$R_f=300$ kΩ，$R_1=50$ kΩ，功放管 V_1、V_2 的 $U_{CES}=1$ V，集成运放最大不失真输出电压幅值 $U_{oH}=\pm13$ V，试求：

（1）最大输出功率和效率。

（2）电路电压增益 A_u。

（3）若 $U_i=200$ mV，求 U_o。

4. 已知某集成功放外围电路如图 4.2.9 所示，型号不详。

（1）试根据其电容量分析 $C_1\sim C_6$ 的作用。

（2）若 $U_{cc}=24$ V，$R_L=8\ \Omega$，估算输出功率的最大值。

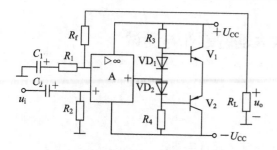

图 4.2.8　习题 3 图

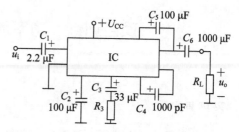

图 4.2.9　习题 4 图

5. 用两片集成功放 TDA2030A 连接的电路如图 4.2.10 所示。

（1）试分析该电路为何种连接方式。

（2）如果电源电压 $U_{CC}=\pm 18$ V，$R_L=4$ Ω，电路的最大输出功率可以达到多大？

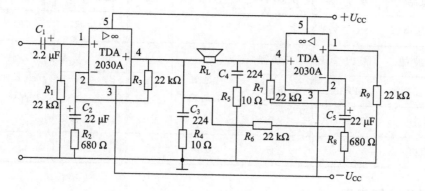

图 4.2.10　习题 5 图

项目训练 功率放大器的制作与测试

一、实训目的

(1) 能分析功放电路图,能较好地布局及熟练地焊接电路。

(2) 能对功放电路的一些参数进行测试。

二、实训仪器与材料

实训仪器	参考型号	实训材料	规格	数量	实训材料	规格	数量
正、负稳压电源	HG63303			1	电位器		
双踪示波器	UR2102CE	三极管	(见图 4.3.1)	14	(见图 4.3.1)		2
函数信号发生器	SPF20A	电阻		若干			
万用表	DT9205A	电容		若干			
CD 唱机		音箱	30 W	2			

三、实训步骤与内容

(1) 根据图 4.3.1 的原理图先画装配图,再按装配图连接好电路,并认真检查,确认无误后,接通电源时,首先检查功率管是否发烫,如有发烫,则应重新检查,直至功率管不发烫为止。

(2) 进行静态测试和调整。

① 输入端接地,断开负载(喇叭或音箱),测量单边电路的静态总电流。

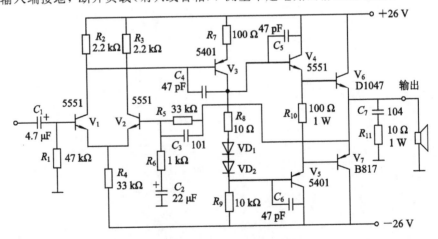

图 4.3.1 功放电路原理图

② 保持负载断开，测量输出端中点电压是否为 0（如果不为 0，将很快会烧坏喇叭）。

③ 测量 V_4、V_5 两三极管基极之间的电压是否为 1.3 V 左右（消除交越失真），若此电压为 0，说明 VD_1、VD_2 未导通；若此电压偏大或者偏小，可适当调整 R_8 的阻值。

（3）将函数信号发生器的输出调整为 1 kHz 的纯音信号，经 100 kΩ 电位器调节接在信号的输入端，再将双踪示波器并接入电路的输出与地两端测量输出波形，由 0 开始慢慢调大输入信号，读出开始出现输出信号时输入信号为_____μV，算出电路的放大倍数为_____；进一步调大输入直至示波器中的输出波形出现失真，读示波器的输出最大值为_____mV，算出输入、输出的信号幅度范围为_____。功放电路的纯音最大功率输出为_____。

（4）将信号源的输出幅度设置在一个合适的值，往下调整信号输出频率，在低频段找出使输出信号幅度为 1000 Hz 输出的 0.707 倍时的频点为_____，再往上调整信号输出频率，在高频段找出使输出信号幅度为 1000Hz 输出的 0.707 倍时的频点为_____，算出本功率放大电路的通频带为_____。

（5）音乐试听。

将 CD 唱机的输出接该功放电路的输入端，播放频带较宽的乐曲节目，再用大于 30 W 的音箱接该功放电路的输出端监听。调节声音的大小，仔细聆听有无失真现象，并判断失真是否是因放大器性能不良而产生的，并提出改进方案。

（6）撰写实训报告

准确描述电路的功能，调试过程中的波形、数据分析等。

四、实训评价

按附录一（A）"电路制作实训评分表"操作。

五、分析与思考

（1）实训过程中，为什么要把 V_4、V_5 两管基极之间的静态电压调整为 1.3 V？

（2）实训电路中把 V_4 和 V_6 接成什么形式？这样的连接有什么好处？

（3）实训电路中由哪些元件引入了反馈？引入了什么反馈？

常识链接　电子设计制作过程中元器件的选用

选择元器件，只要清楚"需要什么"和"有什么"，问题就好办了。"需要"是根据电路的具体要求，确定每个元件应具有哪些功能和怎样的性能指标。"有什么"是指市场上有哪些元器件，性能如何，价格如何，体积多大等。把要求转化为指标便是前面所说的"需要"，然后在市场上已有的元器件产品中选取能尽可能满足这些需要的元器件。要做到这一点，就需要我们去了解元器件市场，关心市场的信息和新的动向，多查阅相关资料。

一、电源变压器的选择

电源是电子电路正常工作的动力，常通过变压器从市电网中获得所需功率和合适的电压，因而由副边电压 U_2 值和电路的功率来选择选变压器。例如我们制作的功放电源变压器，根据电路电压和功率要求，应从以下两个方面来作出选择。

（1）变压器副边输出电压的确定。

根据功放 $U_i = \pm 26$ V 的电压要求，此电压由变压器副边输出经全波整流、电容滤波后提供。全波整流时，$U_o = 2 \times 0.45 U_2 = 0.9 U_2$，接入滤波电容后，不仅使输出电压变得平滑，同时输出电压的平均值也增大。获得良好的滤波效果后，输出电压平均值近似为

$$U_o \approx 1.2 U_2$$

由此可以得到

$$U_2 = \frac{U_o}{1.2} = \frac{26}{1.2} \approx 22 \text{ V}$$

考虑电网电压有 $5\% \sim 10\%$ 的波动，取 $U_2 = 24 + 2$ V。

（2）变压器输出功率的确定。

当输出电压幅度达到最大，即 $U_{om} \approx U_{CC}$，采用 8 Ω 的喇叭单元时，电源供给的最大功率为

$$P_{Umax} = \frac{2}{\pi} \times \frac{U_{CC}^2}{R_L} = \frac{2}{3.14} \times \frac{26^2}{8} \approx 53.8 \text{ W}$$

考虑变压器和整流电路的效率，并保留一定的余量，选择变压器的输出功率为 60 W。除此之外，变压器铁芯的质量、屏蔽效果以及外观、品牌等因素也需要适当考虑。

二、电阻器的选择

对于电阻器，我们最为关注的是它的阻值，由于大多数电路中的电阻都工作在小电流、小信号场合，所以，很多电路原理图中仅有阻值标注。其实，电阻器的功率是一个不可小视的重要指标，例如本实训电路中 R_{10}、R_{11} 则明确标注了 1 W 的功率要求。读者只要分析一下这几个电阻中的信号或者电流情况，便可知晓其中的缘由。除阻值和功耗等参数以外，还应从以下几个方面进行考虑。

（1）掌握电路对电阻器频率特性、过载能力、精度、温度系数等方面的特殊要求。

Rx 型线绕电阻器的分布电容、电感较大，仅用于工作频率低于 50 kHz 的电路中；RH 型合成膜电阻器和 RS 型有机实心电阻器的工作频率在数十 MHz 左右；RT 型碳膜电阻器的工作频率可达 100 MHz；RJ 型金属膜电阻器和 RY 型氧化膜电阻器的工作频率可高达数百 MHz。

在实际的电路中，有时需要选用正（或负）温度系数的电阻器作为温度补偿元件。这时必须按照电路对温度稳定性的要求，选择温度系数适应电路要求的电阻器。所选电阻器的额定功率必须大于实际承受功率的两倍。

（2）优先选用通用型电阻器，因为此类电阻器价格低、货源足。

（3）在高增益前置放大电路中，应选用噪声小的电阻器。RJ 型、RY 型电阻器以及 RT 型电阻器均具有较小的噪声。

三、电容器的选择

选择电容器除容量和耐压等主要参数外，还应从以下几个方面进行考虑。

（1）掌握电路对电容器精度的要求。

如音调控制电路中，对某些电容器的精度要求较高，应选用高精度的电容器。

（2）注意电路对电容器绝缘电阻和损耗角正切值 $\tan\delta$ 的要求。

绝缘电阻小的电容器，漏电流则较大，漏电流产生的功率损耗将使电容器发热升温，从而导致漏电流进一步上升，轻则电路性能恶化，重则电容器失效甚至爆炸。

（3）注意对电容器高频特性的要求。

某些电容器用于高频时存在不可忽视的自身电感、引线电感和高频损耗，会使电容器的自身性能下降，导致电路不能正常工作。为了解决电容器自身分布电感的影响，常在自身等效电感较大的电容器的两端并接一个自身等效电感很小的小容量电容器。

四、电位器的选择

电位器的主要参数有标称阻值、精度、额定功率、电阻温度系数、阻值变化规律、噪声、分辨率、绝缘电阻、耐磨寿命、平滑性、零位电阻、起动力矩、耐潮性等。其制作材料、结构形式和调节方式繁多，选用时应根据设计电路的要求确定。

（1）选择电位器的结构形式和调节方式。

如在立体音响设备电路中，需要同时调节两个电位器值，这时可选用双联电位器。

（2）选择电位器的阻值变化规律。

电位器的阻值变化规律通常有三种，即直线式、对数式和反对数式（亦称指数式）。在稳压电源的取样电路中，可选用直线式电位器。音量电位器一般选用对数式阻值变化规律，因为人耳对声音响度的听觉特性是符合对数规律的，恰可与人耳的听觉特性相互补偿，使音量电位器转角从零开始逐渐增大时，人对音量的增加有均匀的感觉。

五、大功率器件的选择

大功率器件是指工作在大电流环境下的二极管、三极管、场效应管和晶闸管等，选择器件的种类不同，注意事项也不同。

例如，在制作功放电路中整流二极管 $VD_1 \sim VD_4$ 的选择，整流二极管的参数应满足：

最大整流电流：$I_F > 1.5 I_{Omax} = 1.5 \times 2 \text{ A} = 3 \text{ A}$（暂定）。

最大反向电压：$U_R > 2\sqrt{2} U_{2a} = 2\sqrt{2} \times 28 \approx 96.7 \text{ V}$，取 $U_R = 100 \text{ V}$。

考虑电容滤波电路在接通电源的一瞬间存在浪涌电流，整流管的实际电流远大于 I_{Omax}，如果 I_F 较小，很可能在电路被接通时就已经损坏，因此，取

$$I_F > 2 I_{omax} \approx 5 \text{ A}$$

查手册可选定整流二极管 $VD_1 \sim VD_4$，可能有多种选择，不过应充分考虑市场的供货情况。在实训电路中，我们选用了 RS2006M 整流桥堆，能较好地满足电路的要求。

在选用大功率三极管时应考虑是 NPN 管还是 PNP 管，是高频管还是低频管，并注意管子的电流放大倍数、击穿电压、特征频率、静态功耗等参数是否满足电路设计的要求。例如在制作功放电路中互补对称功放的选择时，根据电路设计，最大输出功率 $P_{omax} = \frac{1}{2} \cdot \frac{U_{CC}^2}{R_L} = \frac{1}{2} \times \frac{26^2}{8} = 42.25 \text{ W}$，功放管的参数应满足下列条件：

集电极的最大允许功耗：$P_{CM} \geq 0.2 P_{omax} = 0.2 \times 42.25 = 8.45 \text{ W}$。

集电极和发射极之间的最大耐压：$U_{(BR)CEO} \geq 2 U_{CC} = 2 \times 26 = 52 \text{ V}$。

最大集电极电流：$I_{CM} \geqslant \dfrac{U_{CC}}{R_L} = \dfrac{26}{8} = 3.25$ A。

互补管应选用特性基本相同的配对管，尽可能做到材料相同、电流放大倍数相近、极限参数差异不大。通常选用序号相同的管子作为配对管，必要时还可采用复合管解决配对问题。实际选择功率管型号时，还应考虑其极限参数提高 $50\% \sim 100\%$ 的余量才较为安全。经查手册和考虑市场的供货情况，在电路制作中，我们选用了 D1047 和 B817 配对管并使用散热器，能较好地满足电路的要求。

六、集成电路的选择

集成电路的种类繁多，选用方法一般是"先粗后细"，即先考虑选用集成电路的功能，再进一步考虑它的具体性能，然后再根据价格等因素决定选用什么型号。集成电路常见的封装方式有双列直插式、扁平式和直立式三种（其他封装形式还有引线载体式、无引线载体式、锯齿双列式等十余种），一般尽可能选用双列直插式，例如我们制作的电路所用的集成电路均选择了这种封装，因为这种封装易于安装和更换。同时，还应尽量选择全国集成电路标准化委员会提出的优选集成电路系列中的产品。

综上所述，在具体选择某个元器件时，可以从主要性能的量值要求、耐压要求、消耗和传递的功率要求、特殊性能和品质要求、精度要求等几个方面来考虑。

项目贯穿综合实训　音频功率放大器的整机制作与测试

一、实训目的

（1）了解电子整机电路的安装工艺和方法。

（2）掌握电子整机电路的静态和动态指标测试方法。

（3）掌握电子整机电路故障的查找和分析方法。

二、实训仪器与材料

实训仪器	参考型号	实训材料	规格	数量	实训材料	规格	数量
万用表	DE960TR	电阻		若干	散热器片		1
示波器	UR2102CE	电容		若干	电位器	双联 50 kΩ	3
信号发生器	SPF20A	二极管	见图 5.1.1	若干	万能板	7 cm×9 cm	4
高保真音箱	一对	三极管		若干	按钮开关 拨动开关	常规	各 1
CD 唱机、 CD 唱碟	常规	集成电路		2			

三、实训步骤与内容

（1）认真阅读分析图 5.1.1 所示的电路原理图，画出在万能板上布局搭接的接线草图。

（2）分选检测各元器件的好坏。在检测对管的对称性时，可以利用数字万用表测量对管的放大倍数。

（3）元器件布局，电路的组装、焊接。

（4）电路检查，判断是否有短路、开路性故障。

（5）整机电路的静态检测与调试。

① 测电源 ±26 V、±15 V 输出是否正常。如果不正常，断开负载，判断是电源故障还是负载短路故障，查找故障点并排除。

② 整机静态（单声道）电流测试。功放单声道 30 mA 左右为正常，如果太小，应检查是否存在开路性故障；如果太大则应检查功放电路各级的偏置是否正常。

③ 功放电路中点电位的检查。在功放级上下两半电路对称的情况下接上电源，中点静态电位为 0 V，如果不为 0，则应检查反馈回路是否正常，由于采用跨级反馈，差动放大级的另一输入端失去反馈时，输出端将会严重偏离中点电压。

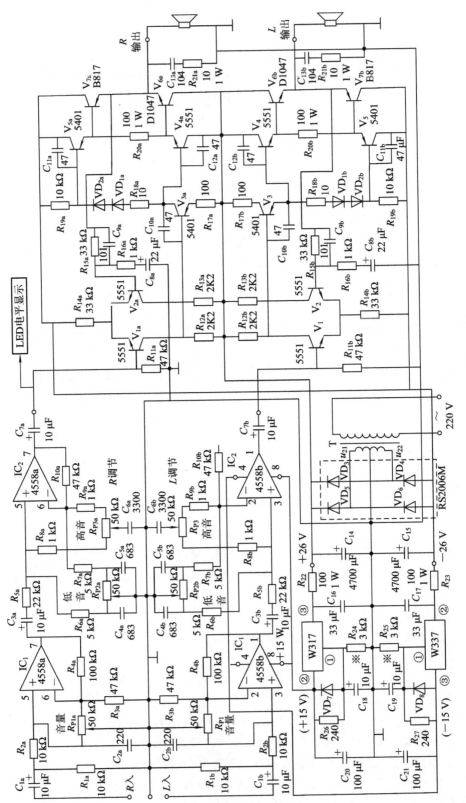

图 5.1.1 音频功率放大器原理图

④ 交越失真的消除。必要时调整 R_{18a}、R_{18b} 的值，使 R_{20a}、R_{20b} 两端的电压为 1.2 V 左右时刚好能消除交越失真。

⑤ 音量控制及显示功能的检查（参考学习情境二、三的实训步骤）。

（6）指标测试。

① 最大纯音不失真功率 P_{omax} 的测试。按图 5.1.2 所示连接测试电路，调节函数发生器为 1 kHz 的正弦波并接在放大器输入端，同时在输出端用示波器与负载并联，接通电源，调节音量控制和正弦波信号的幅度，同时观察当示波器中恰好有失真出现时读出输出电压的最大值，代入 $P_{omax}=\dfrac{1}{2}\dfrac{U_{om}^2}{R_L}$，则可以计算出最大纯音不失真功率 P_{omax}。

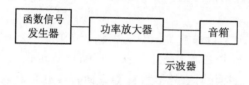

图 5.1.2　功放电路特性测试接线图

② 电路效率 η 的测试。在最大不失真输出的动态情况下，在供电线路串入万用表测出交流电流的值，代入 $P_U=U\times I$，则为电源所提供的输入功率，根据 $\eta=\dfrac{P_o}{P_U}$ 可算出效率。

③ 幅频特性测试。放大器的幅频特性可通过测量不同频率时的放大倍数 $A_u(f)$ 来获得。通常采用"逐点法"测量放大器的幅频特性曲线。测量时，每改变一次信号源的频率（注意保持输入信号 u_i 的幅值不变且输出波形不失真），在示波器上读取一个输出电压值，分别计算其增益，然后将测试结果画于半数坐标纸上，将所测得的结果连接成曲线，这样就可以得到幅频特性曲线。

④ 测量放大器的通频带 BW。首先测出放大器中频区（如 1 kHz 的信号）时的输出电压 U_o，然后升高频率直到输出电压降到 $0.707U_o$ 为止（输入电压 u_i 保持不变），此时所对应的信号源的频率就是上限频率 f_H。同理，维持 u_i 不变，降低频率直到输出电压降到 $0.707U_o$ 为止，此时所对应的频率为下限频率 f_L。放大器的通频带 BW $=f_H-f_L$。

⑤ 音乐试听。播放频带较宽的乐曲节目，在不损坏设备的前提下，调节声音的大小，仔细聆听有无失真现象，判断是否是因放大器性能不良而产生的，并提出改进方案。

（7）撰写实训报告。

四、分析与思考

（1）分析本实训的电源电路中为何要在 LM317 和 LM337 的输入端串联 100 Ω 的电阻来获得±15 V 电压？

（2）本实训中，测试的"最大纯音不失真功率"与播放频带较宽的乐曲节目时的最大不失真功率有什么区别？

五、实训评价

按附录一（A）"电路制作实训评分表"操作。

常识链接　电子整机产品制作流程及工艺

一、电子产品整机制作的流程

1. 电子产品生产的基本过程

电子产品广泛应用于工农业生产和人民生活等各个领域，特别是在地下、高空、海洋、沙漠、航空航天、卫星通信等复杂环境或恶劣气候中时，对其可靠性、精度的要求更高。因此，一般都要经过产品设计研发阶段，经鉴定、试制、定型后，最后才能投入大批量生产。

1）新产品的设计

由于电子技术发展迅速，产品竞争激烈，电子工业企业必须主动适应市场需求，不断地开发新产品，才能立于不败之地。设计开发新产品一般包括电子电路设计、电气设计、印制电路板(PCB)设计、结构设计、外形设计等方面，其中电子电路设计是电子产品设计的核心内容。电子电路设计的基本过程如图 5.1.3 所示。当然，对于初学者不可能完全照搬这个程序，但可以作为指导我们进行设计的依据。

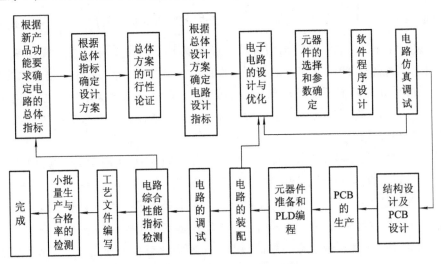

图 5.1.3　新产品研制的基本过程

2）电子产品整机生产的基本过程

正式批量生产的电子整机产品的基本工艺过程主要由准备、装配、调试、检验等阶段组成，如图 5.1.4 所示。一般电子产品都有各种专用组件，这些组件具有完整的独立功能，通过专门装配和调试来完成。

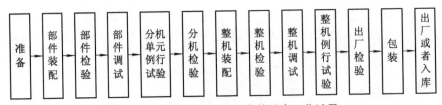

图 5.1.4　电子产品整机生产的基本工艺过程

　　大批量生产的电子产品,通常都在流水线上完成整机的安装、焊接、调试、检验等任务。自动流水线通常由传送部分、控制部分和必要的工艺装置所组成。流水线按产品工艺过程组织生产,把一部整机的装配、调试按工作先后顺序划分成若干个简单操作工序,再按工艺原则安排各个班组,如焊接组、装配组、调试组、检验组、维修组等,每一个操作者在指定工位完成指定的作业。流水线设线长,负责整机的装调工作,整个流水线同时、连续、均衡地工作,是目前生产效率较高的一种生产组织方式。

二、电子产品整机安装工艺

　　整机安装工艺包括整机布局、散热、接地等方面的要求。

1. 整机布局与散热

　　如果布局不合理,将会影响产品质量,甚至造成故障。如果散热不良,则会造成温度上升,导致半导体器件很快损坏。通常布局与散热要同时考虑,把发热器件(如电源变压器和大功率管)安装在通风的地方,如图5.1.5所示。大功率二极管和三极管都需要散热,通常情况下功率输出管要加装刨坑散热器,散热器的刨坑要垂直安装,以便通风。整机布局时还应注意以下问题:

　　(1) 尽量缩短各组件之间的连线。各级放大器电路板的安放顺序要按照电路原理图前后级顺序排成一直线,各有关的调节装置也要靠近它所属的底板。

　　(2) 减少各组件之间的有害干扰。例如输入级不能靠近输出级和电源变压器。

　　(3) 一切微调电阻要安装在电路板上,可调的位置向上,以方便调整。

　　(4) 机内各组件不能互相挤在一起,应保留一些位置,以方便电路板的检修。

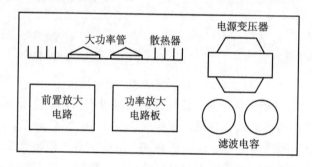

图5.1.5　器件的合理分布图

2. 接地

　　电子电路中的接地一般是指接到电路的公共参考点,即把电路中的某些点与一个等电位或等电位连线连接起来,构成电路或系统的参考电位。接地是抑制再生和干扰的重要手段。音频功率放大器如果接地不合理,常出现交流声、自激振荡等问题。

　　如图5.1.6所示是串联接地,各放大电路按先后把接地点汇集在一条“通地线”,然后在一端接地(机壳)。这种方式特别适合用于印制电路板,此时电路板上应分别给出输出和输出的地线点。由于任何接地线都会有电阻存在,当放大器的地电流流过时会产生电压降,很容易产生干扰,故接地线的电阻应该尽可能小。至于采用输入端还是输出端接地可以由试验来确定。对于抑制自激而言,以输出端接地为佳。

图 5.1.7 所示是并联一点接地。各电阻的地电位只与本电路的地电流和地线电阻有关。这对避免地电流耦合、减少干扰是有利的，但这种接地方式将会使接地连线过多，并且电线引线长，分布电感较大，对高频的瞬态响应会有影响。实际音频功率放大器的多路输入端常用并联一点接地，输出端和电源部分也多用并联接地的方法。

图 5.1.6　电路串联接地　　　　　　　图 5.1.7　电路并联点接地

图 5.1.8 是一些不合理的例子。图中滤波电容 C 两端的瞬时电压 U_C 和充、放电流 I_C 如图中虚线所示。在图 5.1.8(a)中，滤波电容 C 的接地端接到放大器的输入接地点 A，这样一来，电容的充、放电电流 I_C 将通过放大器的印刷电路板使干扰电压降与输入电压叠加，经放大后，便形成强烈的交流声。

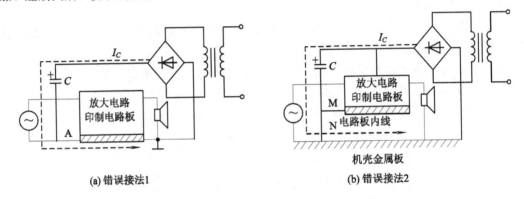

(a) 错误接法1　　　　　　　　　　　**(b) 错误接法2**

图 5.1.8　滤波电容 C 的不合理接地

图 5.1.8(b)是另一种错误的接法，信号源的接端没有接印刷电路板的输入接地点，而是把它与扬声器和电源的接地端各自就近接机壳。此时，电容 C 的充、放电电流 I_C 在导线 MN 上产生的干扰电压降同样会与输入电压叠加，使放大器的输出产生交流声。上述两例只是考虑电容 C 的充、放电所造成的干扰，如果再加上地线环产生的电磁感应噪声和放大器输出电流流过公共地线时造成的有害信号，肯定会导致更大的干扰噪声。正确的接地方法如图 5.1.9 所示。

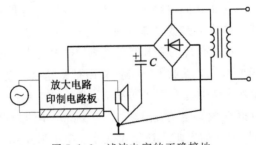

图 5.1.9　滤波电容的正确接地

附　录

附录一　项目考核评分表

（A）电路制作实训评分表

学生姓名：_____　　学号：_____　　班级：_____

考核内容	A	B	C	赋分	成绩
器件检测	能准确检测元器件的好坏	基本能检测元器件好坏	在老师指导下检测元器件	15	
布局焊接	布局合理、美观，按工艺要求焊接电路	布局较合理，基本按工艺要求焊接电路	布局不合理，焊接工艺较差	20	
完成电路测试	电路能正常、稳定工作，测试准确	电路基本能正常工作，但测试不准确	电路不能正常工作	30	
作品展示与项目环境	表达准确、全面，桌面整洁，操作规范	表达基本准确，桌面较整洁	表达不够准确，桌面不够整洁	10	
实训报告	按时、工整完成，且有独到见解	按时完成，无差错，但不够认真	出现差错或未能按时完成	25	

（B）电路仿真实训评分表

学生姓名：_____　　学号：_____　　班级：_____

考核内容	A	B	C	赋分	成绩
完成电路仿真布局	布局合理、美观，连接准确、规范	布局较合理，基本能连接电路	布局不合理，连接个别地方出错	25	
完成电路测试	电路正常工作，能对各测试点准确测试	电路基本能正常工作，但测试不准确	电路不能正常工作	35	
结果描述与项目环境	表达准确、全面，桌面整洁，操作规范	表达基本准确，桌面较整洁	表达不够准确，桌面不够整洁	15	
实训报告	按时、工整完成，且有独到见解	按时完成，无差错，但不够认真	出现差错或未能按时完成	25	

附录二　电子产品常用工艺文件简介

工艺文件是根据设计文件并结合工厂的实际情况制定出的指导工人操作和用于生产、工艺管理等的技术文件，它规定了实现设计文件要求的具体的工艺过程，可以体现产品质量、成本、效益。下面介绍常用工艺文件。

1. 工艺文件封面

工艺文件封面指产品的全套工艺文件或部分工艺文件装订成册的封面，一般以产品某个组件、部分或整机的全部工艺文件装订成册。其中填明"共×册"、"第×册"、"共×页"、"产品型号"、"产品名称"、"图号"等项目，如图附2.1所示。

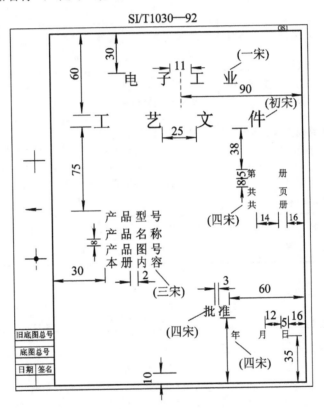

图附 2.1　工艺文件封面格式

2. 工艺文件明细表

工艺文件明细表是该册工艺文件的目录，是归档齐全配套的依据。当产品移交另一部门时，可作为移交工艺文件的清单，以便于查阅每一种组件、部件和零件所具有的各种工艺文件的名称、页数和装订的册次。其中填明"零部整件图号"、"零部整件名称"、"文件名称"、"页数"等项目，如图附2.2所示。

SI/T 10320—92

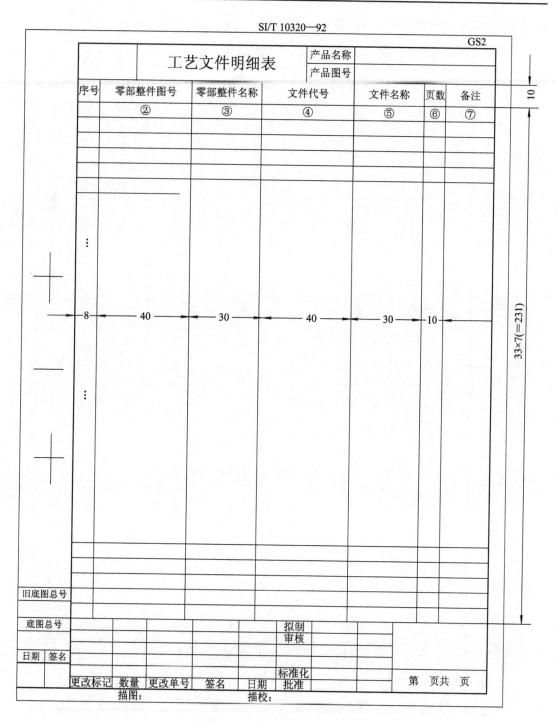

图附 2.2　工艺文件明细表格式

3. 工艺说明

对其他工艺文件内容需加以说明和提出要求时，可以用工艺说明来编制其他文件格式；难以表达清楚且重要和复杂的工艺，也可用工艺说明对某一具体零部件、整件提出技术要求。工艺说明作为其他表格的补充说明。工艺说明可采用简图、流程图、表格及文字叙述等各种说明方式来表述，如图附 2.3 所示。

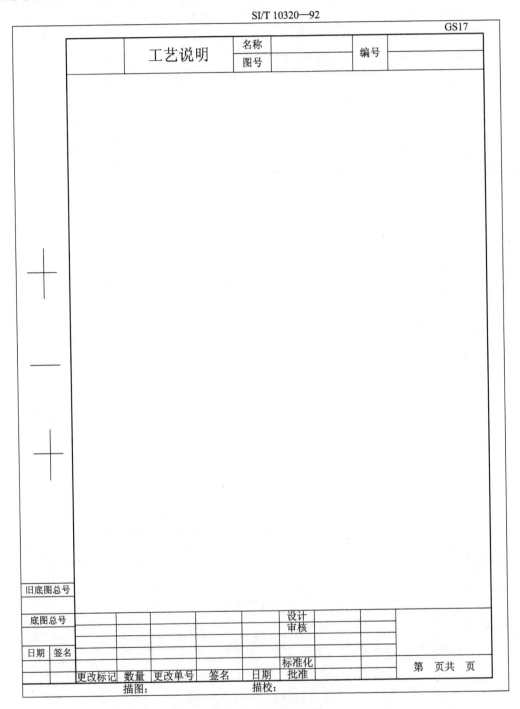

SI/T 10320—92

GS17

图附 2.3　工艺说明文件格式

"工艺说明"主要针对以下明确的产品对象进行说明：

(1) 工艺复杂的部件，各工序的技术要求在工艺过程中无法表述清楚的。

（2）对复杂部件或整件产品的装配说明，生产过程中的调整说明或调试说明。

（3）为执行某个加工工序对设备、工装调整的说明和要求。

（4）对零部件或整件的检验说明和检验规范、调试工艺、元器件筛选和老化工艺方案等。

4．专用工艺装置综合明细表

专用工艺装置综合明细表用于该表列出了产品的专用零、部、整件的加工工序和专用工装设备。

5．工时工艺定额综合明细表

工时工艺定额综合明细表对产品生产过程的各工序进行工时定额，是组织生产和进行成本核算的依据。"工种"栏填写工序名称；"操作定额"栏填有计量单位，如"每（万）套（小时）"等。

6．材料消耗定额综合明细表

材料消耗工艺定额综合明细表对产品生产消耗的全部材料进行定额管理，也是备料、发料和进行成本核算的依据。该表中填写产品所用全部材料的名称、牌号、标准、规格等项目。"消耗定额"填写计量单位，如"每（万）套（件）"、"（kg）"等。

7．协作零部整件明细表

协作零件整件明细表是产品生产中需要其他企业协助生产的零部整件目录，填明零、部、整件的名称、图号、数量和协作单位等栏目。

8．导线及线扎加工表（卡）

导线及线扎加工表列出为整机产品、分机、整件、部件进行内部系统电路连接所应准备的各种各样的导线和扎线等线缆用品，是企业组织生产、进行车间分工和生产技术准备的最基本的依据。填写的栏目有"线号"、"名称牌号规格"、"颜色"、"数量"、"导线长度mm"（该栏目分三项，其中"全长"填写导线或线缆的长度（单位 mm）；"A 剥头"和"B 剥头"填写 A、B 端需修剥的长度尺寸）、"连接点Ⅰ、Ⅱ"（填写该导线 A 端从何处来，B 端到哪里去）、"设备及工装"（导线焊接或压接所采用的设备）、"工时定额"等。

9．装配工艺过程卡

装配工艺过程卡用来反映整机装配全过程中产品的部件、整机的机械性装配和电气连接（包括装配准备、装联、调试、检验、包装入库等过程）各工序的工艺流程。该卡片中除填明名称、规格、代号、数量等项目，还有"工序内容及要求"、"工作地点"、"工序号"、"工种"、"设备及安装"、"工时定额"等栏目。工序内容及要求也可以画简图示意，如图附 2.4所示。

10．检验卡

检验卡供检验工序用，主要有检测内容及技术要求、检测方法及设备等栏目，如图附2.5所示。

SI/T 10320—92

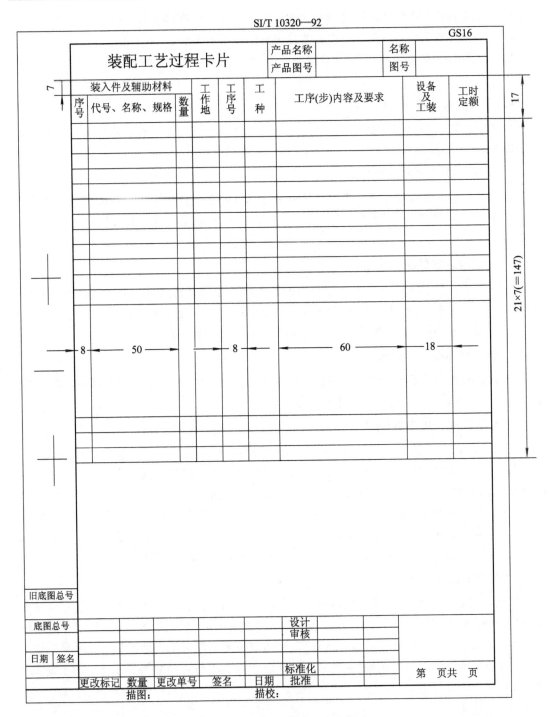

图附 2.4　装配工艺过程卡的格式

SI/T 10320—92

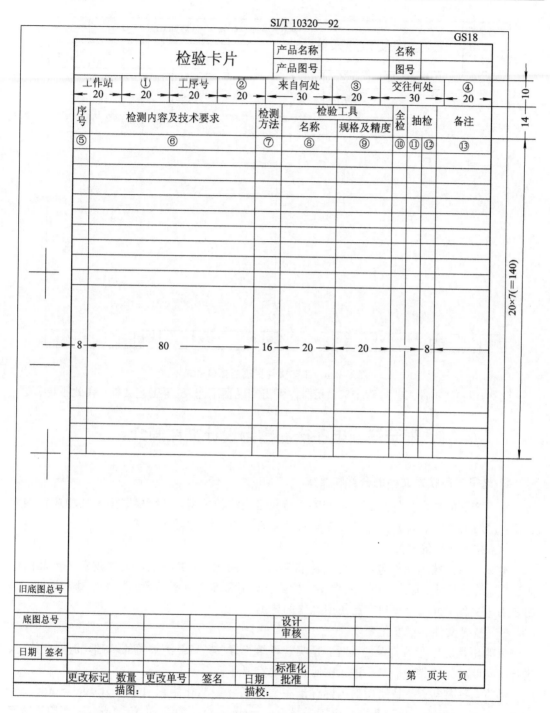

图附 2.5　检验卡的格式

11. 工艺文件更改通知单

工艺文件更改通知单用于提高产品的质量和生产效率,在保证生产的顺利进行和更改后能更加合理的情况下使用。"更改标记"栏按图样管理制度中规定的字母填写,如图附2.6所示。

更改单号	工艺文件更改通知单		产品名称或型号	零、部、整件名称	图　号	第　页
						共　页

生效日期	更 改 原 因	通知单的分发		处理意见	

更改标记	更 改 前	更改标记	更 改 后

拟制		日期		审核		日期		标准化		日期		批准		日期	

图附 2.6　工艺文件更改通知单格式

此外，还有"零件工艺过程卡"、"元器件引出端成型工艺表"等工艺文件，在此不再赘述。

附录三　电子产品常用设计文件简介

1. 电子产品技术文件的分类和要求

电子产品的技术文件是组织生产和进行技术交流的依据，必须根据国家的相应标准来制定，它是工程技术人员一定能看得懂而且会编制的一种"工程语言"。

（1）技术文件的分类。

电子产品的技术文件包括设计文件和工艺文件两大类。其中设计文件规定了产品的组成形式、结构尺寸、原理，以及在制造、检验、使用和维修时所必须的技术数据和说明，是制定工艺文件、组织生产和产品使用维修的依据。

（2）技术文件的标准化要求。

标准化是确保产品质量的前提，是实现科学管理、提高经济效益的基础，是信息传递、进行横向联合的纽带，是产品进入国际市场的重要保证。

目前，我国电子产品使用的国际标准主要是国际标准化组织（International Standardization Organization，ISO）和国际电工委员会（International Electric Committee，IEC）制定的标准。

我国的标准目前依次分为以下三级：

① 国家标准（GB）：国家标准化机构制定的、全国范围内统一的标准。

② 专业（部）标准（ZB）：由专业标准化主管机构或标准化组织（国务院主管部门）批准、发布，在全国性的各专业范围内执行的统一标准，该标准不得与国家标准相抵触。

③ 企业标准：由企(事)业或其上级有关机构批准、发布的标准。凡是没有国家标准、部标准而在企业中需要正式批量生产的产品，必须制定企业标准。企业标准可以比国家标准和部标准高，以便提高产品质量。

(3) 技术文件的编写要求。

① 技术文件的编写应文字简明、条理性强，书写字体端正、清晰，幅面大小应符合有关规定。

② 每个文件必须附有所属电子设备的技术文件索引号，以便互相参照。文件图、表及文字说明所用的项目代号、文字代号、图形符号及技术参数等均应相互一致。

③ 技术文件的图、表及文字说明都应严格执行编制、校对、审核、批准等手续。

2. 常用的设计文件

(1) 图类。

① 电原理图(DL)。电原理图(电路图)是用于说明产品各元器件或单元电路间相互关系及电气工作原理的图样，是产品设计和性能分析的原始资料，也是编制装配图和连线图的依据。绘制电原理图的主要要求如下。

• 电原理图中所有电器元件的图形、文字符号必须采用国家规定的统一标准。文字代号加脚注序号，一般标注在图形符号的左边或上方。

• 同一电器元件的各部件可以不画在一起(分离画法)，但必须用同一文字符号标注。若有多个同一种类的元器件时，可在文字符号后加上数字序号以示区别。

• 为方便阅图，元器件位置应根据电气工作原理自左向右或自上而下的顺序合理排列，图面紧凑清晰，并尽可能减少线条数量和避免线条交叉。电路图上的元器件可另外列出明细表，表明各自的项目代号、名称、型号及数量。

• 有时为了清晰方便，某些单元在电路原理图上可用方框图表示，并单独给出其电路图。

• 在原理图上可以分成若干图区，并标明每一区域电路的用途与作用。通过图纸上方相关图区文字的说明，可快速了解该区域电路的功能等，并可快速地找到相关元件各部件的对应位置，达到方便、快速读图的目的。

② 装配图。装配图用来表示整机系统中各元器件或部件的实际安装位置和接线情况，是产品各组成部分安装、布置和相互关系的图样，装配图主要用于安装生产和检修，其按生产管理和工艺可分为总装配图、结构装配图、印制电路板装配图等。小型电子设备的所有元器件都装在印制电路板上，印制电路组件配上外壳即构成整机，所以只需印制电路板装配图即可。例如，图附3.1所示为一受话实验机的电路原理图，图附3.2所示为印制电路板装配图。

印制电路板装配图的要求一般如下：

• 图上的元器件一般以图形符号或简化的外形轮廓(标明与装配有关的符号、代号和文字等)来表示。元器件装在印制电路板的一面，只需画一个视图；若两面都装有元器件，以元器件多的一面为主视图，另一面为后视辅助视图。若只画一个视图时，反面的元器件符号用实线画，引线或外形轮廓用虚线画，两面的元器件在视图上不能重叠，以正面上的元器件排列为主，反面元器件的引线迂回画出。

• 一般印制导线可不在图中画出。如需画出印制导线时，反面上的印制导线应按实际形状用虚线画出。需焊接的穿线孔用实心圆点画出，不需焊接的孔用空心圆画出，空心圆的大小应按比例绘制。

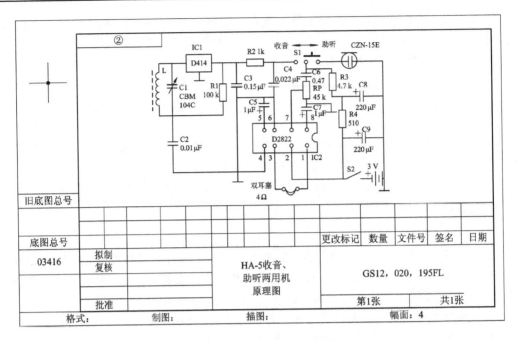

图附 3.1　电原理图格式举例

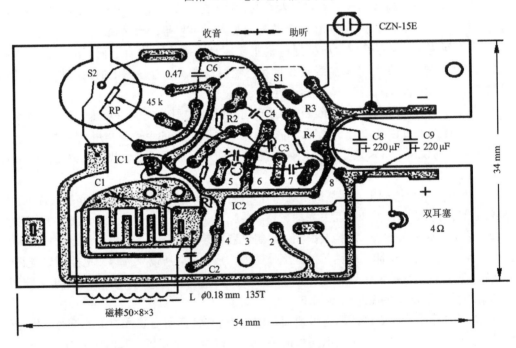

图附 3.2　印制电路板装配图

③ 方框图(FL)。方框图(系统图)是反映整机各个组成部分的相互关系、动作顺序和电气性能的示意图。各个组成部分以矩形、正方形或图形符号按自左向右或自上而下排成一列或数列,如图附 3.3 所示。

在矩形、正方形或图形符号内按其作用标出它们的名称或代号,各组成部分之间的连接用实线表示,机械连接用虚线表示,并在连线上用箭头表示其作用过程和方向。必要时

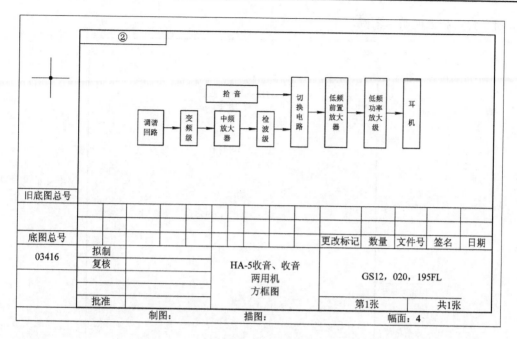

旧底图总号										
底图总号					更改标记	数量	文件号	签名	日期
03416	拟制								
	复核		HA-5收音、收音		GS12，020，195FL				
			两用机						
			方框图						
	批准				第1张		共1张		
		制图：		描图：			幅面：4		

图附 3.3　方框图案例

可在连线上方标注该处的特性参数，如波形、频率、阻抗等。

④ 线扎图。复杂产品常采用线扎配线，即根据电路走向将导线预先绑扎成束，此时需要绘制线扎图，供绑扎线扎、接线和查线时使用。线扎图中，符号"⊗"表示线的走向为进图面折弯 90°；符号"⊙"表示线的走向为出图面折弯 90°；符号"—·→"表示线的走向为出图面折弯后的方向。线扎图尽量用 1：1 图样，以便于准确绑扎和排线。大型线扎可用几幅图样拼接，或用剖面图标注尺寸。装配时，线扎固定在设备底板上，将每根导线接到相应的位置上。

（2）文字和表格类。

① 技术条件(JT)。技术条件是对产品质量、规格及检验方法等所做的各项技术规定，一般包括引言(说明本技术的用途、适用范围和使用的有关标准)，产品的性能指标，外形尺寸、产品的结构特点，试验方法，检验规则，保管和运输标志等内容。

② 技术说明书(JS)和使用说明书(SS)。技术说明书是概括反映产品全貌的一个设计文件，一般包括下列内容：

- 概述，概括性地说明产品的用途、性能、组成、原理和特点等。
- 技术特性，定量地列出产品的各项技术指标和技术参数，较确切地反映了产品的质量性能。
- 工作原理，结合整机方框图和电原理图较详细地阐述产品的主要设计理论和构思。
- 安装和使用，指导用户正确安装和使用产品。例如给出安装图、安装步骤、使用程序以及注意事项等。
- 调整和维修，指导用户对产品进行必要的调整和维护，以及排除一般故障的方法。
- 附录，补充列出必须的资料。例如产品的器件明细表、装配图、接线图等。

使用说明书内容比技术说明书简单，常根据用户的需要而编制，一般包括概述、主要性能指标、安装图、原理图、使用维护方法等。使用说明书封面格式如图附 3.4 所示，图附

3.5 所示为一技术说明书案例。

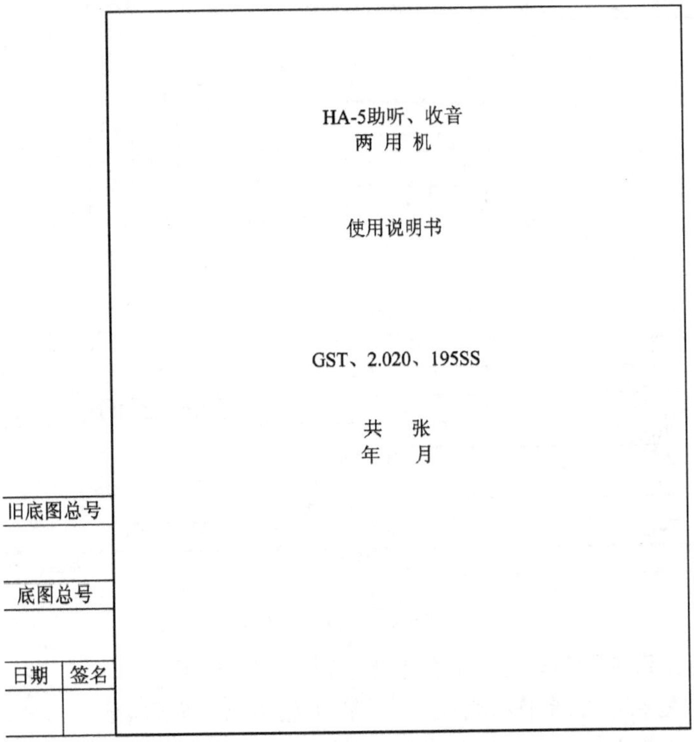

<table>
<tr><td colspan="2"></td></tr>
<tr><td colspan="2">HA-5助听、收音
两　用　机

使用说明书

GST、2.020、195SS

共　　张
年　　月</td></tr>
<tr><td>旧底图总号</td><td></td></tr>
<tr><td>底图总号</td><td></td></tr>
<tr><td>日期　签名</td><td></td></tr>
</table>

图附 3.4　使用说明书封面格式

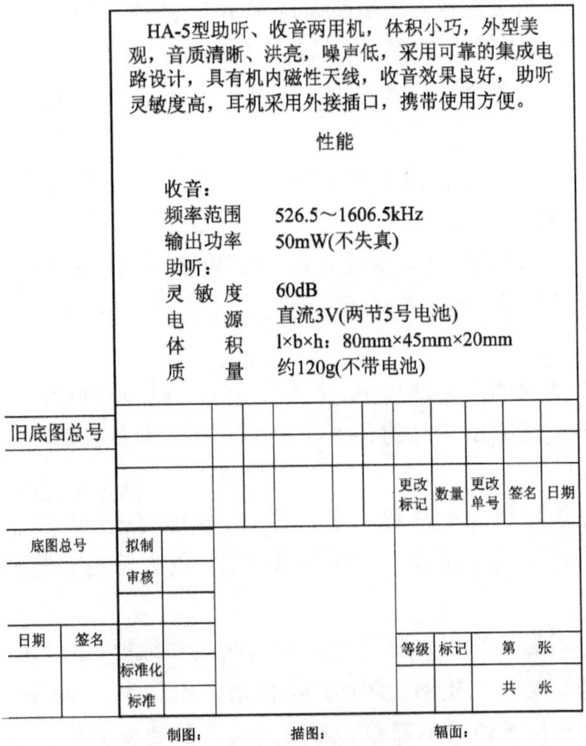

HA-5型助听、收音两用机，体积小巧，外型美观，音质清晰、洪亮，噪声低，采用可靠的集成电路设计，具有机内磁性天线，收音效果良好，助听灵敏度高，耳机采用外接插口，携带使用方便。

性能

收音：
频率范围　　526.5～1606.5kHz
输出功率　　50mW(不失真)
助听：
灵敏度　　　60dB
电源　　　　直流3V(两节5号电池)
体积　　　　l×b×h：80mm×45mm×20mm
质量　　　　约120g(不带电池)

旧底图总号					更改 标记	数量	更改 单号	签名	日期
底图总号	拟制								
	审核								
日期　签名					等级	标记	第　张		
	标准化						共　张		
	标准								

制图：　　　　　描图：　　　　　幅面：

图附 3.5　技术说明书案例

③ 明细表和汇总表。明细表和汇总表属于表格形式的设计文件，表示产品生产组成部分的内容和数量，一般有成套设备明细表、整件明细表、成套件明细表等，通常包括整件、部件、零件、标准件、外购件、材料、成套件等内容。明细表、汇总表的格式和填写方法，可参阅电子工业部标准 SJ207.4—82。电子产品各组成部分及元器件在明细表中应注明它们在电路上的代号、名称、规格、型号及数量。明细表正页填不下的时候，可采用附页继续填写。

附录四　PROTEUS 仿真软件简介

　　PROTEUS 软件是英国 Labcenter Electronics 公司发布的 EDA 工具软件，它不仅具有其他 EDA 工具软件的仿真功能，还能仿真单片机及外围器件。PROTEUS 虽然目前在国内对其的推广刚起步，但已受到电子技术和单片机爱好者、从事电子技术教学的教师以及致力于单片机开发应用的科技工作者们的青睐。

　　PROTEUS 是世界上著名的 EDA 仿真工具，从原理图布图、代码调试到单片机与外围电路协同仿真，一键切换到 PCB 设计，真正实现了从概念到产品的完整设计，是目前世界上唯一将电路仿真软件、PCB 设计软件和虚拟模型仿真软件三合一的设计平台，既支持电阻、晶体管、逻辑芯片等常规模拟或数字元件器模型，还支持 8051、HC11、AVR、ARM、8086、PIC10/12/16/18/24/30/DsPIC33、MSP430 等处理器模型。

1. PROTEUS 的功能特点

（1）智能原理图设计（ISIS）。

① 丰富的器件库：超过 27 000 种元器件，可方便地创建新元件。

② 智能的器件搜索：通过模糊搜索可以快速定位所需要的器件。

③ 智能化的连线功能：自动连线功能使连接导线简单、快捷，大大缩短了绘图时间。

④ 支持总线结构：使用总线器件和总线布线使电路设计简明、清晰。

⑤ 可输出高质量图纸：通过个性化设置，可以生成质量相当高的 BMP 图纸，可以方便地供 Word、PowerPoint 等多种文档使用。

（2）完善的电路仿真功能（ProSPICE）。

① ProSPICE 混合仿真：基于工业标准 SPICE3F5，实现数字/模拟电路的混合仿真。

② 超过 27 000 个仿真器件：可以通过内部原型或使用厂家的 SPICE 文件自行设计仿真器件。Labcenter electronics 公司也在不断地发布新的仿真器件，还可导入第三方发布的仿真器件。

③ 多样的激励源：包括直流、正弦、脉冲、分段线性脉冲、音频（使用 wav 文件）、指数信号、单频 FM、数字时钟和码流，并且支持文件形式的信号输入。

④ 丰富的虚拟仪器：13 种虚拟仪器，如示波器、逻辑分析仪、信号发生器、直流电压/电流表、交流电压/电流表、数字图案发生器、频率计/计数器、逻辑探头、虚拟终端、SPI 调试器、I^2C 调试器等，面板操作逼真。

⑤ 生动的仿真显示：用色点显示引脚的数字电平，导线以不同颜色表示其对地电压大小，结合动态器件（如电机、显示器件、按钮）的使用可以使仿真更加直观、生动。

⑥ 高级图形仿真功能（ASF）：基于图标的分析可以精确地分析电路的多项指标，包括

工作点、瞬态特性、频率特性、传输特性、噪声、失真、傅里叶频谱分析等，还可以进行一致性分析。

（3）独特的单片机协同仿真功能（VSM）。

① 支持主流的 CPU 类型：如 ARM7、8051/52、AVR、PIC10/12、PIC16、PIC18、PIC24、dsPIC33、HC11、BasicStamp、8086、MSP430 等。CPU 类型随着版本升级还在继续增加，如即将支持 CORTEX、DSP 处理器。

② 支持通用外设模型：如字符 LCD 模块、图形 LCD 模块、LED 点阵、LED 七段显示模块、键盘/按键、直流/步进/伺服电机、RS232 虚拟终端、电子温度计等，其 COMPIM（COM 口物理接口模型）还可以使仿真电路通过 PC 机串口和外部电路实现双向异步串行通信。

③ 实时仿真：支持 UART/USART/EUSARTs 仿真、中断仿真、SPI/I^2C 仿真、MSSP 仿真、PSP 仿真、RTC 仿真、ADC 仿真、CCP/ECCP 仿真。

④ 编译及调试：支持单片机汇编语言的编辑/编译/源码级仿真，内带 8051、AVR、PIC 的汇编编译器，也可以与第三方集成编译环境（如 IAR、Keil 和 Hitech）结合，进行高级语言的源码级仿真和调试。

（4）实用的 PCB 设计平台。

① 原理图到 PCB 的快速通道：原理图设计完成后，一键便可进入 ARES 的 PCB 设计环境，实现从概念到产品的完整设计。

② 先进的自动布局/布线功能：支持器件的自动/人工布局，支持无网格自动布线或人工布线，支持引脚交换/门交换功能，使 PCB 设计更为合理。

③ 完整的 PCB 设计功能：最多可设计 16 个铜箔层、2 个丝印层、4 个机械层（含板边），有灵活的布线策略可供用户设置，自动设计规则检查，3D 可视化预览。

④ 多种输出格式的支持：可以输出多种格式文件，包括 Gerber 文件的导入和导出，便与其他 PCB 设计工具（如 Protel）的互转和 PCB 板的设计与加工。

2. PROTEUS 入门操作

（1）以 Proteus 7.5 版本为例。点击"程序"→"Proteus 7 Professional"→"ISIS 7 Professional"，启动 Proteus ISIS 原理图设计窗口，如图附 4.1 所示。

（2）单击菜单栏中的 Library→Pick Device/Symbol……或者 ISIS Professional 设计窗口左边的 P 按钮（对象选择按钮），出现如图附 4.1 所示的窗口，用来添加器件或图标。选择"Category"中的 Resistors 类，Sub-category 表示 Resistors 类的子类。栏中可对电阻的功率进行选择，这里选择"All Sub-category"表示所有子类。然后，在 Results 栏中随意选择一个电阻的型号，再单击"OK"按钮，电阻就添加完成了。

（3）再用同一种方法添加一个发光二极管，如图附 4.3 所示。在"Category"栏中选择"Optoelectronics"，在"Sub-category"子类栏中选择"LEDs"，在"Results"栏中选择"LED-RED"（表示红色发光二极管），单击"OK"按钮。

（4）选好元器件之后，把所选的元器件放到如图附 4.1 所示的"图形编辑窗口"中。先单击选择"绘图工具栏"中的"Component Mode"图标 ；然后在"对象选择器窗口"中单击选择所需的元器件，同时在"预览窗口"中可以看到被选中的元器件模型；再在"图形编辑

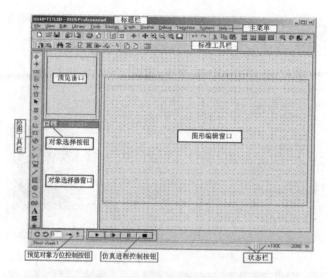

图附 4.1　Proteus ISIS 的工作界面

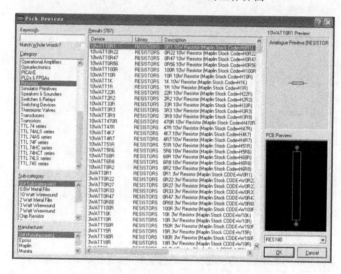

图附 4.2　添加器件或图标窗口 1

窗口”中单击左键，就将被选中的元器件放到“图形编辑窗口”中了。

　　采用同样的方法，把其他所需的元器件放到“图形编辑窗口”中；然后再单击左边“绘图工具栏”中“Terminals Mode”的 按钮，在“对象选择器窗口”中选择 POWER、GROUND，放到“图形编辑窗口”中，如图附 4.4 所示。

　　(5) 将各器件连接起来。连接方法：用鼠标指针指到器件的一个接线端，器件的接线端会有一个红色的小方框出现，同时鼠标指针会变成绿色，这时单击鼠标左键，然后移动鼠标到另一个器件端子，同时在该端子处也有一个红色小方框出现，此时再单击鼠标左键，这样就绘制好了一根线，如图附 4.5 所示。

　　(6) 点击“仿真进程控制按钮”中的“ ▶ ”图标，可以发现“图形编辑窗口”中的 LED 被“点亮”，这就是发光二极管指示灯电路的仿真。

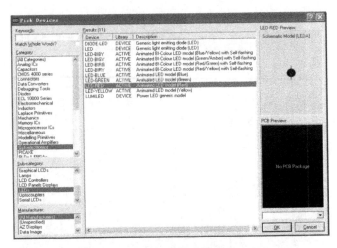

图附 4.3　添加器件或图标窗口 2

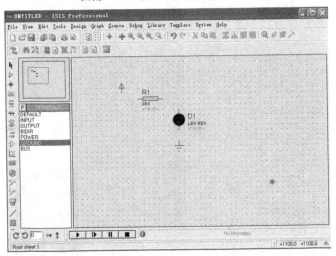

图附 4.4　元器件放置效果

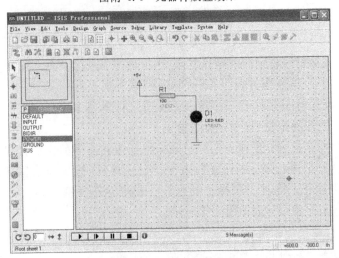

图附 4.5　连接线后的效果

附录五　学习情境一～四的元器件清单

器件名称	规格参数	数量	规格参数	数量	规格参数	数量	规格参数	数量
集成运放	4558	2	LM324	2	5532	1		
集成功放	TDA2030	3						
集成稳压	W317	1	W337	1	7812	1		
三极管	D1047	2	5551	5	C1815	2	8050	3
	B817	2	5401	2	A1015	2	8550	2
	C2073	2	A940	2	9013	2	9015	2
场效应管	3DJ6F	3	BF256	1				
晶闸管	单向 1A	1						
二极管	1N4007	8	1N4148	5				
稳压管	12 V/1 W	2	稳压 6V	2	双向 12 V	1		
LED	小功率	10						
电容	4700 μF	2	2200 μF	1	470 μF	3	100 μF	6
	47 μF	1	22 μF	8	10 μF	14	2.2 μF	2
	4.7 μF	1	1 μF	1	0.33 μF	3	0.47 μF	1
	0.047 μF	1	0.22 μF	3	0.1 μF	3	0.01 μF	2
	683	4	3900	2	2200	2	510	2
	220 Ω	1	101	1	47	3	224	2
电位器	220 kΩ	2	100 Ω	1	50 kΩ 双	3	22 kΩ	2
	4.7 kΩ	2	100 kΩ 双	6	10 kΩ	2		
功率电阻	100/3 W	1	100/1 W	4	10/1 W	4	1/1 W	2
	8/20 W	1						
精密电阻	2 MΩ	2	1 MΩ	1	500 kΩ	2	200 kΩ	1
	510 kΩ	2	150 kΩ	1	100 kΩ	9	68 kΩ	1
	47 kΩ	3	39 kΩ	2	33 kΩ	8	22 kΩ	6
	20 kΩ	1	15 kΩ	1	10 kΩ	16	4.7 kΩ	3
	5 kΩ	3	3.3 kΩ	4	3 kΩ	6	2.2 kΩ	2
	1.8 kΩ	2	1.5 kΩ	1	2 kΩ	2	1 kΩ	21
	750 Ω	1	680 Ω	2	82 kΩ	4		
	240 Ω	2	330 Ω	1	470 Ω	1	510 Ω	2
	30 Ω	1	10 Ω	6	100 Ω	2	220 Ω	7
小灯泡	12 V/1 W	1	灯泡插座	1	变压器 9 V/10 W	1	开关	2
拾音器	电容式	2	耳机插座/	1	梅花插座	2	按钮开关	2
万能板	20 * 15	5	焊锡丝	若干	排针	若干	杜邦线	若干
集成插座	8 脚	10						

注：1. 以上是每个组的耗材用量。

　　2. 项目贯穿的元器件可由学生自己学习采购。

　　3. 测试需要用的音箱、连接线，当作教学设备处理。

参 考 文 献

[1] 黄业安. 电子电路分析与实践. 西安：西安电子科技大学出版社，2011.

[2] 康华光. 电子技术基础模拟部分. 5 版. 北京：高等教育出版社，2005.

[3] 张志良. 模拟电子技术基础. 北京：机械工业出版社，2006.

[4] 周良权. 模拟电子技术基础. 3 版. 北京：高等教育出版社，2005.

[5] 郭永贞. 电子实习教程. 北京：机械工业出版社，2003.

[6] 华永平. 模拟电路设计与制作. 北京：电子工业出版社，2007.

[7] 胡宴如. 模拟电子技术. 北京：高等教育出版社，2004.

[8] 谢自美. 电子线路设计·实验·测试. 2 版. 武汉：华中科技大学出版社，2002.

[9] 苏丽萍. 电子技术基础. 2 版. 西安：西安电子科技大学出版社，2006.